振動と波動

吉岡大二郎 ──［著］

東京大学出版会

The Physics of Oscillation and Wave
Daijiro YOSHIOKA
University of Tokyo Press, 2005
ISBN4-13-062607-8

はじめに

　日常の生活では，振動や波動に関連した現象があらゆるところに顔を出す．目で物が見えるのは電磁波である光を目で感知しているからであるし，耳で音が聞こえるのは空気の波動である音波が耳の中の鼓膜を振動させるからである．古代より楽器には振動・波動現象がさまざまな形で用いられてきたが，現代ではさらに，科学技術の発達により，あらゆるところに振動・波動現象が利用されている．腕時計や携帯電話で時間がわかるのは，内部の水晶が一定の振動数で振動しているためであり，携帯電話で話ができるのは，電磁波を基地局との間でやりとりしているためである．電磁波はもちろんテレビ放送にも使われている．CDやMDを聞きながら通学する諸君も多いと思うが，CDが虹色に光るのは，電磁波の一種である可視光が盤面で反射されたときに，盤面に刻まれたピットの列があたかも回折格子のように働いて，波として干渉を起こすためである．特定の波長のレーザー光を用いると，ピットの有無により，反射波の位相が逆転する．CDやMDの再生装置ではこの情報をもとに電流・電圧の振動を発生させ，これによるイヤホーンの振動が，空気中の音波となって耳の鼓膜の振動を引き起こし，音として認識されることになる．これらは，振動・波動現象を利用している例だが，不快で有害な振動としては，走っている電車の振動や地震がある．

　振動・波動論は，このように身近にある振動や波動を数式で記述し，理解する学問である．大学でこの学問を学習することにより，さまざまな現象に対する理解と親しみは増すであろう．また，学習の過程で，フーリエ級数，フーリエ積分のような将来いろいろなところで役に立つ数学についても学ぶことができる．しかし，これらに加えて重要なことは，この振動・波動論では，この先量子力学を学ぶのに必要なバックグラウンドが身に付くということである．量子力学では，電子や原子を粒子であるとともに，波としても考えなければならないので，振動・波動論とは密接な関係がある．この量子力

学は物理・化学の基礎であるとともに，生命現象を分子の立場から理解しようとするときに欠かすことができない学問であるから，理科系の学生にとっては必須の科目である．また，日常的に振動・波動現象が顔を出すということから，振動・波動論が工学を目指す者にとっても必須の学問であることは明らかであろう．

このように，振動・波動論は重要な学問であるが，さまざまな現象をわかりやすく，論理的に理解するには，数式を用いて現象を記述しなければならない．物理の勉強に習熟している者にとっては，数式で表すことほど簡単でわかりやすい説明はないのであるが，そのような思考になれていない者にとっては，数式自体が学習のハードルになる場合もあるようである．そのため本書では，式の導出，変形について詳しく説明するとともに，図による説明も十分に加えることにした．さらに，一見複雑な式も振動や波動に伴う変位を複素数に拡張して考えることにより，かえって理解しやすくなるということを強調した．複素平面での図解により，直感的な理解が得られることを期待している．

物理では出発点は通常，極力単純化されたモデルである．そのようなモデルで理解したことが，身の回りの現象の説明に使えることがわかれば，物理はより親しみやすく，有意義なものと思えるであろう．そのために本書では，日常的な例をなるべく取り入れることを試みた．特に著者の趣味である楽器については，フルート，クラリネット，オーボエといった木管楽器が異なる共鳴条件に従うこと，弦の振動に基づくピアノ，ハープ，ヴァイオリンの弦の運動にそれぞれ特徴があることなどを波動現象の例として説明した．

なお，物理学は段階を追って学習しなければならない学問である．本書では大学1年時に学習するニュートン力学は学習済みであり，きちんと理解していることを前提として書かれている．そのような者が順に本書を学習すれば，随所に挿入した設問を解くことは容易であるはずである．しかし，もし第1章にあるような運動方程式を求める設問に困難を感じるようであれば，まず，力学を学習し直してから本書に進むことを勧める．物理の学習ではショートカットはあり得ない．中途半端な理解で先に進んでも，学問を身に付けることはできないであろう．なお，5.6節から5.8節までは電磁波を

扱っている．電磁気のマクスウェルの方程式を未習の場合には，これらの節をとばして先に進んでも差し支えない．

本書を書くにあたっては，著者が東京大学教養学部で1年生に対して行っている振動波動論の講義ノートをある程度利用した．しかし，日本の学生に対して13回の講義で教えられることは限られている．本書では大幅に加筆し，振動・波動の教科書として国際的な標準が満たされることを目指した．本書には線形領域での振動・波動現象の基本的なことは網羅されていると考える．なお，付録としてA, Iは必要不可欠な数学について，B-Hには本文に入れるには多少高度であり，一通り本書を理解してから改めて勉強したほうがよいと思われることを記した．最終的にはこれらの付録も含めて本書を完全に理解してもらうことを期待している．

最後に，本書の執筆のきっかけを与えていただき，本書についての貴重なご意見をくださった和達三樹教授，米谷民明教授に厚く感謝申しあげる．また，加藤雄介助教授にも貴重なご意見をいただいた．感謝申しあげる．本書に用いた楽器の写真のうち，フルートは村松フルート製作所，オーボエはムジーク・ヨーゼフ社にご提供いただいた．これ以外は著者が撮影したもので，ギターは家泰弘教授ご愛用のもの，クラリネットは著者愛用のものである．

2005年1月

吉岡 大二郎

目次

はじめに ……………………………………………………… iii
記号表 ………………………………………………………… xi

第1章　1つの質点の振動 ——————————————— 1

1.1　単振動 …………………………………………… 1
1.1.1　単振動の運動方程式と解　1
1.1.2　単振動の例　4

1.2　非線形振動 ……………………………………… 9

1.3　減衰振動 ………………………………………… 12
1.3.1　運動方程式と解法　13
1.3.2　過減衰解　15
1.3.3　減衰振動解　15
1.3.4　臨界減衰　18

1.4　パラメタ励振：ブランコの原理 ……………… 18
1.4.1　ブランコのモデル化　18
1.4.2　方程式の考察　20
1.4.3　エネルギーの考察　21

1.5　強制振動 ………………………………………… 22
1.5.1　方程式と解　22
1.5.2　エネルギーの吸収　27
1.5.3　共振の例　29

1.6　単振動と複素平面での回転 …………………… 31

第2章　連成振動 ———————————————————— 33

2.1　2つの調和振動子の系 ………………………… 33
2.1.1　運動方程式と解　34

2.1.2　うなり　36
　2.2　基準振動と基準座標 ……………………………………… 39
　　　2.2.1　基準振動　39
　　　2.2.2　基準座標とエネルギー　40
　2.3　3質点系 ……………………………………………………… 42
　　　2.3.1　運動方程式とその解法　42
　　　2.3.2　基準振動　44
　　　2.3.3　基準座標と固有ベクトル　46
　　　2.3.4　座標の回転　48
　　　2.3.5　エネルギー　49
　　　2.3.6　固有ベクトル再考　50

第3章　弦の振動 ── 53

　3.1　N個の質点の連成振動 …………………………………… 53
　　　3.1.1　運動方程式　54
　　　3.1.2　横波の方程式　55
　　　3.1.3　境界条件　56
　　　3.1.4　基準振動数　57
　　　3.1.5　境界条件による固有ベクトルの決定　58
　　　3.1.6　基準振動の総数　60
　3.2　固有ベクトルと基準座標 ………………………………… 62
　　　3.2.1　固有ベクトルの規格化　62
　　　3.2.2　直交性と完全性　64
　　　3.2.3　エネルギー　67
　　　3.2.4　ここまでのまとめ　70
　3.3　ピアノの弦の運動 ………………………………………… 71
　　　3.3.1　初期条件による任意定数の決定　71
　　　3.3.2　振動の様子の数値計算　73
　3.4　鎖の強制振動 ……………………………………………… 78
　3.5　弦 …………………………………………………………… 80
　　　3.5.1　鎖のゆっくりした振動　80
　　　3.5.2　鎖から弦へ　82

3.5.3　弦の固有関数と基準座標　83
　3.6　波動方程式の解法 ………………………………………… 84
　　　3.6.1　因数分解法　84
　　　3.6.2　変数分離法　86
　3.7　波の透過と反射 …………………………………………… 87
　　　3.7.1　2種類の弦の境界での波　87
　　　3.7.2　両端が固定された弦　91
　3.8　弦楽器から出る音 ………………………………………… 92

第4章　フーリエ級数・フーリエ積分 ──────── 95

　4.1　フーリエ級数 ……………………………………………… 95
　　　4.1.1　三角関数による展開　95
　　　4.1.2　無限次元での座標変換　96
　　　4.1.3　固有関数の規格化と直交性　97
　　　4.1.4　展開係数　98
　　　4.1.5　指数関数による展開　100
　4.2　完全性と δ 関数 …………………………………………… 101
　4.3　フーリエ級数の例 ………………………………………… 104
　　　4.3.1　ピアノ　105
　　　4.3.2　ハープ　106
　4.4　フーリエ積分 ……………………………………………… 109
　　　4.4.1　定義域の拡張　109
　　　4.4.2　固有関数の完全性と直交性　111

第5章　3次元の波動 ──────────────── 113

　5.1　空気の振動 ………………………………………………… 113
　5.2　長い管の中の音波 ………………………………………… 114
　　　5.2.1　波動方程式の導出　114
　　　5.2.2　音速　117
　　　5.2.3　解の様子　119
　5.3　木管楽器の共鳴振動数 …………………………………… 120
　　　5.3.1　境界条件　120

5.3.2　フルート　121
　　5.3.3　クラリネット　122
　　5.3.4　パイプオルガン　124
5.4　3次元の波動方程式 ··· 125
　　5.4.1　平面波　125
　　5.4.2　空中での音の伝播　127
　　5.4.3　波動方程式　129
　　5.4.4　球面波　131
　　5.4.5　オーボエ　134
5.5　水の波 ·· 137
　　5.5.1　浅い水路の表面波　138
　　5.5.2　水深が深い場合　141
5.6　電磁波 ·· 143
5.7　エネルギーの流れ ··· 148
5.8　電磁波の反射と屈折 ·· 150
　　5.8.1　物質中の電磁場　150
　　5.8.2　境界条件　150
　　5.8.3　透過と反射（その1）：電場が境界面に平行な場合　154
　　5.8.4　透過と反射（その2）：磁場が境界面に平行な場合　156
　　5.8.5　偏光角　157
5.9　音と色の話：目と耳の働き ··· 158
　　5.9.1　光　159
　　5.9.2　音　161

第6章　波の干渉 ─────────────── 163

6.1　波束と群速度 ·· 163
　　6.1.1　図解による直感的な説明　163
　　6.1.2　数式による取り扱い　169
6.2　不確定性原理 ·· 176
　　6.2.1　波束の広がりの反比例関係　176
　　6.2.2　量子力学の不確定性原理　178

6.3 回折 ……………………………………………………………… 179
    6.3.1 1つのスリットによる回折　179
    6.3.2 目と望遠鏡の分解能　187
    6.3.3 ホイヘンスの原理　190
    6.3.4 障害物での回折　191

6.4 回折格子 …………………………………………………………… 192
    6.4.1 N本のスリットでの回折　192
    6.4.2 $N=2$の場合　196

付録 ……………………………………………………………………… 199

A 本書で必要な数学 ………………………………………………… 199
    A.1 テイラー展開　199
    A.2 オイラーの公式　199
    A.3 双曲線関数　200

B 連立方程式 (3.13) の行列表示 …………………………………… 200

C 弦を伝わる横波の方程式の導出 ………………………………… 202

D ヴァイオリンの弦の運動 ………………………………………… 203
    D.1 弾き初めの弦の運動　203
    D.2 定常状態での弦の運動　206

E 空気中の音波が断熱過程である理由 …………………………… 208

F 3次元空間での音波の波動方程式 ……………………………… 209
    F.1 波動方程式の導出　209
    F.2 音波が縦波であること　211

G 円錐管楽器の共鳴振動数 ………………………………………… 212

H 水の表面波 ………………………………………………………… 213

I ベクトル場の微分に関する数学定理 …………………………… 217

さらに勉強したい人のために ………………………………………… 219

問題の略解 ……………………………………………………………… 223

索引 ……………………………………………………………………… 227

記号表

表1　SI 基本単位

長さ	メートル	m
質量	キログラム	kg
時間	秒	s
電流	アンペア	A
熱力学温度	ケルビン	K
物質量	モル	mol

表2　固有の名称をもつ SI 組立単位

量	単位	単位記号	他の単位との関係
平面角	ラジアン	rad	
周波数	ヘルツ	Hz	s^{-1}
力	ニュートン	N	$m \cdot kg \cdot s^{-2}$
圧力，応力	パスカル	Pa	$N/m^2, m^{-1} \cdot kg \cdot s^{-2}$
エネルギー，仕事，熱量	ジュール	J	$N \cdot m, m^2 \cdot kg \cdot s^{-2}$
電気量，電荷	クーロン	C	$s \cdot A$
インダクタンス	ヘンリー	H	$m^2 \cdot kg \cdot s^{-2} \cdot A^{-2}$
セルシウス温度	セルシウス度	°C	K

表3　SI 接頭語

名称	記号	大きさ
ギガ (giga)	G	10^9
メガ (mega)	M	10^6
キロ (kilo)	k	10^3
ヘクト (hecto)	h	10^2
デシ (deci)	d	10^{-1}
センチ (centi)	c	10^{-2}
ミリ (milli)	m	10^{-3}
マイクロ (micro)	μ	10^{-6}

表4　基本定数

名称	記号	数値	単位
真空中の光速度	c	2.99792458	$10^8 \mathrm{m \cdot s^{-1}}$
真空中の透磁率	μ_0	$4\pi \times 10^{-7}$	$\mathrm{H \cdot m^{-1}}$
		$=1.2566370614\cdots$	$10^{-6}\mathrm{H \cdot m^{-1}}$
真空中の誘電率	ε_0	$(4\pi)^{-1}c^{-2} \times 10^7$	$\mathrm{F \cdot m^{-1}}$
		$=8.854187817\cdots$	$10^{-12}\mathrm{F \cdot m^{-1}}$
プランク定数	h	6.6260693(11)	$10^{-34}\mathrm{J \cdot s}$
	$\hbar/2\pi$	1.05457168(18)	$10^{-34}\mathrm{J \cdot s}$

表5　ギリシア文字

名称	大文字	小文字	名称	大文字	小文字
アルファ	A	α	ニュー	N	ν
ベータ	B	β	グザイ	Ξ	ξ
ガンマ	Γ	γ	オミクロン	O	o
デルタ	Δ	δ	パイ	Π	π
イプシロン	E	ϵ, ε	ロー	P	ρ
ツェータ（ゼータ）	Z	ζ	シグマ	Σ	σ, ς
イータ（エータ）	H	η	タウ	T	τ
シータ（テータ）	Θ	θ, ϑ	ユプシロン	Υ	υ
イオタ	I	ι	ファイ	Φ	ϕ, φ
カッパ	K	κ	カイ	X	χ
ラムダ	Λ	λ	プサイ	Ψ	ψ
ミュー	M	μ	オメガ	Ω	ω

第1章 1つの質点の振動

この章では，1つの物体が安定な平衡点の近傍で行う運動が，摩擦や空気抵抗がない理想的な場合には，単振動とよばれる振動になること，単振動で記述されるさまざまな現象があることから説明を始める．現実的な運動には抵抗があって，振幅は時間とともに減少するが，この場合の振幅が減少する様子を数式で表す．一方，これとは逆に，ブランコでは乗り手の運動によって，振幅が増大する．振り子の長さなどのパラメタが変化するときの運動を調べて，ブランコが漕げる理由を説明する．最後に，周期的な力が加わるときの運動，すなわち強制振動について述べる．

1.1 単振動

1.1.1 単振動の運動方程式と解

ある直線上を運動する質量 m の物体を考えよう．直線上に x 軸を設定し，物体は原点からの距離に比例する力 $F = -kx$ のみを受けるとする．ここで，k は定数である．このときの運動方程式は

$$m\ddot{x} = -kx \tag{1.1}$$

と表される．ただし，ここで，物体の座標 x の時間微分を表すのに，ニュートン (Newton) にならって，座標 x の上の黒点を用いている．点1つは時間での1階の微分を表す．ここでは左辺は質量と加速度の積であるから，点は2つである．この運動方程式は，数学的には2階の線形微分方程式

(linear differential equation) であり$^{(1)}$，一般解は**角振動数** (angular frequency) とよばれる $\omega_0 \equiv \sqrt{k/m}$ を用いて

$$x(t) = A\cos(\omega_0 t + \alpha) \tag{1.2}$$

である．ここで，A は**振幅** (amplitude) とよばれる定数，α は**初期位相** (initial phase) とよばれる定数であり，物体の任意の初期条件に対する運動は，この2つの定数を適切に選ぶことによって記述することができる$^{(2)}$．この運動のように，運動方程式が式 (1.1) と同型であるものは，式 (1.2) の形の解をもつ．この運動を**単振動** (simple harmonic oscillation)，または**調和振動** (harmonic oscillation) とよぶ．

この例では振幅 A は座標と同じく長さの次元をもつが，これから見ていくように単振動はさまざまな場面で現れ，振幅の次元はそれぞれの場合で異なる．余弦関数 cos の引き数 $\omega_0 t + \alpha$ は**位相** (phase) とよばれる無次元の量である$^{(3)}$．位相を $\pi/2$ ずらす，すなわち $\alpha = \alpha' - \pi/2$ と置き換えることにより，一般解を

$$x(t) = A\sin(\omega_0 t + \alpha') \tag{1.3}$$

と正弦関数 sin を用いて書くこともできる．角振動数 ω_0 の単位は rad/s である．$f \equiv \omega_0/2\pi$ で定義される f は**振動数** (frequency) または周波数とよばれ，単位はヘルツ (Hz) を用い，1秒間に何回振動するかを表す．振動数の逆数 $T \equiv 1/f = 2\pi/\omega_0$ は**周期** (period) とよばれる．これは時間の次元をもち，振動が何秒ごとに繰り返されるかを記述する．物体の座標 x の時間変化の例を図 1.1(a) に示す．単振動の場合，周期は運動方程式によって決まってしまい，初期条件に依存する振幅とは無関係である．これは**等時性**

---

(1) 未知関数 $x(t)$ の1次および0次のみを含む微分方程式を線形微分方程式とよぶ．式 (1.1) は0次の項を含まない斉次の線形微分方程式である．

(2) 微分方程式の一般解とは，必要な数の任意定数や，任意の関数を含むものであり，それらを適切に選ぶことにより，その微分方程式の可能なすべての解を表現できるものである．ここで現れた2階の常微分方程式の場合には，独立な任意定数2個を含むものは一般解であることが証明されている．

(3) 位相は無次元であるが，単位はラジアン (rad) である．

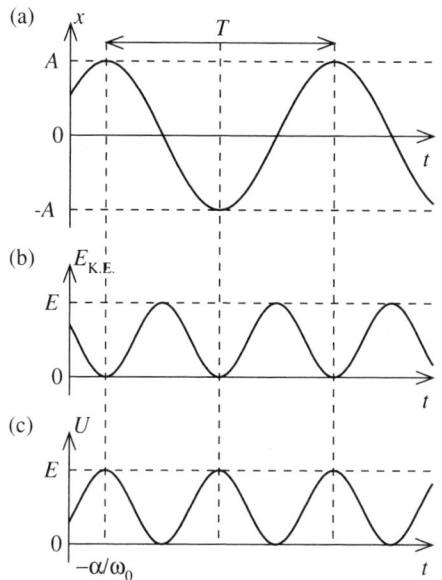

図 1.1 単振動の様子. (a) 変位 x, (b) 運動エネルギー $E_{\text{K.E.}}$, (c) ポテンシャルエネルギー U, の時間変化. E は全エネルギーである.

(isochronism) とよばれる単振動の著しい特徴である.

単振動でのエネルギーを考察しておこう. 運動エネルギー (kinetic energy) を $E_{\text{K.E.}}$ と書くと

$$E_{\text{K.E.}} = \frac{1}{2}m\dot{x}^2 = \frac{1}{2}m\omega_0^2 A^2 \sin^2(\omega_0 t + \alpha) \tag{1.4}$$

と表される. 一方, ポテンシャルエネルギー (potential energy, 位置エネルギー) を $x = 0$ の点を基準点として U と書くと,

$$U = \frac{1}{2}kx^2 = \frac{1}{2}kA^2 \cos^2(\omega_0 t + \alpha)$$
$$= \frac{1}{2}m\omega_0^2 A^2 \cos^2(\omega_0 t + \alpha) \tag{1.5}$$

である. ここで, $\omega_0^2 = k/m$ を用いた. 運動エネルギーとポテンシャルエネルギーの和(全エネルギー)は $E_{\text{K.E.}} + U = (1/2)m\omega_0^2 A^2$ であり, 一定に保たれる. 運動エネルギーとポテンシャルエネルギーの時間変化の様子を図 1.1(b), (c) に示す.

1.1.2 単振動の例

(1) バネに吊された物体

図 1.2(a) に示すように，バネ定数 k の軽いバネを天井から吊し，下端に質量 m の物体を取り付けた体系の鉛直方向の運動はまさに単振動である．バネの自然長を l，重力加速度を g とする．バネの上端を原点として，鉛直下方に x 軸を設定すると，平衡状態 x_0 での物体の位置は $x_0 = l + mg/k$ であり，運動方程式は

$$m\ddot{x} = -k(x - x_0) \tag{1.6}$$

となる．変数変換を行い，$x' = x - x_0$ を用いると，x' に対する方程式は式 (1.1) と同型である．摩擦のないなめらかな水平面上で，ある線上のみを動けるようにした物体にバネを付けた場合にも，同型の方程式が得られ，単振動となる (図 1.2(b))．

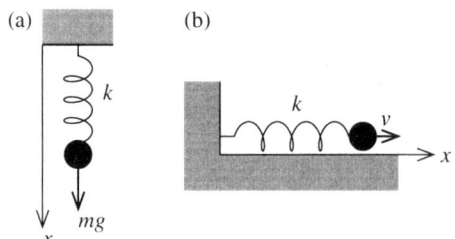

図 **1.2** (a) バネに吊した物体，(b) なめらかな水平面上のバネと物体．

(2) 振り子

固定された支点から伸び縮みの無視できる軽い糸でぶら下げた物体の運動も，運動が平衡点近傍に限られる場合には単振動で記述できる．物体は小さく，慣性モーメントは無視できるものとして，最下点の近傍での揺れを考えることにする．図 1.3 のように鉛直方向からの変位を糸が延長軸となす角度 ϕ で表し，糸の長さを l，糸の張力を T とすると，運動方程式は

$$-ml\dot{\phi}^2 = mg\cos\phi - T, \quad (1.7)$$
$$ml\ddot{\phi} = -mg\sin\phi \quad (1.8)$$

となる．ここで，式 (1.7) は糸の長さ方向の力と遠心力のつり合いを表し，式 (1.8) は角度方向の運動を記述している．振れの角度が小さい場合（微小振動）には，式 (1.8) で $\sin\phi \simeq \phi$ と近似できるので，方程式は

$$\ddot{\phi} = -\frac{g}{l}\phi \quad (1.9)$$

となる．$\omega_0^2 \equiv g/l$ を用いれば

$$\ddot{\phi} = -\omega_0^2 \phi \quad (1.10)$$

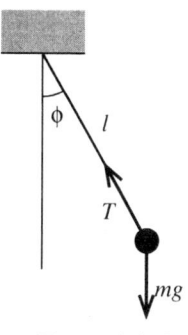

図 **1.3** 振り子．

であり，やはり単振動の方程式と同型である．

問 1.1 式 (1.7), (1.8) を導出せよ．

(3) 任意のポテンシャルの下での微小な運動

お椀の中心から離れた場所にビー玉を置き，手を離すと，何が起きるだろうか？ ビー玉は中心を通る線上を往復運動するのではないだろうか．この運動も振幅が小さいときには単振動である．このことを示すために，まず，**安定な平衡点**という概念を説明しよう．バネに付けた物体や振り子が，単振動を行うといったが，実際には摩擦や抵抗があるために，振幅はしだいに小さくなり，運動はしばらくすると止まってしまう．この現象の記述は後ほど行うが，このようにして，運動が静止したところは安定な平衡点であり，この場所にある物体がひとりでに動き始めることはない．この点から物体を変位させると，ポテンシャルエネルギーが増加し，手を放せば安定な平衡点に向かって運動が始まる．したがって，安定な平衡点ではポテンシャルエネルギーは極小値をとる．図 1.4 に示すような，お椀の底のようなポテンシャル $U(x)$ の安定な平衡点を x_0 とすると，この点の回りで $U(x)$ をテイラー

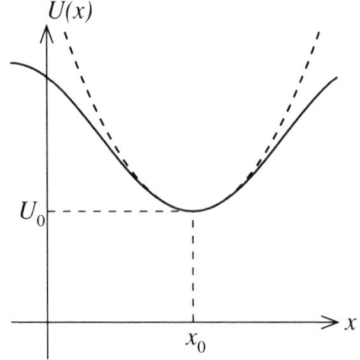

図 1.4 極小点をもつポテンシャル $U(x)$. 任意のポテンシャルは極小点 x_0 の回りでテイラー展開すると, 極小点の近傍では 2 次関数で近似できる. テイラー展開の 2 次までとった場合を破線で示す.

(Taylor) 展開した場合, 次のようになる.

$$U(x) = U_0 + \frac{1}{2}U''(x_0)(x-x_0)^2 + \frac{1}{6}U'''(x_0)(x-x_0)^3 + \cdots \quad (1.11)$$

ここで, $U''(x)$ は U の x での 2 階微分を表す. x_0 が安定な平衡点であり, $U(x)$ はここで極小値をとるので, テイラー展開で U' の項はなく, $U''(x_0)$ は正である. 微小振動に限ることにすると, x_0 からの変位 $(x-x_0)$ は小さいから, 展開で $(x-x_0)^2$ の項までで近似することにして, 運動方程式

$$m\ddot{x} = -\frac{\mathrm{d}}{\mathrm{d}x}U(x) \quad (1.12)$$

の右辺に $U(x)$ の近似式を用いると,

$$m\ddot{x} = -U''(x_0)(x-x_0) \quad (1.13)$$

が得られる. $\omega_0^2 = U''(x_0)/m$ として, $x - x_0 \equiv x'$ とおくと, $\ddot{x}' = -\omega_0^2 x'$ と単振動の方程式になる. この結果わかることは, どのような状況であれ, 安定な平衡点の回りでの微小な運動は単振動になるということである. 単振動は力学系ではきわめて普遍的な現象なのである.

問 1.2 $U(x) = k\cosh x$ のときに, 質量 m の質点が行う微小振動の角振

動数 ω_0 を求めよ．ただし，$\cosh x$ は双曲線関数の一種である（付録 A.3 参照）．

(4) 電気回路

電気容量 (capacitance) C のコンデンサー (capacitor) とインダクタンス (inductance，自己誘導係数) L のコイル (coil) を図 1.5 のようにつないだ回路を考えよう．回路を流れる電流を $I(t)$ とすると，コイルの両端に生じる誘導起電力と，コンデンサーの両端の静電ポテンシャルは等しくなければならないから，次の式が成り立つ．

$$L\dot{I} + \frac{1}{C}\int^t I\mathrm{d}t = 0. \tag{1.14}$$

両辺を時間微分すると

$$\ddot{I} + \frac{1}{LC}I = 0 \tag{1.15}$$

が得られる．この式はやはり単振動の式であり，角振動数 ω_0 は $\omega_0^2 \equiv 1/LC$ で与えられることは明らかであろう．

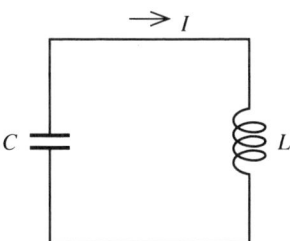

図 **1.5** LC 回路．容量 C のコンデンサーと自己インダクタンス L のコイルをつないだ回路で，電流は単振動を行う．

問 1.3 $1\mu\mathrm{F}$ のコンデンサーを使って，$80\,\mathrm{MHz}$ の電磁波に共鳴する回路を作るには，コイルのインダクタンスはいくらにすればよいか，計算せよ．

(5) ビンの空気の振動

ワインやビールのビンの口の横から息を吹き付けると，低い音を出すこと

ができる．この現象もビンを理想化したモデルで考えることにより，単振動で記述できる．モデルでは，ビンは本体と首の部分に明確に分けて考えられるとする．この場合のビンの首の部分の空気の振動を考えよう．図1.6に示すように，この部分の空気は円筒形であり，その断面積をS，長さをlとする．空気の密度をρとすると，この部分の空気の質量は$m=\rho S l$である．一方，ビンの本体の体積をVとする．

首の空気が距離xだけビンの中に向かって変位すると，もともとビンの中にあった空気は$V-Sx\equiv V-\Delta V$の体積に圧縮される．空気を圧縮すると圧力が上がることはよく知られている．圧力Pの変化ΔPと体積の変化率$\Delta V/V$は比例関係にあり，比例係数は**体積弾性率** (bulk modulus) とよばれている．これをKとすると，

$$\Delta P = K\frac{\Delta V}{V} \tag{1.16}$$

と表される．このようにビンの本体の圧力が上昇すると，首の部分の空気には，ビンの中から$(P+\Delta P)S$の力が働くことになる．一方，ビンの外からはPSの力が働くので，結果として，首の部分の空気には外向きにΔPSの力が働くことになる．これより，運動方程式は

$$\rho S l \ddot{x} = -K\frac{S^2 x}{V} \tag{1.17}$$

となり，

$$\omega_0^2 \equiv \frac{KS}{\rho l V} \tag{1.18}$$

とすれば，xはやはり単振動の方程式に従うことになる．

空気中の音波については第5章で考察するが，そこで，音速vと弾性率Kの関係が$K=\rho v^2$となることが示される．したがって，$\omega_0^2 = Sv^2/Vl$と書くこともできる．

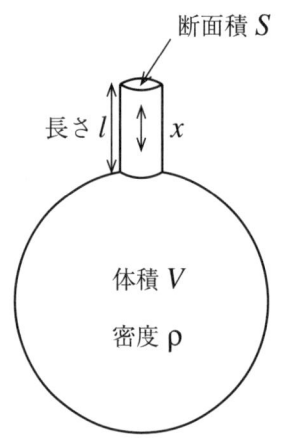

図 **1.6** ビンの空気の振動．ビンを断面積S，長さlの首の部分と，体積Vの本体とに分けて考える．首の部分の空気全体の長さ方向への変位をxとする．この部分の空気は単振動の方程式に従って運動する．

問 1.4　ビンの本体の体積を 750 cc，首の長さを 8 cm，首の断面積を 3 cm^2，音速を 340 m/s として，振動数を求めよ．

1.2　非線形振動

　前節では，振り子の微小振動や，安定な平衡点の回りでの微小な振動が単振動で記述できることを見てきた．しかし，これらの系では，振幅が大きくなると，復元力を記述するのに，変位の 1 次だけではなく，2 乗，3 乗などの項（非線形項）も用いる必要が出てくる．この結果，振動は単振動ではなく，**非線形振動**，または**非調和振動** (unharmonic oscillation) とよばれるものになる．具体的には振り子の方程式 (1.8) では，振幅が大きいときには右辺の $\sin\phi$ と最低次の近似式 ϕ との差は無視できなくなり，正しい結果を得るためには，$\sin\phi$ のまま取り扱うか，もしくは，$\sin\phi$ を ϕ で $\sin\phi \simeq \phi - (1/6)\phi^3 + \cdots$ と展開し，必要な次数の項まで取り入れた計算をしなければならない．

　それでは非線形項の存在によって，何が変わるのだろうか？　振り子でも，お椀の底の運動でも，非線形項があっても，往復運動，すなわち振動をすることには変わりがない．しかし，調和振動の重要な性質である等時性，すなわち，振動の周期が振幅によらないという性質は，非線形項がある場合にはもはや成立しない．等時性のもとにあるのは，重ね合わせの原理 (principle of superposition) である．調和振動では，2 つの解を足し合わせたものも解であり，解の定数倍もやはり解である．これを重ね合わせの原理という．単振動の解を a 倍すれば，振幅が a 倍の解になるが，時間依存性は変わらない．これが，等時性である．非線形振動の場合には，解を定数倍したものが方程式を満たさないことは明らかであろう．

問 1.5　次の非線形方程式

$$m\ddot{x} = -kx - qx^3 \tag{1.19}$$

の 2 つの解を $x_1(t)$, $x_2(t)$ とする．$q \neq 0$ の場合，$x_1(t) + x_2(t)$ は方程式を

満たさないこと，a を定数として $ax_1(t)$ は方程式を満たさないことを示せ．

ここで，非線形項により，周期に振幅依存性がどのように現れるかを見ていこう．そのために，以下のポテンシャル中での運動を調べよう．

$$U(x,q) = \frac{1}{2}kx^2 + \frac{1}{4}qx^4. \tag{1.20}$$

運動方程式は

$$m\ddot{x} = -kx - qx^3 \tag{1.21}$$

である．ポテンシャル $U(x,q)$ における q はパラメタ (parameter) であり，$q > 0$ は振幅が大きくなるときに復元力が調和振動よりも強くなる場合，逆に $q < 0$ は弱くなる場合を表している．振幅が小さいときは右辺第 2 項を無視することができて，運動は単振動となり，周期は $T = 2\pi\sqrt{m/k}$ である．振幅が大きくなると第 2 項が重要になって，周期が変わってくるわけだから，q の大きさによって，周期がどのように変化するかを調べても周期の振幅依存性がわかる．そこで，このポテンシャル中での振幅一定の往復運動について，周期が q によってどのように変化するかを定性的に調べることにする．

ポテンシャル $U(x,q)$ と振幅 A が与えられたときに，力学的エネルギー $E(A,q)$ は図 1.7 に示すように，$x = A$ でのポテンシャルの値で与えられる．

$$E(A,q) = U(A,q) = \frac{1}{2}A^2 + \frac{1}{4}qA^4. \tag{1.22}$$

質点は $x = -A$ と $x = A$ の間を往復運動するが，途中の変位 x での運動エネルギー $E_{\text{K.E.}}$ は

$$\begin{aligned}E_{\text{K.E.}}(x,q) &= E(A,x) - U(x,q) \\ &= \frac{1}{2}(A^2 - x^2) + \frac{1}{4}q(A^4 - x^4)\end{aligned} \tag{1.23}$$

で与えられるので，そこでの速さは，$v(x) = \sqrt{2E_{\text{K.E.}}(x,q)/m}$ である．この結果，往復運動の半周期は質点が $x = -A$ から $x = A$ まで運動する時間

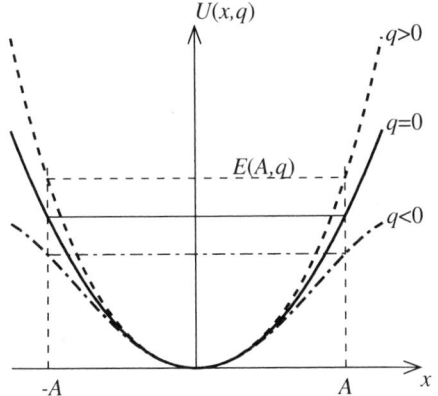

図 1.7 非線形振動を起こすポテンシャル $U(x) = (1/2)kx^2 + (1/4)qx^4$ 中での運動.

として

$$\frac{T}{2} = \int_{-A}^{A} \frac{\mathrm{d}x}{v(x)} = \int_{-A}^{A} \frac{\sqrt{m}}{\sqrt{2E_{\mathrm{K.E.}}(x,q)}} \mathrm{d}x \tag{1.24}$$

で与えられる．各点 x において質点の速さは q の増加関数であるから，振動の周期 T は q が正で大きいほど短く，q が負であれば長くなることがわかった．この結果，振幅依存性については，q が正の場合には振幅の増加に伴って周期は短くなること，逆に q が負の場合には振幅の増加とともに周期が長くなることがわかる．

振り子の場合には，ポテンシャルは $U(\phi) = -mgl\cos\phi$ であり，振幅が大きいほど調和振動に比べて復元力が弱くなるので，振幅の増大に伴い，周期は長くなることになる．この場合の周期の振幅依存性は以下のように完全楕円積分で表すことができる．最大振幅のときの角度を α とすると，式 (1.23) に相当する式は

$$\frac{1}{2}\left(\dot{\phi}\right)^2 = \frac{g}{l}\left(\cos\phi - \cos\alpha\right) \tag{1.25}$$

である．ここで，$\cos\phi = 1 - 2\sin^2(\phi/2)$, $\cos\alpha = 1 - 2\sin^2(\alpha/2) \equiv 1 - 2k^2$ とすると，

$$\frac{\mathrm{d}\phi}{\mathrm{d}t} = \pm 2\sqrt{\frac{g}{l}}\sqrt{k^2 - \sin^2\frac{\phi(t)}{2}} \tag{1.26}$$

と書き直され，これより

$$\frac{T}{2} = \frac{1}{2}\sqrt{\frac{l}{g}}\int_{-\alpha}^{\alpha}\frac{1}{\sqrt{k^2 - \sin^2\frac{\phi}{2}}}\mathrm{d}\phi \tag{1.27}$$

が得られる．この積分は $\sin(\phi/2) = k\sin\theta$ と変数変換すると，次のように完全楕円積分の形に変形される．

$$\frac{T}{2} = \sqrt{\frac{l}{g}}\int_{-\pi/2}^{\pi/2}\frac{\mathrm{d}\theta}{\sqrt{1 - k^2\sin^2\theta}} = 2\sqrt{\frac{l}{g}}\,K(k). \tag{1.28}$$

周期 T の振幅依存性を図 1.8 に示す．本節では非線形振動について考察したが，今後本書では非線形振動は扱わず，すべて調和振動の範囲で議論を進めていく．

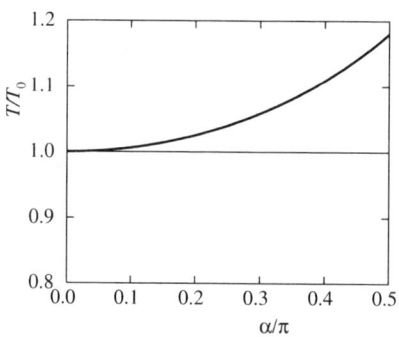

図 **1.8** 振り子の周期の振幅依存性．$T_0 = 2\pi\sqrt{l/g}$ は振幅が無限小のときの周期である．

1.3 減衰振動

1.1 節では変位に比例する力のみが働く場合には運動が単振動になることを見てきたが，実際には空気抵抗や摩擦が働き，振幅は減少して最後には振動は止まってしまう．この節では速度に比例する抵抗が働くときの運動を調べよう．

1.3.1 運動方程式と解法

バネに結び付けた物体や，振り子の錘には空気抵抗が働く．球状の物体の場合には半径を a として，空気の粘性係数 (viscous coefficient) を η とすると，速さ $v = \dot{x}$ が小さいときには，v に比例する $6\pi a\eta v$ の抵抗力が働くことが知られている．ただし，$\eta \simeq 2 \times 10^{-5}$Pa·s である．なお，速さが大きいときには抵抗力は速度の 2 乗に比例するようになるが，単振動の場合は微小振動であり，速さも小さいので，速さに比例するとしてよい．

この結果，バネに付けた物体の運動方程式は

$$m\ddot{x} = -kx - 6\pi a\eta \dot{x}, \tag{1.29}$$

振り子の方程式は

$$ml\ddot{\phi} = -mg\phi - 6\pi a\eta l\dot{\phi} \tag{1.30}$$

となる．これらの方程式で

$$6\pi a\eta \equiv 2\gamma m \tag{1.31}$$

とおくと，方程式は

$$\ddot{x} + 2\gamma \dot{x} + \omega_0^2 x = 0 \tag{1.32}$$

という形になる．

電気回路ではコイルとコンデンサーを結ぶ導線には通常有限の電気抵抗 (electric resistance) R がある．これを書き加えると，回路は図 1.9 のようになる．このとき電流に対する式は

$$L\dot{I} + RI + \frac{1}{C}\int^t I dt = 0 \tag{1.33}$$

となり，1.1.2 項(4)と同様に時間微分を行うと

$$\ddot{I} + \frac{R}{L}\dot{I} + \frac{1}{LC}I = 0 \tag{1.34}$$

となる．$2\gamma \equiv R/L$ で γ を導入すると，次式のように力学系のときと方程

式は同型になる.

$$\ddot{I} + 2\gamma\dot{I} + \omega_0^2 I = 0. \tag{1.35}$$

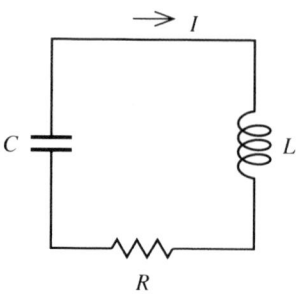

図 1.9 LCR 回路. 回路の電気抵抗 R を考慮すると, コイルとコンデンサーの回路の電流は減衰振動を行う.

運動方程式 (1.32) は, 数学的には単振動の場合と同様に 2 階の線形微分方程式である. 一般解は 2 つの任意定数を含むものとなる. この方程式は式 (1.1) のようにただちに解を書き下すわけにはいかないので, 線形微分方程式の一般解法に従って解を求めることにしよう. その方法とは解を指数関数の形で $x = ce^{\lambda t}$ と仮定して, λ を求めるというものである. ここで, $e = 2.7182\cdots$ は自然対数の底である. これから示すように, 線形の常微分方程式はこの仮定をすることによって, 必ず解くことができる.

$\dot{x} = c\lambda e^{\lambda t} = \lambda x,\ \ddot{x} = c\lambda^2 e^{\lambda t} = \lambda^2 x$ を方程式に代入して共通因子 x を括り出すと

$$\left(\lambda^2 + 2\gamma\lambda + \omega_0^2\right)x = 0 \tag{1.36}$$

となる. この結果, まず $x(t) = 0$ が解であることがわかるが, これは微分方程式の段階でも明らかなことであって, 物体が単に安定な平衡点で静止している解であるから, 今の場合考える必要はない. この解は「**自明な解**」または「**つまらない解**」(trivial solution) とよばれる. 興味があるのは物体が動いている解で, この場合には $x(t)$ は一般にはゼロではないから, x の係数である括弧の中身がゼロである必要がある. これは λ の 2 次方程式であるから, これより 2 つの解が求まる.

$$\lambda_{\pm} = -\gamma \pm \sqrt{\gamma^2 - \omega_0^2}. \tag{1.37}$$

1.3.2 過減衰解

ここで,抵抗が大きくて $\gamma > \omega_0$ なら $\lambda_\pm$ は負の実数であり,

$$x(t) = c_+ \mathrm{e}^{\lambda_+ t} + c_- \mathrm{e}^{\lambda_- t} \tag{1.38}$$

を一般解とすることができる.ここで,重ね合わせの原理に従って,線形微分方程式の解は定数倍しても解であること,また,2つの解を足し合わせても解であることを用いて,c_+ と c_- という2つの任意定数を含む解を構成した.この階が一般解であることは,数学的には2階の微分方程式なので,2つの任意定数を含めばよいことによっているし,物理的には任意の初期条件,$t = 0$ での位置と速度を満たすには,2つの任意定数が含まれていればよいことによっている.この解は指数関数的に減衰していく解であり,過減衰の場合とよばれる.このような現象は水中や,蜂蜜中の振り子で実現する.初期条件を $x(0) = x_0$,$\dot{x}(0) = 0$ としたときの変位 x の時間変化を図 1.10(a) に示す.

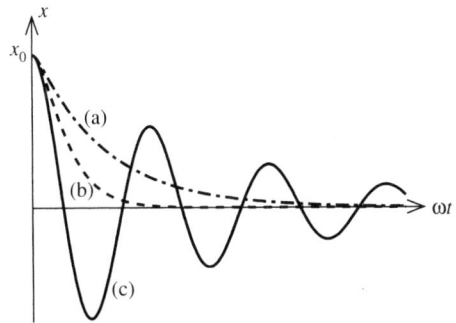

図 **1.10** 抵抗があるときの変位の時間変化の例. (a)$\gamma = 2\omega_0$, (b)$\gamma = \omega_0$, (c)$\gamma = \omega_0/10$,初期条件はすべて $x(0) = x_0$,$\dot{x}(0) = 0$ である.

1.3.3 減衰振動解

逆に抵抗が小さい場合を調べよう.これは抵抗がゼロのときの単振動の解につながる解である.$\gamma < \omega_0$ とすると

$$\lambda_\pm = -\gamma \pm \mathrm{i}\sqrt{\omega_0^2 - \gamma^2} \tag{1.39}$$

と書くことができ，$\lambda_\pm$ は複素数となる（i は虚数単位）．このため解は複素数の引き数をもつ指数関数という不思議な関数で記述されることになる．しかし，ここで途方に暮れる必要はない．われわれはすでに $\gamma = 0$ のときの解が三角関数になることを知っているのである．実際，指数関数と三角関数には次のオイラーの公式 (Euler identity) とよばれる関係がある[4]．

$$\mathrm{e}^{\pm \mathrm{i}\theta} = \cos\theta \pm \mathrm{i}\sin\theta. \tag{1.40}$$

この式を用いて

$$\begin{aligned}\mathrm{e}^{\lambda_\pm t} &= \mathrm{e}^{-\gamma t}\mathrm{e}^{\pm \mathrm{i}\sqrt{\omega_0^2 - \gamma^2}\,t} \\ &= \mathrm{e}^{-\gamma t}\left(\cos\sqrt{\omega_0^2 - \gamma^2}\,t \pm \mathrm{i}\sin\sqrt{\omega_0^2 - \gamma^2}\,t\right)\end{aligned} \tag{1.41}$$

と変形し，過減衰のときと同様に任意定数 $c_\pm$ を掛けて足し合わせれば一般解になるのである．ただし，今度の場合には解が複素数なので，少し注意が必要である．まず，一般解を次のように書いてみよう．

$$x(t) = c_+ \mathrm{e}^{\lambda_+ t} + c_- \mathrm{e}^{\lambda_- t}. \tag{1.42}$$

このとき解 $x(t)$ は当然実数でなければならないから，虚数部分が消えなければならない．あるいは，$x(t)$ はその複素共役である $x(t)^*$ と等しくなければならないといってもよい[5]．$\lambda_\pm^* = \lambda_\mp$ であるから，$x(t)^*$ は

$$x(t)^* = c_+^* \mathrm{e}^{\lambda_- t} + c_-^* \mathrm{e}^{\lambda_+ t} \tag{1.43}$$

である．式 (1.42) と比べると，$x(t)$ が実数であるための条件は $c_\pm^* = c_\mp$ ということになる．ここで，もし $c_\pm$ を実数にしてしまうと，2 つの任意定数は同じものになってしまい，一般解にするには任意定数の数が足りなくなってしまう．これを避けるためには $c_\pm$ も複素数であると考えなければならない．一般の複素数は図 1.11 のように絶対値 (modulus) と偏角 (argu-

---

(4) オイラーの公式については付録 A.2 を参照．
(5) 物理では通常複素共役を * を付けて表す．すなわち $\mathrm{i}^* = -\mathrm{i}$ である．

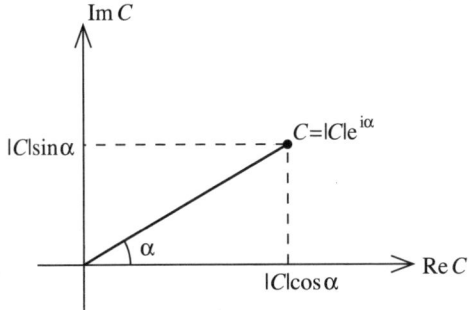

図 1.11 複素数 C は実数部 $\mathrm{Re}\,C$ を横軸，虚数部 $\mathrm{Im}\,C$ を縦軸とする複素平面上に図示することができる．偏角 α は C の位相ともよばれる．

ment) を用いて $C = |C|\mathrm{e}^{\mathrm{i}\alpha}$ と表せるから，$c_\pm = (A/2)\mathrm{e}^{\pm \mathrm{i}\alpha}$ とおくことにしよう．このとき一般解は次のように実数であり，2つの任意定数を含むものになる．

$$\begin{aligned}x(t) &= c_+ \mathrm{e}^{\lambda_+ t} + c_- \mathrm{e}^{\lambda_- t} \\ &= A\mathrm{e}^{-\gamma t}\cos\left(\sqrt{\omega_0^2 - \gamma^2}\,t + \alpha\right).\end{aligned} \tag{1.44}$$

この解は当然のことながら，$\gamma = 0$ とすれば単振動の解に帰着する．γ が十分に小さいときには $A\mathrm{e}^{-\gamma t}$ は一周期の間ではほとんど変化せず，目立って小さくなるのは何周期も経った後になる．したがって，この部分を徐々に減衰する振幅とみなすことができる．この $\gamma < \omega_0$ での振動を**減衰振動** (damping oscillation) とよぶ．ここで，

$$x(t) = 2\mathrm{Re}\left(c_+ \mathrm{e}^{\lambda_+ t}\right) \tag{1.45}$$

とも書けることに注意しよう．記号 Re は複素数の実数部という意味である．図 1.10(c) に $x(t)$ の様子を示す．

問 1.6 長さ 1m の糸の先に錘をつけて振り子を作る．錘を直径 2 cm の鉄の玉とするとき，100 周期の間に初めの振幅が空気抵抗のためにどの程度減衰するか調べよ．また，直径を倍にした場合や発泡スチロールを用いた場合についても計算せよ．なお，鉄の密度を $7.86\,\mathrm{g/cm}^3$，典型的な発泡スチ

ロールの密度を $20\,\mathrm{kg/m^3}$，空気の粘性抵抗率を $1.82\times10^{-5}\,\mathrm{Pa\cdot s}$，重力加速度は $9.8\,\mathrm{m/s^2}$ として計算せよ．

1.3.4 臨界減衰

最後に $\gamma=\omega_0$ のときは，もともとの運動方程式は

$$\ddot{x}+2\omega_0\dot{x}+\omega_0^2 x=0 \tag{1.46}$$

となるが，

$$x(t)=A(t)\,\mathrm{e}^{-\omega_0 t} \tag{1.47}$$

とおいて整理すると，

$$\ddot{A}=0 \tag{1.48}$$

が得られる．この方程式の解は a_1 と a_0 を任意定数として

$$A(t)=a_1 t+a_0 \tag{1.49}$$

である．したがって，一般解は

$$x(t)=(a_1 t+a_0)\,\mathrm{e}^{-\omega_0 t} \tag{1.50}$$

である．この解は**臨界減衰** (critical damping) 解とよばれる．与えられた ω_0 に対して，λ を変化させるとき，この $\lambda=\omega_0$ の場合にいちばん速く x が減衰する．この事実は，自動車のショックアブソーバーの設計などで利用されている．図 1.10(b) に臨界減衰の様子を示す．

1.4 パラメタ励振：ブランコの原理

1.4.1 ブランコのモデル化

振り子を振らすには，どのようなことをすればよいだろうか？ 手で振り子をもっていれば，手を動かす，すなわち振り子の支点を動かすことで振ら

せることができるし，支点が固定されているときには錘に手で変位を与えてやればよい．ブランコの場合でも，乗り手が幼いときには，親などが押してやることによって，ブランコは動く．これらどの場合でも，振り子に外からの力，すなわち外力を加えていることになる（このような外力で振り子を動かす場合の考察は次節で取り扱う）．ところが，ブランコの場合には乗り手が漕ぐことによっても振幅を大きくすることができる．漕ぐという動作は，一見ブランコの中で内力を作用させているだけのように見える．しかし，水に浮かんだボートに乗った人がどのようにボートに力を加えようが，ボートと乗り手の重心は動かないように，内力ではブランコの振幅を大きくできないはずではないだろうか？ 実はブランコを漕ぐときには重力という外力をうまく利用しているのである．この節では，ブランコの乗り手がどのような動作をすれば振幅が大きくなるのかを調べることにする．

まず，漕ぐという動作の本質は，振り子の重心を上下させることであることに注意しよう．したがって，これを振り子で考えるときには，振り子の長さの変化を許すことにすればよい．このときどのように長さを制御すれば，振幅を大きくすることができるのかを考えることにしよう．糸の質量を無視することにして，図 1.12 のように座標を設定すれば，振り子の重心の位置は次のように書ける．

$$x = r\cos\phi, \quad (1.51)$$
$$y = r\sin\phi. \quad (1.52)$$

一方，振り子に働く力は重力と糸の張力 T であり，次の成分をもつ．

$$F_x = mg - T\cos\phi, \quad (1.53)$$
$$F_y = -T\sin\phi. \quad (1.54)$$

これらを運動方程式

$$\begin{cases} m\ddot{x} = F_x, \\ m\ddot{y} = F_y \end{cases} \quad (1.55)$$

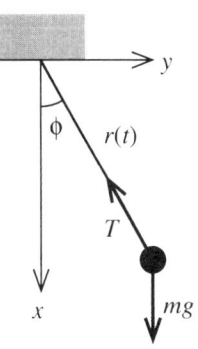

図 **1.12** ブランコは漕ぎ手が自由に支点から重心まで長さ $r(t)$ を制御できる振り子である．

に代入して整理すると，次の方程式が得られる．

$$\begin{cases} m\left(\ddot{r} - r\dot{\phi}^2\right) = mg\cos\phi - T, \\ mr\ddot{\phi} + 2m\dot{r}\dot{\phi} = -mg\sin\phi. \end{cases} \quad (1.56)$$

ここで注意すべきことは，この運動方程式で変数は ϕ のみであり，r は一見変数のように見えるが，そうではないことである．すなわち，ϕ は力の作用の結果時間変化が決定されるもので，直接制御することはできない．一方，r の時間変化は乗り手が自由に決められるものであり，これを適切に変化させることによって，ブランコが漕げるということである．パラメタ励振という言葉の説明をかねて，言い直しておこう．通常の振り子では長さ r は一定であり，体系を特徴づけるパラメタの1つである．今の場合，このパラメタに時間変化を与えることにより，振幅の増大を計っているので，これをパラメタ励振というのである．

問 1.7 式 (1.56) を導き出せ．

1.4.2 方程式の考察

運動方程式 (1.56) のうち，第1式はこれまでと同様に張力を決める式になっている．ϕ の時間変化を決めるのは第2式である．この式を以下のように書こう．

$$\ddot{\phi} + \frac{2\dot{r}}{r}\dot{\phi} + \omega^2(r)\phi = 0. \quad (1.57)$$

ここで，$\omega^2(r) = g/r(t)$ であり，微小振動に限ることにして，$\sin\phi$ を ϕ で置き換えた．$r(t)$ の変化は平均値 l の回りで微小であるとして，以後 $\omega(r)$ の時間変化は無視することにしよう．一方，第2項の $\dot{\phi}$ の係数は正にも負にもなり得て，その時間変化は重要である．$\dot{r}/r = \gamma(t)$ と書くことにしよう．この結果方程式は

$$\ddot{\phi} + 2\gamma(t)\dot{\phi} + \omega^2\phi = 0 \quad (1.58)$$

となる．この式は仮に $\gamma(t)$ の時間変化が無視できて，常に

$$\gamma = \frac{\dot{r}}{r} > 0 \tag{1.59}$$

であれば減衰振動と同じであるが,逆に,常に

$$\gamma = \frac{\dot{r}}{r} < 0 \tag{1.60}$$

であれば減衰振動で $\gamma < 0$ にしたものを表している.このときの解は減衰振動の解に負の γ を用いて

$$x(t) = Ae^{|\gamma|t} \cos\left(\sqrt{\omega_0^2 - \gamma^2}\, t + \alpha\right) \tag{1.61}$$

となるが,この式は振幅が増大することを示している.

この結果を単純に用いると,「振幅を増大させるには,振り子の糸の長さを短くしていけばよい」ということになる.実際振り子で,糸を短くしていけば振幅が増大することは簡単に実験で示すことができる.ブランコの場合には鎖を登っていけばよいということになるが,これではすぐに行き詰まってしまう.ブランコの場合には重心を上げていくだけではなく,どこかで重心を下げないといけないのである.それを行う最適のときは $\dot{\phi} = 0$ のときである.このときには r の時間変化は運動に影響を与えない.すなわち,$\dot{\phi} = 0$ のときに $\dot{r} > 0$ として,$\dot{\phi} \neq 0$ のときに $\dot{r} < 0$ とすれば,振幅は増大を続けることになる.これが,基本的にはブランコの原理である.もちろん,実際にブランコを漕ぐ場合には $\dot{\phi} = 0$ という一瞬の間に長さを元に戻すわけにはいかないから,$|\dot{\phi}|$ が小さいとき,すなわち振幅がほぼ最大になっている間に膝を曲げて重心を下げ,最下点を通過中の $\dot{\phi}$ の絶対値が大きい間に膝を伸ばして,重心を高めることになる.

問 1.8 γ が負の解は γ が正の解を時間反転したものと見ることもできる.減衰振動の方程式 (1.32) を逆向きに進む時間 $t' = -t$ を用いて書き表すと,第 2 項の γ の符号のみが逆になった式が得られることを示せ.

1.4.3 エネルギーの考察

ここで,振幅が大きくなる理由をエネルギーの観点から考えてみよう.地

面の上で膝の屈伸運動をすると疲れるが，一回の曲げ伸ばしで元の体勢に戻れば，力学的には仕事をしたことにはならない．位置エネルギーは元に戻るし，運動エネルギーも元と同じくゼロに戻るからである．しかし，動いているブランコの上での膝の曲げ伸ばしでは状況が異なる．$|\dot\phi|$ が大きいときは，漕ぎ手の感じる遠心力は大きいが，$|\dot\phi|$ が小さいときは遠心力は小さい．したがって，遠心力が大きいときに膝を伸ばし，小さいときに膝を曲げれば，力学的な仕事を余分にすることになる．ブランコではこの余分に行った仕事が力学的エネルギーに変わり，振幅が大きくなるのである．

問 1.9 半周期ごとに一定の速さで 10% 重心を上げ，最大振幅のときに重心を戻すことができたとする．このとき一周期で振幅は何パーセント増加するか計算せよ．

1.5 強制振動

1.5.1 方程式と解

この節では，外力が働くときの運動，すなわち**強制振動** (forced oscillation) を調べよう．振り子や，バネに付けた物体に力 $f(t)$ が働くときの運動方程式は次のように書ける．

$$m\ddot{x} + 2m\gamma\dot{x} + m\omega_0^2 x = f(t). \qquad (1.62)$$

また，図 1.13 に示す電気回路の場合には，回路に入れた起電力を $V(t)$ とすれば

$$L\dot{I} + RI + \frac{1}{C}\int I\,dt = V(t) \qquad (1.63)$$

であり，方程式としては式 (1.62) と同型であるから，式 (1.62) の場合を調べればよい．

外力 $f(t)$ の時間変化は任意でよいが，以下では $f(t) = \dot{V}(t) = F\cos\omega t$ の場合を考

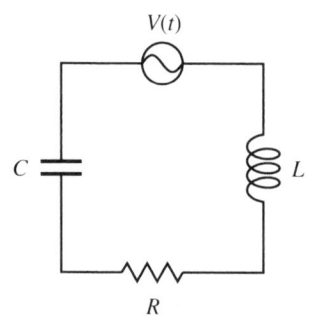

図 **1.13** 交流電源 $V(t)$ 入りの回路．電源はアンテナであってもよい．

える．なぜならば，第4章で説明するように，周期的でない力でもフーリエ級数を用いて

$$f(t) = \sum_{i=1}^{\infty} F_i \cos(\omega_i t + \alpha_i) \tag{1.64}$$

と表すことができ，$F_i \cos(\omega_i t + \alpha_i)$ に対する解 $x_i(t)$ が得られるとき，$f(t)$ に対する解は，重ね合わせの原理によって $x(t) = \sum_{i=1}^{\infty} x_i(t)$ と書けるからである．これは運動方程式の線形性のおかげである．

問 1.10 $F_i \cos(\omega_i t + \alpha_i)$ に対する解が $x_i(t)$ であるとき，式 (1.64) の $f(t)$ に対する解は，$x(t) = \sum_{i=1}^{\infty} x_i(t)$ であることを証明せよ．

方程式を解くには，変数 x を複素数 $z = x + \mathrm{i}y$ に拡張するとよい．このようにすると一見式が複雑になるだけのように思われるかもしれないが，実は途中の計算が簡単になるのである．複素数 z に対する方程式として，次のものを考えよう．

$$m\ddot{z} + 2m\gamma\dot{z} + m\omega_0^2 z = F\mathrm{e}^{\mathrm{i}\omega t}. \tag{1.65}$$

この式は実数部，虚数部ともに成り立たなければならない．実数部を取り出すと，

$$m\ddot{x} + 2m\gamma\dot{x} + m\omega_0^2 x = F\cos\omega t \tag{1.66}$$

が得られる．これは解くべき式である．一方，虚数部は

$$m\ddot{y} + 2m\gamma\dot{y} + m\omega_0^2 y = F\sin\omega t \tag{1.67}$$

であるが，これは力の位相を $\pi/2$ ずらせば実数部の式と同じものになる．いずれにせよ，解 $z(t)$ を求めれば，$x(t) = \mathrm{Re}[z(t)]$ が求まることになる．

さて，z に対する一般解は**特解**とよばれる解と，外力 $F = 0$ のときの一般解を足し合わせたもので与えられる．ただし，特解とは方程式を満たすけれど，必要な数の任意定数を含まない解のことである．また，$F = 0$ のときの一般解は今の場合は減衰振動の解であり，すでに求めてある．そこで，

今後の目標は特解を求めることとなった．

問 1.11 特解と $F=0$ のときの一般解の和は，(i) 方程式を満たすこと，(ii) 初期条件を満たせること，を確かめよ．

特解を求めるためには物理的な考察が役に立つ．実際に振り子を揺することを考えると，何が起こるだろうか，と考えるのである．このとき，ある程度の時間の後には，振り子が外力の振動数で動くことは明らかであろう．そこで，この考察に従って，$z(t) = Ae^{i\omega t}$ とおいてみよう．方程式に代入すると，

$$\left(-m\omega^2 + 2im\gamma\omega + m\omega_0^2\right) Ae^{i\omega t} = Fe^{i\omega t} \tag{1.68}$$

が得られる．これより，A が決まる．

$$A = \frac{F}{m(\omega_0^2 - \omega^2 + 2i\gamma\omega)}. \tag{1.69}$$

したがって，変位は

$$z(t) = \frac{F}{m(\omega_0^2 - \omega^2 + 2i\gamma\omega)} e^{i\omega t} \equiv \frac{1}{i\omega Z} F e^{i\omega t}, \tag{1.70}$$

速度は

$$\dot{z}(t) = \frac{1}{Z} F e^{i\omega t} \tag{1.71}$$

である．ただし，ここで式をすっきりさせるために Z という量を導入した．

$$Z \equiv \frac{m(\omega_0^2 - \omega^2 + 2i\gamma\omega)}{i\omega}. \tag{1.72}$$

これは式 (1.71) からわかるように，力と速度の比であるが，**力学的インピーダンス** (mechanical impedance) とよばれる量である．電気回路の場合には起電力と電流の比であり，単にインピーダンスとよばれる．この場合には $Z = R + iX$ と書くと，R は電気抵抗，X はリアクタンス (reactance) とよばれる量である．

$x(t)$ を求めるために，式 (1.70) の分母 $i\omega Z$ を絶対値と偏角を用いて書き表そう．$i\omega Z$ は ω を変化させたときに図 1.14 の線上を動く．原点からの距

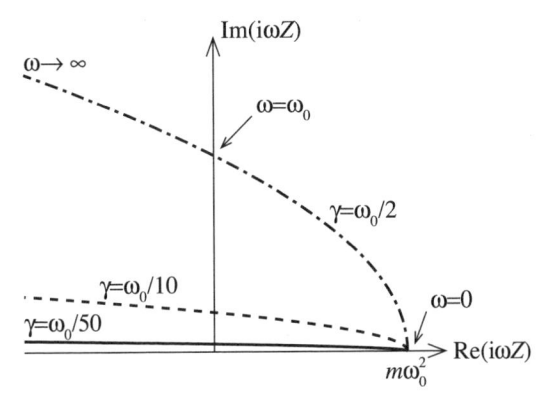

図 1.14 iωZ の ω 依存性. 実線は $\gamma = \omega_0/50$, 破線は $\gamma = \omega_0/10$, 一点鎖線は $\gamma = \omega_0/2$ の場合を示す. いずれの場合にも iωZ は $\omega = \omega_0$ で純虚数となる.

離が絶対値であり, x 軸となす角度が偏角である. これらは次式で与えられる.

$$\mathrm{i}\omega Z = m(\omega_0^2 - \omega^2 + 2\mathrm{i}\gamma\omega) = m\sqrt{(\omega_0^2 - \omega^2)^2 + 4\gamma^2\omega^2}\, \mathrm{e}^{\mathrm{i}\phi}. \quad (1.73)$$

ここで現れる偏角 ϕ は

$$\tan\phi = \frac{2\gamma\omega}{\omega_0^2 - \omega^2} \quad (1.74)$$

で与えられる. これより,

$$z(t) = \frac{F}{m\sqrt{(\omega_0^2 - \omega^2)^2 + 4\gamma^2\omega^2}}\, \mathrm{e}^{\mathrm{i}(\omega t - \phi)} \quad (1.75)$$

となるから, $x(t)$ はこの式の実数部より

$$x(t) = \frac{F}{m\sqrt{(\omega_0^2 - \omega^2)^2 + 4\gamma^2\omega^2}}\, \cos(\omega t - \phi) \quad (1.76)$$

と求められる. また, 速度は

$$\dot{x}(t) = -\frac{F\omega}{m\sqrt{(\omega_0^2 - \omega^2)^2 + 4\gamma^2\omega^2}} \sin(\omega t - \phi) \tag{1.77}$$

である．

強制振動での一般解は，この特解と減衰振動の一般解を足し合わせたものだが，周期的な外力を加え始めてからある程度の時間が経った後での振る舞いを調べたい場合には，減衰振動の解は十分に小さくなっているので，ここで求めた特解の振る舞いのみを調べればよい．特解は外力の振動数で振動しているが，その振る舞いで問題にすべき量は，振幅と位相差 ϕ である．

一般的な場合を調べる前に，典型的な場合を見ておこう．外力の振動数が小さい場合，ω_0 に等しい場合，大きい場合を見ておくのである．

(1) ω が小さい場合 ($\omega \ll \omega_0$)

この場合には ϕ は ω に比例していて小さい．したがって，

$$x(t) \simeq \frac{F}{m\omega_0^2} \cos \omega t \tag{1.78}$$

であり，x は力 $f(t) = F\cos\omega t$ と一緒に動く．振幅は ω によらない一定値になる．

(2) $\omega = \omega_0$ の場合

このときには，$\phi = \pi/2$ であり，

$$x(t) = \frac{F}{2m\gamma\omega_0} \sin \omega t \tag{1.79}$$

となる．変位と力の位相は $90°$ ずれているが，速度と力の位相は一致する．常に進行方向に力が働くので，振幅はほぼ最大値を示す．

(3) ω が大きい場合 ($\omega \gg \omega_0$)

この場合には ϕ は π に漸近する．したがって

$$x(t) \simeq -\frac{F}{m\omega^2} \cos \omega t \tag{1.80}$$

である．変位は力と反対方向であり，振幅は ω^2 に比例して減少する．

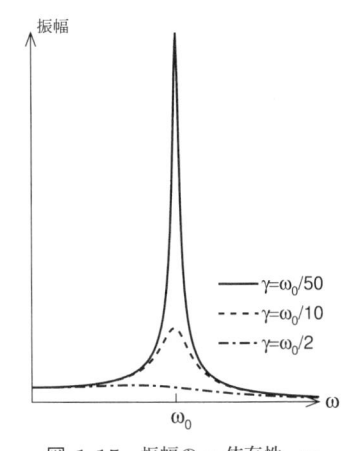

図 1.15 振幅の ω 依存性. ω は外力の角振動数である.

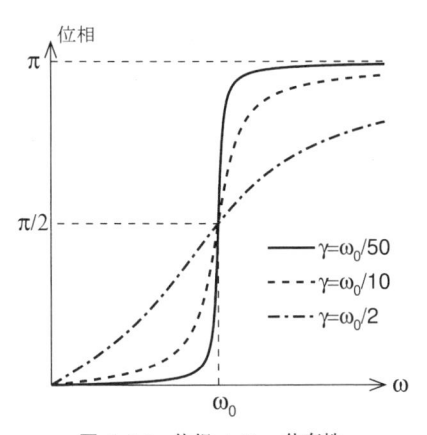

図 1.16 位相 ϕ の ω 依存性.

一般の ω に対しては振幅と位相差は図 1.15, 1.16 のように振る舞う. 最大振幅は $\left(\omega_0^2 - \omega^2\right)^2 + 4\gamma^2\omega^2$ が最小値のところで実現する.

$$\left(\omega_0^2 - \omega^2\right)^2 + 4\gamma^2\omega^2 = \omega^4 + 2\left(2\gamma^2 - \omega_0^2\right)\omega^2 + \omega_0^4$$
$$= \left[\omega^2 - \left(\omega_0^2 - 2\gamma^2\right)\right]^2 + 4\gamma^2\left(\omega_0^2 - \gamma^2\right) \quad (1.81)$$

と変形できるので, $\omega_0^2 > 2\gamma^2$ のときは, $\omega = \sqrt{\omega_0^2 - 2\gamma^2}$ で振幅は最大になる. γ が ω に比べて十分に小さいときには最大振幅の位置はほぼ ω_0 に近づき, ピークは高く鋭くなる. これは共振 (resonance) または共鳴とよばれる現象である.

1.5.2 エネルギーの吸収

振幅の最大値を与える角振動数 ω は ω_0 と一致しない. しかし, 直感的には $\omega = \omega_0$ で共鳴が起こると考えるのが普通であろう. 実は, エネルギーの観点から見ると, この直感が正しいことがわかる. すなわち外力が単位時間に与える仕事は $\omega = \omega_0$ で最大になる. このことを見てみよう.

角振動数 ω の外力が加わり始めてしばらくすると, 初期条件を満たすために導入される減衰振動の解は十分に小さくなり, 特解のみが残る. このとき, 運動は定常状態に入り, $T = 2\pi/\omega$ ごとに同じ状態に戻る. 外力のした

仕事は振動子の系に吸収され，式 (1.62) の左辺第 2 項の摩擦項により，熱などに変わってしまう．このようにして吸収されるエネルギーを計算しよう．

外力 $f(t)$ が働いている物体が変位 dx を起こせば，外力は仕事 $f(t)dx$ を行う．dx の変位には $dt = dx/\dot{x}$ の時間がかかるから，1 周期 $T = 2\pi/\omega$ の間になされる仕事は

$$U = \int_0^T f(t)\dot{x} dt \tag{1.82}$$

である．単位時間あたりの仕事の平均値，つまり仕事率の平均値 W は

$$\begin{aligned}
W &= \frac{\omega}{2\pi} \int_0^{2\pi/\omega} f(t)\dot{x} dt \\
&= \frac{\omega}{2\pi} \int_0^{2\pi/\omega} \frac{-\omega F^2 \cos\omega t \sin(\omega t - \phi)}{m\sqrt{(\omega_0^2 - \omega^2)^2 + 4\gamma^2\omega^2}} dt \\
&= \frac{F^2}{2} \frac{\omega \sin\phi}{m\sqrt{(\omega_0^2 - \omega^2)^2 + 4\gamma^2\omega^2}} \\
&= F^2 \frac{\gamma\omega^2}{m[(\omega_0^2 - \omega^2)^2 + 4\gamma^2\omega^2]} \\
&= \frac{F^2}{4m\gamma} \frac{1}{1 + \left(\frac{\omega_0^2 - \omega^2}{2\gamma\omega}\right)^2}
\end{aligned} \tag{1.83}$$

となる．ただし，$\sin\omega t \cos\omega t$ の時間平均はゼロで，$\cos^2\omega t$ の時間平均が $1/2$ であることと

$$\sin\phi = \frac{2\gamma\omega}{\sqrt{(\omega_0^2 - \omega^2)^2 + 4\gamma^2\omega^2}} \tag{1.84}$$

を用いた．

この式から，吸収率のピークは $\omega = \omega_0$ にあることがわかる．ピークの値が半分になる 2 つの ω の値の差を**半値幅**という．高さが半分になるのは $\omega_0^2 - \omega^2 = \pm 2\gamma\omega$ のときであるから，ピークがある程度鋭い $\omega_0 \gg \gamma$ の場合には

$$\omega \simeq \omega_0 \left(1 \pm \frac{\gamma}{\omega_0}\right) \qquad (1.85)$$

でピークの高さは半分になる．したがって，半値幅は 2γ である．ピークの鋭さを定量的に表す量として **Q** 値というものを次式で定義する

$$Q \equiv \frac{共鳴周波数}{半値幅} \simeq \frac{\omega_0}{2\gamma}. \qquad (1.86)$$

Q が大きいほど共振・共鳴は鋭い．共振を利用する器具の仕様書にはこの Q 値が示されているのが普通である．図 1.17 に $Q=25$，すなわち $\gamma = \omega_0/50$ の場合を示す．

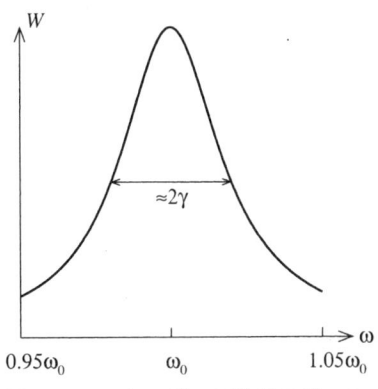

図 **1.17** エネルギーの吸収のピーク．$\gamma = \omega_0/50$ の場合について $\omega = \omega_0$ の近傍のみを示す．

1.5.3 共振の例

共振，共鳴の例には次のようなものがある．

(1) 電波の受信

空気中にはさまざまな振動数の電波が飛び交っている．ラジオ，テレビ，携帯電話などではこのうち必要とする電波のみを拾い出さなければならない．アンテナの大きさによって出力に含まれる振動数の範囲はある程度制限されるが，やはりまださまざまな振動数の起電力が混ざり合っていて，アンテナの起電力は次のように書けるであろう．

$$V(t) = \sum_{i=1}^{\infty} V_i \cos(\omega_i t + \alpha_i). \qquad (1.87)$$

これを ω_0 の共振回路につなぐと，振動数ごとに違う大きさの電流が生じる．このうち特に ω_0 の振動数の起電力による電流は他に比べて圧倒的に大きな値をもつ．したがって $\omega_n = \omega_0$ であれば得られる電流は近似的に

$$I(t) \simeq \frac{V_n}{Z(\omega_0)} \cos(\omega_n t + \alpha_n) \qquad (1.88)$$

となる ($Z(\omega_n) \simeq Z(\omega_0) = R$ である). FM のラジオで 0.1 MHz あたり 1 つの放送局を割り当てるとすると,電波の周波数は 80 MHz 程度であるから,共振回路の Q 値は少なくとも 100 程度以上はないと,混信が起こることになる.

(2) ソプラノ歌手とワイングラス

ワイングラスを叩くと高い澄んだ音がする.ソプラノ歌手はこの音と同じ高さの音で歌うことにより,ワイングラスを割ることができる.グラスが共鳴して,振幅がとても大きくなるからである.ただし,安いワイングラスは Q 値が小さく,エネルギーの吸収が小さいので,割りにくい.実験する場合は高級なグラスを使うことが必要である.また,グラスの共鳴周波数は音階の音とは一般には一致しないので,絶対音感にこだわる歌手には共鳴させるのは難しいかもしれない.

(3) アメリカのつり橋の崩壊

ワシントン州のタコマ海峡橋 (Tacoma bay bridge) というつり橋は 2 本の柱の間の距離(スパン)が 853 m で,1940 年に完成した.しかし,この橋には設計上の問題があった.橋のねじれ振動の周期と,上下振動の周期がほぼ一致していたのである.このため,強い横風を受けたときに橋の上下振動が起こり,これがさらにねじれ振動と共鳴して,完成後ほどなく橋はばらばらに壊れてしまったのである.横風で上下の振動が起こるのは,風で電線が鳴る[6]のと同じで,下流にカルマン (Kármán) 渦列が生じ,1 つひとつの渦ができるときに,交互に上または下方向の力を受けるからである.この渦の発生の周期と橋の上下振動が共鳴すると,大きな上下振動が起こる.ここまでは設計時の考慮に入っていたらしいが,ねじれ振動と共鳴することは考慮されなかったのが崩壊の原因と考えられている.

---

[6] 風が細い物体に当たって出す音は,日本では虎落(もがり)笛,ヨーロッパではエオリアン・ハープ (aeolian harp) とよばれている.

1.6 単振動と複素平面での回転

減衰振動や，強制振動の方程式の解を求めるのに，変数 $x(t)$ を複素数 $z(t)$ に拡張して議論した．減衰振動の場合には

$$z(t) = Ae^{i\alpha} \exp\left(-\gamma t + i\sqrt{\omega_0^2 - \gamma^2}\,t\right) \tag{1.89}$$

であり，これの実数部として

$$x(t) = Ae^{-\gamma t} \cos\left(\sqrt{\omega_0^2 - \gamma^2}\,t + \alpha\right) \tag{1.90}$$

が得られた．この式で $\gamma = 0$ とすれば，

$$z(t) = Ae^{i\alpha} \exp\left(i\omega_0 t\right) \tag{1.91}$$

であり，

$$x(t) = A\cos(\omega_0 t + \alpha) \tag{1.92}$$

と単振動になる．この単振動の場合には，$z(t)$ は複素平面上で原点を中心として半径 A の円周上を一定の角速度で回転し，その実軸への射影が $x(t)$ の単振動となっている．また，減衰振動の場合には $z(t)$ は複素平面上で図 1.18 に示すように対数螺旋を描く．

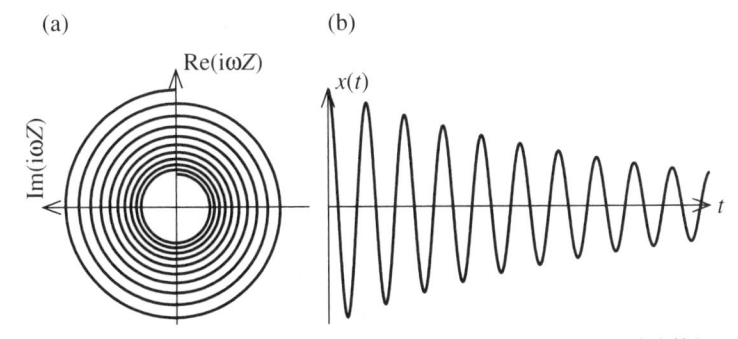

図 **1.18** 減衰振動は複素平面上での対数螺旋 (logarithmic spiral) を実軸上へ射影したものである．(a) 複素平面上での軌跡，(b) 実軸上への射影の時間変化．

物理量として意味があるのは，実数である変位 $x(t)$ であるから，複素数に拡張した $z(t)$ は方程式を解くために便宜上導入したものであることは確かである．しかし，今後本書で明らかにしていくように，振動・波動現象を直感的に理解する際に，いつも振動とは複素平面での回転であるということを意識することはきわめて重要である．物事の本質を理解するには，表面に現れたことだけを見るのではなく，その裏に隠されたものを見なければならないのである．具体的な例は今後いくつも出てくるが，ここでは，複素平面で見ていれば，振動の振幅の大きさは原点からの距離として，また，振動の位相は x 軸からの角度として，どの瞬間にも明らかであるが，図 1.18(b) の $x(t)$ の図ではこれらは自明ではないということを指摘しておこう．

第2章 連成振動

この章ではいくつかの調和振動子を何らかの相互作用で結合した体系を調べる．相互作用によって，それぞれの調和振動子は周囲の振動子の運動の影響のもとで運動することになる．このため，系全体は一見複雑な運動を示すことになるが，基準振動というものを考えることにより，運動は単純な調和振動の重ね合わせで表されることを示す．まず，2つの調和振動子が結合した系を考察し，次に3つの振動子が結合した系を取り扱う．

2.1 2つの調和振動子の系

図 2.1 のように，2つの振り子の途中を糸で結んだものは**連成振り子**（連成振動子，coupled oscillator）とよばれるものの典型例である．左右対称に作ると，初めに一方の振り子のみを振らせた場合，振動はしだいに他方に移り，そのうち初めの振り子は止まってしまう．さらに観察を続けると，初めの振り子は再び振れ始め，2番目の振り子の振動はしだいに小さくなり，初めの状態に戻っていく．このように，振動のエネルギーが2つの振り子で行ったり来たりするのが観測されるであろう．

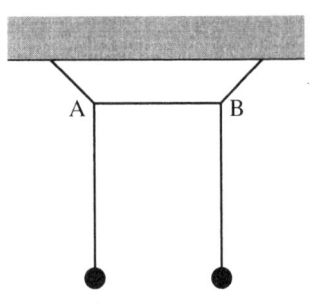

図 **2.1** 連成振り子．2つの振り子を用意し，それぞれの糸の途中の点 A と点 B を糸で結ぶとお互いに影響を及ぼし合う連成振り子となる．

このような動きをする系はバネを用いても作ることができる．図 2.2 のよ

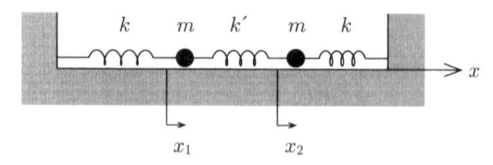

図 2.2 2つの質点を3つのバネで直線上に並べたものは連成振動子となる．それぞれの質点の平衡位置からの変位を x_1, x_2 と記述する．

うに2つの質点を3つのバネで一直線につないで，直線に沿った運動をさせればよい．ただし，バネの場合は普通は振動数が高すぎて，現象の観測には適さない．

2.1.1　運動方程式と解

(1) 運動方程式

このような連成振動子の運動を運動方程式に基づいて調べるのがこの節の目的である．バネの場合のほうが方程式をたてるのは容易である．図2.2に示すように，一端が壁に固定された両側のバネのバネ定数を k，中央のバネの定数を k' とし，2つの質点の平衡位置からの変位を x_1, x_2 としよう．3つのバネの伸びはそれぞれ x_1, $x_2 - x_1$, $-x_2$ であり，バネの端の質点には伸びに比例した力が働くから，運動方程式は以下のようになる．

$$\begin{cases} m\ddot{x}_1 = -kx_1 + k'(x_2 - x_1), \\ m\ddot{x}_2 = -kx_2 - k'(x_2 - x_1). \end{cases} \quad (2.1)$$

連成振り子の場合の方程式もこの形になることを示すのは容易である．それには振り子の運動がポテンシャルの最低点の回りの微小振動であることを用いればよい．振り子の振れの角度をそれぞれ ϕ_1, ϕ_2 としよう．このとき，ポテンシャルエネルギーはこの2つの変数の関数として，一般に $U(\phi_1, \phi_2)$ と書けるはずである．この関数を極小値 $U(0,0)$ を与える $\phi_1 = \phi_2 = 0$ の回りでテイラー展開し，2次の項まで残せば次のようになる．

$$U(\phi_1, \phi_2) \simeq U(0,0) + \frac{1}{2}U_{11}\phi_1^2 + \frac{1}{2}U_{22}\phi_2^2 + U_{12}\phi_1\phi_2. \quad (2.2)$$

ただし，

$$U_{ij} \equiv \left. \frac{\partial^2 U(\phi_1, \phi_2)}{\partial \phi_i \partial \phi_j} \right|_{\phi_1 = \phi_2 = 0} \tag{2.3}$$

は i, j を 1 または 2 として，極小点での U の 2 階偏微分である．振り子の長さが l のとき，このポテンシャルによる運動方程式は

$$ml^2 \ddot{\phi}_i = -\frac{\partial}{\partial \phi_i} U(\phi_1, \phi_2) \tag{2.4}$$

となる．この式が式 (2.1) と同型であることは容易にわかるであろう．

(2) 解

連立微分方程式である式 (2.1) を解くには和と差を作るとよい．まず和を作ろう．

$$m(\ddot{x}_1 + \ddot{x}_2) = -k(x_1 + x_2). \tag{2.5}$$

これは単振動の式であるから，解は

$$\omega_1^2 = \frac{k}{m} \tag{2.6}$$

として

$$x_1 + x_2 = A \cos(\omega_1 t + \alpha) \tag{2.7}$$

である．次に差を作ろう．

$$m(\ddot{x}_1 - \ddot{x}_2) = -(k + 2k')(x_1 - x_2). \tag{2.8}$$

これより

$$\omega_2^2 = \frac{k + 2k'}{m} \tag{2.9}$$

を用いて

$$x_1 - x_2 = B \cos(\omega_2 t + \beta) \tag{2.10}$$

が得られる．

これらの解の和と差より

$$x_1(t) = \frac{A}{2}\cos(\omega_1 t + \alpha) + \frac{B}{2}\cos(\omega_2 t + \beta), \tag{2.11}$$

$$x_2(t) = \frac{A}{2}\cos(\omega_1 t + \alpha) - \frac{B}{2}\cos(\omega_2 t + \beta) \tag{2.12}$$

と，x_1, x_2 は2つの振動数の単振動の重ね合わせとして表すことができた．

問 2.1 初期条件を $x_1(0) = x_0$，$\dot{x}_1(0) = 0$，$x_2(0) = 0$，$\dot{x}_2(0) = 0$ として，A, B, α, β を求めよ．

2.1.2 うなり

一般に，2つの異なる振動数をもった単振動の重ね合わせはうなり (beat) という現象を引き起こす．k' が k より十分に小さいとして，解の様子を見てみよう．この場合，$\omega_2 = \omega_1 + \Delta\omega$ と表せば，$\Delta\omega \ll \omega_1$ である．このときの x_1 の時間変化を複素変数 z_1 の助けを借りて調べよう．

$$x_1(t) = \mathrm{Re}\,[z_1(t)] \tag{2.13}$$

とするとき，

$$z_1(t) = z_A(t) + z_B(t), \tag{2.14}$$

$$z_A(t) = \frac{A}{2}\mathrm{e}^{\mathrm{i}(\omega_1 t + \alpha)}, \tag{2.15}$$

$$z_B(t) = \frac{B}{2}\mathrm{e}^{\mathrm{i}(\omega_2 t + \beta)} = \frac{B}{2}\mathrm{e}^{\mathrm{i}[(\omega_1 + \Delta\omega)t + \beta]} \tag{2.16}$$

である．まず，この式を図 2.3 を元にして理解しよう．左側の (a) に示すように，式 (2.14) の右辺第1項を示す点 z_A は複素平面上の半径 $A/2$ の円上を角速度 ω_1 で回るベクトルで表される．一方，第2項を表す z_B は半径 $B/2$ の円上をそれより少し速い角速度 $\omega_1 + \Delta\omega$ で回る．$z_1(t)$ はこれら2つのベクトルの和で与えられており，$x_1(t)$ は $z_1(t)$ の実軸への射影である．2つのベクトル z_A と z_B の和はほぼ ω_1 で回転するが，2つのベクトルのなす角は $\Delta\omega$ で徐々に増加していく．和である z_1 の絶対値の時間変化を見るために，右側の (b) に示すように，$z_A = (A/2)\mathrm{e}^{\mathrm{i}(\omega_1 t + \alpha)}$ とともに回る回

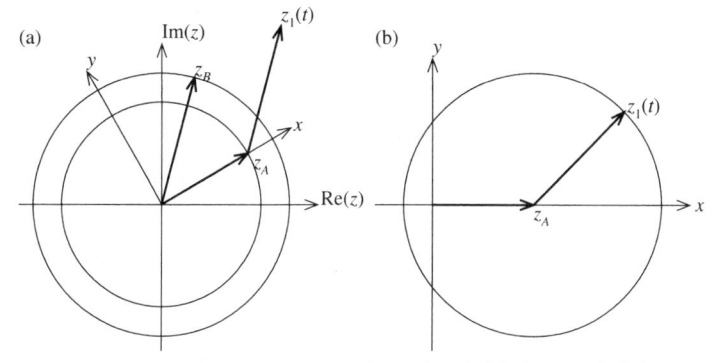

図 2.3 2つの単振動の複素平面での合成. 原点を中心とする円上を動く2つの複素数 z_A と z_B の和は (a) のように複素平面上のベクトル和で表される. z_A とともに一定の角速度で回転する xy 座標系に移ると, (b) のように, z_A は x 軸上に固定され, 和である z_1 を表す点は z_A を中心とする半径 $|z_B|$ の円上を動く.

転座標系で考えてみよう. このとき点 z_A は x 軸上で静止しており, z_B は $\Delta\omega$ で回転する. したがって, 和である z_1 は z_A を中心とする半径 $B/2$ の円上を回転し, 原点からの距離 $|z_1|$ は角振動数 $\Delta\omega$ で増減する. このため, $x_1(t)$ はほぼ ω_1 で振動するが, その振幅は $\Delta\omega$ で増減することになる.

この様子を次に式を用いて見てみよう. $z_1(t)$ は次のように書ける.

$$z_1(t) = \left(\frac{A}{2} + \frac{B}{2}e^{i(\Delta\omega t - \alpha + \beta)}\right)e^{i(\omega_1 t + \alpha)}$$
$$\equiv C(t) e^{i[\omega_1 t + \alpha + \phi(t)]}. \quad (2.17)$$

ただし, 1行目の括弧の中の複素数を例によって絶対値 $C(t)$ と偏角 $\phi(t)$ で表している. すなわち,

$$C(t) e^{i\phi(t)} \equiv \frac{A}{2} + \frac{B}{2}e^{i(\Delta\omega t - \alpha + \beta)}, \quad (2.18)$$

であり,

$$C(t) = \frac{1}{2}\sqrt{A^2 + B^2 + 2AB\cos(\Delta\omega t - \alpha + \beta)}, \quad (2.19)$$

$$\tan[\phi(t)] = \frac{B\sin(\Delta\omega t - \alpha + \beta)}{A + B\cos(\Delta\omega t - \alpha + \beta)}, \quad (2.20)$$

である. この結果

$$x_1(t) = C(t)\cos\left[\omega_1 t + \alpha + \phi(t)\right] \tag{2.21}$$

となる．$C(t)$ と $\phi(t)$ は角振動数 $\Delta\omega = \omega_2 - \omega_1$ でゆっくり変化するので，速い振動の一周期 $T_1 = 2\pi/\omega_1$ の間ではほぼ一定とみなすことができる．すなわち，図解したのと同様に $x_1(t)$ はほぼ ω_1 で振動し，その振幅 $C(t)$ は $\Delta\omega$ でゆっくりと増減する．$x_1(t)$ の時間変化は図 2.4 のようになる．このように振動数の近い 2 つの波を足し合わせると，振幅が周期的に変化するが，このような現象はうなりとよばれる．お寺の鐘は 2 つの近い振動数で振動するようにできているので，うなりが聞こえる．また，楽器の音合わせのときには，うなりの存在によって，音の高さの差を感知し，修正するのである．

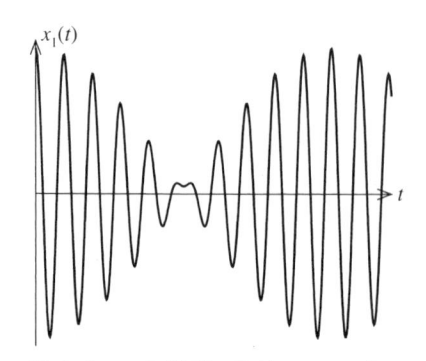

図 2.4 x_1 の運動．$B/A = 0.9$, $\Delta\omega = 0.1\omega_1$, $\alpha = \beta = 0$ の場合を示す．

ここまで x_1 の運動のみを計算したが，x_2 についても同様に計算することができる．実際の計算は読者の練習問題にするが，その結果は，x_1 の振動の振幅 $C(t)$ が大きいときには，x_2 の振幅は小さく，逆に x_2 の振幅が大きいときには x_1 の振幅は小さくなっている．これはまさに連成振り子の実験で見た通りである．このように振動の振幅が交互に大きくなるのは，エネルギーを考えれば明らかである．連成振り子全体でエネルギーが保存すること，個々の振り子のエネルギーは振幅の 2 乗に比例することから，両方同時に大きな振幅をもつことはできず，エネルギーは 2 つの振り子を行き来するのである．

連成振動子の場合の振幅の変化を強制振動という立場で見ることもできる．2 つの振り子は相互作用がない $k' = 0$ の場合には同じ大きさの振動数をもつ．この状況で 2 つの振り子を弱く結合させ，$k' \neq 0$ としよう．ここで，1 つの振り子を揺らすと，その情報は k' の項を通じて，他方の振り子に伝えられる．このときに伝えられる力は他方の振り子の共鳴振動数をも

つので，第2の振動子は大きな振幅になろうとする．このときに第2の振り子に与えられるエネルギーは第1の振り子からしか得られないので，第1の振り子の振動は小さくなるのである．

問 2.2 $x_2(t)$ を式 (2.21) の形に求め，x_1 の振幅 $C(t)$ が最大のとき，x_2 の振幅が最小であることを示せ．

2.2 基準振動と基準座標

2.2.1 基準振動

連成振動子の考察を続け，**基準振動** (normal mode) という概念を導入しよう．式 (2.11)，(2.12) は $B = 0$ のとき

$$x_1 = \frac{A}{2}\cos(\omega_1 t + \alpha), \tag{2.22}$$

$$x_2 = \frac{A}{2}\cos(\omega_1 t + \alpha), \tag{2.23}$$

となる．すなわち，この場合には全体が共通の1つの振動数 ω_1 での単振動を行う．$A = 0$ で B のみが有限の場合も同様で，このときには ω_2 の単振動である．図 2.5 に示すように ω_1 の振動では2つの質点の変位の方向は等しく，ω_2 の場合には互いに逆方向に変位する．このように，連成振動子の

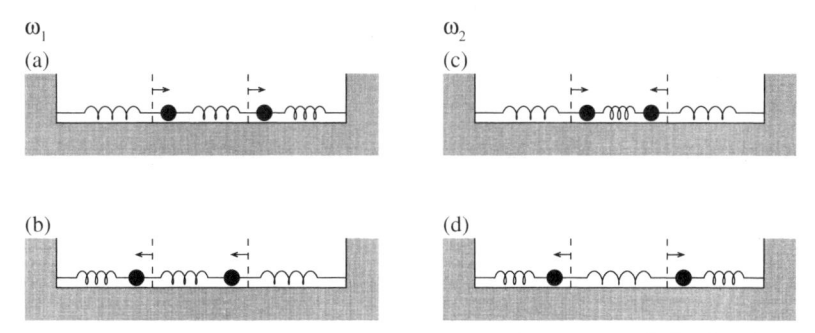

図 **2.5** 基準振動数 ω_1 および ω_2 の基準振動．(a)(b) は ω_1 での振動のある時刻と，その半周期後の質点の位置を示す．(c)(d) は ω_2 での振動のある時刻と，その半周期後の質点の位置を示す．破線は各質点の平衡位置を示している．

全体が1つの振動数で振動する場合，その振動の様子を基準振動とよぶ．また，その振動数は**基準振動数**とよばれる．ところで，ここでは2質点系の x 方向の振動のみを考えている．このように1つの方向のみの振動を考えるときには，基準振動の数は，質点の数と等しく，今の場合は2である．今後明らかになるように，一般解はすべての基準振動の和で表すことができる．

2.2.2 基準座標とエネルギー

方程式を解くのに，2つの質点の座標の和と差を考えると，うまくいくことを学んだ．そこで，次のように和と差に対して，新しい表記を導入しよう．

$$Q_1 = \frac{1}{\sqrt{2}}(x_1 + x_2) = \frac{A}{\sqrt{2}}\cos(\omega_1 t + \alpha), \qquad (2.24)$$

$$Q_2 = \frac{1}{\sqrt{2}}(x_1 - x_2) = \frac{B}{\sqrt{2}}\cos(\omega_2 t + \beta). \qquad (2.25)$$

$Q_1(t)$ と $Q_2(t)$ は**基準座標** (normal coordinate) とよばれる．基準座標に対する運動方程式は

$$\ddot{Q}_1 = -\omega_1^2 Q_1, \qquad (2.26)$$

$$\ddot{Q}_2 = -\omega_2^2 Q_2, \qquad (2.27)$$

であり，それぞれ単振動の方程式になっている．基準座標は基準振動の変位の時刻 t での値を表している．もともとの座標 x_1 と x_2 の運動は独立ではなく，一方のみを動かすことはできない．これに対して，Q_1 と Q_2 の運動は独立であり，一方のみを動かすことができる．図2.6に示すように，ある時刻での2つの質点の位置を表すのに，x_1 と x_2 を2つの軸とする2次元空間を用いることができる．基準座標 Q_1 と Q_2 を用いることはこの空間での座標回転に対応する．この空間での2質点を表す点の動きは一見複雑だが，基準座標方向ではそれぞれ単振動を行っている．

Q_1 と Q_2 が独立であることはエネルギーの観点からも知ることができる．運動エネルギー $E_{\text{K.E.}}$ とポテンシャルエネルギー U は次のように与えられ

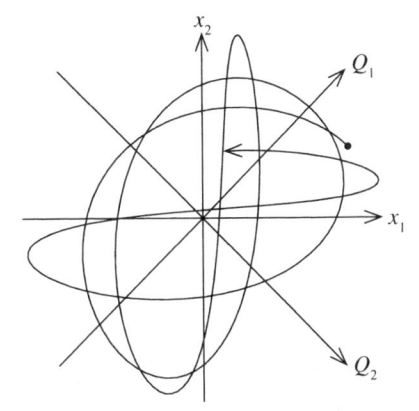

図 2.6 2つの質点の位置の時間変化は x_1 と x_2 を2つの軸とする2次元空間での点の動きとして表すことができる．この空間で基準座標 Q_1 と Q_2 は斜めの方向の座標軸となり，2質点の位置を表す点はそれぞれの基準座標方向に単振動を行う．

る．

$$E_{\text{K.E.}} = \frac{m}{2}\dot{x}_1^2 + \frac{m}{2}\dot{x}_2^2, \tag{2.28}$$

$$U = \frac{1}{2}kx_1^2 + \frac{1}{2}kx_2^2 + \frac{1}{2}k'(x_1 - x_2)^2, \tag{2.29}$$

ただし，U の第1項，第2項はそれぞれ左右のバネに蓄えられているエネルギー，第3項は中央のバネに蓄えられているエネルギーである．この2種類のエネルギー，$E_{\text{K.E.}}$ と U の和は時間によらず一定であるはずであるが，このままではすぐにはわからない．この式を基準座標 Q_1 と Q_2 で書き直してみよう．

$$\dot{Q}_1^2 + \dot{Q}_2^2 = \frac{1}{2}(\dot{x}_1 + \dot{x}_2)^2 + \frac{1}{2}(\dot{x}_1 - \dot{x}_2)^2 = \dot{x}_1^2 + \dot{x}_2^2 \tag{2.30}$$

より運動エネルギーは

$$E_{\text{K.E.}} = \frac{m}{2}\dot{Q}_1^2 + \frac{m}{2}\dot{Q}_2^2, \tag{2.31}$$

また，ポテンシャルエネルギーは

$$Q_1^2 + Q_2^2 = \frac{1}{2}(x_1+x_2)^2 + \frac{1}{2}(x_1-x_2)^2 = x_1^2 + x_2^2 \tag{2.32}$$

より

$$U = \frac{1}{2}kQ_1^2 + \frac{1}{2}(k+2k')Q_2^2 \tag{2.33}$$

と表せる．これより $m\omega_1^2 = k$ と $m\omega_2^2 = (k+2k')$ を用いて，

$$\begin{aligned}E_{\text{K.E.}} + U &= \frac{m}{2}\dot{Q}_1^2 + \frac{k}{2}Q_1^2 + \frac{m}{2}\dot{Q}_2^2 + \frac{k+2k'}{2}Q_2^2 \\ &= \frac{1}{2}m\omega_1^2 A^2 + \frac{1}{2}m\omega_2^2 B^2\end{aligned} \tag{2.34}$$

と表すことができる．すなわち，エネルギーは Q_1 だけの部分（1 行目の右辺第 1 項と第 2 項）と Q_2 だけの部分（1 行目の右辺第 3 項と第 4 項）に分かれ，それぞれ時間によらない一定のエネルギーをもっていることがわかった．

2.3 3質点系

2.3.1 運動方程式とその解法

2 質点系の連成振動子が基準振動の和で書けることがわかったので，次に 3 質点の連成振動子を調べよう．図 2.7 のように，3 質点がバネで結ばれた系を調べることにする．壁と質点の間のバネのバネ定数を k，中央の 2 つのバネのバネ定数を k' とする．i 番目の質点の平衡位置からの変位を $x_i (i = 1, 2, 3)$ と書くと，運動方程式は次のようになる．

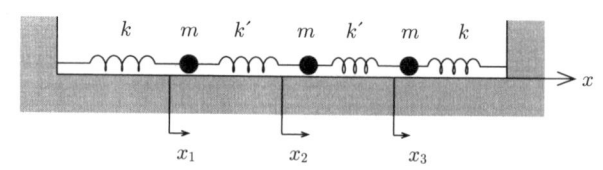

図 2.7 3 質点の連成振動．平衡位置からの各質点の変位を x_1, x_2, x_3 で表す．

$$\begin{cases} m\ddot{x}_1 = -kx_1 + k'(x_2 - x_1), \\ m\ddot{x}_2 = -k'(x_2 - x_1) + k'(x_3 - x_2), \\ m\ddot{x}_3 = -k'(x_3 - x_2) - kx_3. \end{cases} \tag{2.35}$$

この連立微分方程式を解くのにはどうすればよいだろうか？　今度は2質点のときのように，和と差を作っても簡単にはならない．そこで，今後質点の数が増えても一般的に使える強力な方法を用いて解くことにしよう．その方法とは，この場合にも基準振動が現れることを想定して，$x_j = c_j \mathrm{e}^{\mathrm{i}\omega t}$ ($j = 1, 2, 3$) とおく方法である．基準振動とは全体が1つの振動数で動くものであるから，3つの質点で共通の ω を用い，この ω と振幅 c_j を方程式から求めるのである．なお，ここで変数 x_j は複素数に拡張されている．このため，あとで実数に戻すことになるが，とりあえず，このまま議論を進めていこう．$x_j = c_j \mathrm{e}^{\mathrm{i}\omega t}$ を元の方程式 (2.35) に代入すると，方程式は次のようになる．

$$\begin{cases} (k + k' - m\omega^2) c_1 - k' c_2 = 0, \\ -k' c_1 + (2k' - m\omega^2) c_2 - k' c_3 = 0, \\ -k' c_2 + (k + k' - m\omega^2) c_3 = 0. \end{cases} \tag{2.36}$$

すなわち，元の連立微分方程式は振幅 c_1, c_2, c_3 を未知数とする連立方程式に書き直せるのである．ここで，$c_j \neq 0$ の解があるためには，係数の行列式 (determinant) がゼロである必要がある．

$$\begin{vmatrix} k + k' - m\omega^2 & -k' & 0 \\ -k' & 2k' - m\omega^2 & -k' \\ 0 & -k' & k + k' - m\omega^2 \end{vmatrix} = 0. \tag{2.37}$$

この式が意味するのは，基準振動数は勝手な値をとれず，この行列式がゼロになるように選ばなければならないということである．行列式を展開すると ω に対する方程式は次のようになる．

$$\left(k+k'-m\omega^2\right)^2\left(2k'-m\omega^2\right)-2\left(k+k'-m\omega^2\right)k'^2$$
$$=\left(k+k'-m\omega^2\right)\left[\left(k+k'-m\omega^2\right)\left(2k'-m\omega^2\right)-2k'^2\right]$$
$$=0. \tag{2.38}$$

これより ω に対する条件は

$$m\omega^2 = k+k', \tag{2.39}$$

または

$$\left(k+k'-m\omega^2\right)\left(2k'-m\omega^2\right)=2k'^2 \tag{2.40}$$

であり，ω に対する3つの解，すなわち，3つの基準振動数が求められる．それらは，

$$\omega=\sqrt{\frac{k+k'}{m}}, \tag{2.41}$$

および

$$\omega=\sqrt{\frac{k+3k'\pm\sqrt{k^2-2kk'+9k'^2}}{2m}} \tag{2.42}$$

である．

2.3.2 基準振動

以下では，これらの基準振動数を小さいほうから ω_1, ω_2, ω_3 として，それぞれの振動数での基準振動の様子，すなわち，c_i の比を求めていこう．その際，式を簡単にするため，$k=k'$ とすることにする．この結果，基準振動数は次のようになる．

$$\omega_1=\sqrt{\frac{2-\sqrt{2}}{m}k}, \tag{2.43}$$

$$\omega_2=\sqrt{\frac{2k}{m}}, \tag{2.44}$$

$$\omega_3=\sqrt{\frac{2+\sqrt{2}}{m}k}. \tag{2.45}$$

これらを次々に式 (2.36) に代入すれば，係数 c_i 間の関係式が得られる．

(1) ω_1 での基準振動

係数の間の関係式は $\sqrt{2}c_1 = c_2 = \sqrt{2}c_3$ となる．振動の振幅を A_1，初期位相を α_1 とし，x_i を 3 次元空間の座標とみなせば，基準振動は次のように表せる．

$$(x_1(t), x_2(t), x_3(t)) = \left(\frac{1}{2}, \frac{\sqrt{2}}{2}, \frac{1}{2}\right) A_1 \cos(\omega_1 t + \alpha_1). \quad (2.46)$$

ただし，変数 x_i は実数に戻してあり，また，$A_1 \cos(\omega_1 t + \alpha_1)$ の前の定ベクトルは長さが 1 になるように選んである．図 2.8 参照．

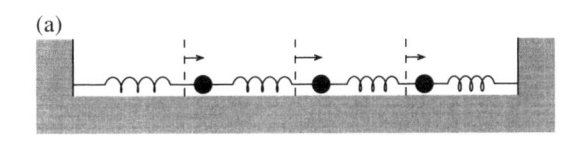

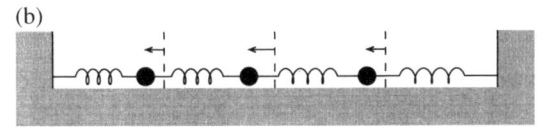

図 2.8 ω_1 の基準振動．(a) $\omega_1 t + \alpha_1 = 0$ のときの変位，(b) $\omega_1 t + \alpha_1 = \pi$ のときの変位．一般の時刻ではこの 2 つの状態の間を振動する．

(2) ω_2 での基準振動

$c_1 = -c_3$, $c_2 = 0$ であり，

$$(x_1(t), x_2(t), x_3(t)) = \left(\frac{1}{\sqrt{2}}, 0, -\frac{1}{\sqrt{2}}\right) A_2 \cos(\omega_2 t + \alpha_2) \quad (2.47)$$

である．中央の質点は常に静止している．図 2.9 参照．

(3) ω_3 での基準振動

$\sqrt{2}c_1 = -c_2 = \sqrt{2}c_3$ であり，

$$(x_1(t), x_2(t), x_3(t)) = \left(\frac{1}{2}, -\frac{\sqrt{2}}{2}, \frac{1}{2}\right) A_3 \cos(\omega_3 t + \alpha_3) \quad (2.48)$$

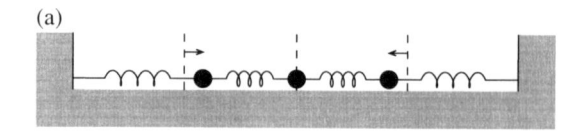

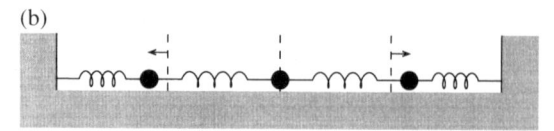

図 2.9 ω_2 の基準振動．(a) $\omega_2 t + \alpha_2 = 0$ のときの変位，(b) $\omega_2 t + \alpha_2 = \pi$ のときの変位．

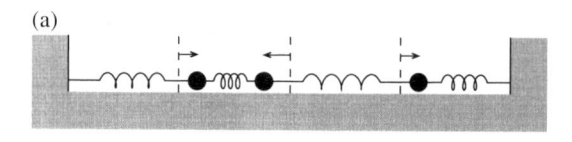

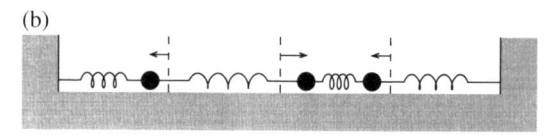

図 2.10 ω_3 の基準振動．(a) $\omega_3 t + \alpha_3 = 0$ のときの変位，(b) $\omega_3 t + \alpha_3 = \pi$ のときの変位．

である．図 2.10 参照．

問 2.3 中央のバネのバネ定数が $k' = k/2$ であるときの基準振動を調べよ．

2.3.3 基準座標と固有ベクトル

式 (2.46), (2.47), (2.48) の右辺に現れた定ベクトルは各基準振動に対する固有ベクトル (eigenvector) とよばれるが[1]，これらを

$$\boldsymbol{e}_1 = \left(\frac{1}{2}, \frac{\sqrt{2}}{2}, \frac{1}{2}\right), \tag{2.49}$$

---

[1] 本書では，ベクトルを $\boldsymbol{x}$ のようにボールド・イタリック体で表す．

$$\boldsymbol{e}_2 = \left(\frac{1}{\sqrt{2}}, 0, \frac{-1}{\sqrt{2}}\right), \tag{2.50}$$

$$\boldsymbol{e}_3 = \left(\frac{1}{2}, -\frac{\sqrt{2}}{2}, \frac{1}{2}\right), \tag{2.51}$$

と表記する．さらに2質点のときにならって基準座標 $Q_i(t){=}A_i\cos(\omega_i t + \alpha_i)\,(i=1,2,3)$ を導入する．このとき一般解は3つの基準振動を足し合わせて

$$(x_1, x_2, x_3) = \sum_{i=1}^{3} Q_i(t)\,\boldsymbol{e}_i \tag{2.52}$$

と書ける．固有ベクトルを用いずに一般解を書き下すと

$$x_1(t) = \frac{1}{2}Q_1(t) + \frac{1}{\sqrt{2}}Q_2(t) + \frac{1}{2}Q_3(t), \tag{2.53}$$

$$x_2(t) = \frac{1}{\sqrt{2}}Q_1(t) - \frac{1}{\sqrt{2}}Q_3(t), \tag{2.54}$$

$$x_3(t) = \frac{1}{2}Q_1(t) - \frac{1}{\sqrt{2}}Q_2(t) + \frac{1}{2}Q_3(t), \tag{2.55}$$

である．

ところで，固有ベクトルは

$$\boldsymbol{e}_1 \cdot \boldsymbol{e}_1 = \boldsymbol{e}_2 \cdot \boldsymbol{e}_2 = \boldsymbol{e}_3 \cdot \boldsymbol{e}_3 = 1 \tag{2.56}$$

を満たすようにとってある．このようにベクトルの長さを1にすることを**規格化** (normalization) という．さらに，異なる固有ベクトル間のスカラー積は自動的に

$$\boldsymbol{e}_1 \cdot \boldsymbol{e}_2 = \boldsymbol{e}_2 \cdot \boldsymbol{e}_3 = \boldsymbol{e}_3 \cdot \boldsymbol{e}_1 = 0 \tag{2.57}$$

が満たされるようになっている．これを固有ベクトルの**直交性** (orthogonality) という．固有ベクトルのこれらの性質はまとめて**規格直交性**とよばれるが，この性質のために基準座標 $Q_i(t)$ は質点の変位を用いて次のように表される．

$$Q_i(t) = (x_1, x_2, x_3) \cdot \boldsymbol{e}_i. \tag{2.58}$$

この式も固有ベクトルを用いずに書き表すと

$$Q_1(t) = \frac{1}{2}x_1(t) + \frac{1}{\sqrt{2}}x_2(t) + \frac{1}{2}x_3(t),$$

$$Q_2(t) = \frac{1}{\sqrt{2}}x_1(t) - \frac{1}{\sqrt{2}}x_3(t),$$

$$Q_3(t) = \frac{1}{2}x_1(t) - \frac{1}{\sqrt{2}}x_2(t) + \frac{1}{2}x_3(t), \tag{2.59}$$

となる．

基準座標は次のように，単振動の運動方程式に従う．

$$\ddot{Q}_1(t) = -\omega_1^2 Q_1(t),$$

$$\ddot{Q}_2(t) = -\omega_2^2 Q_2(t),$$

$$\ddot{Q}_3(t) = -\omega_3^2 Q_3(t). \tag{2.60}$$

問 2.4 (1) 式 (2.58) が成り立つことを示せ．

(2) 式 (2.59) の両辺を時間で 2 階微分し，右辺に式 (2.35) を用いることにより，式 (2.60) が成り立つことを示せ．

2.3.4 座標の回転

3つの質点の，ある時間における位置を表すのに，3次元空間のベクトル $(x_1(t), x_2(t), x_3(t))$ を用いることができることを述べた．このベクトルを $\boldsymbol{x}(t)$ と書くことにしよう．i 番目の質点の変位を表す軸方向のベクトルを，$i = 1, 2, 3$ に対してそれぞれ

$$\boldsymbol{i} = (1, 0, 0),$$

$$\boldsymbol{j} = (0, 1, 0),$$

$$\boldsymbol{k} = (0, 0, 1) \tag{2.61}$$

とすれば，変位をまとめて表すベクトルは

$$\boldsymbol{x}(t) = x_1(t)\boldsymbol{i} + x_2(t)\boldsymbol{j} + x_3(t)\boldsymbol{k} \tag{2.62}$$

と表すことができる．この形は式 (2.52)，$\boldsymbol{x}(t) = \sum_{i=1}^{3} Q_i(t)\boldsymbol{e}_i$ とまったく

同型である．固有ベクトル e_i と同様に i, j, k は規格化されていて，直交性を満たしている．i, j, k と e_i を図 2.11 に示す．x の空間で，適切な座標回転を行った結果が，固有ベクトルと基準座標による質点の位置の表現を与えるのである．

2.3.5 エネルギー

ここで，2 質点のときと同様に，エネルギーを基準座標を用いて表しておこう．運動エネルギーを求めるときには固有ベクトルの規格直交性がとても有効であり，以下のように計算できる．

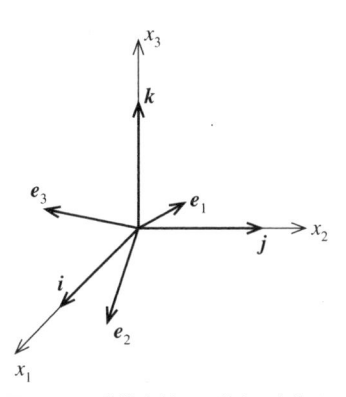

図 2.11 基準座標．3 質点の変位は 3 次元空間の点で表される．固有ベクトルと基準座標による表示は，この空間での座標回転にほかならない．e_1, e_2, e_3 はこの空間における互いに直交する単位長さのベクトルである．

$$\begin{aligned}
E_{\text{K.E.}} &= \frac{1}{2}m\left(\dot{x}_1^2 + \dot{x}_2^2 + \dot{x}_3^2\right) \\
&= \frac{1}{2}m\dot{\boldsymbol{x}}^2 \\
&= \frac{1}{2}m\left(\sum_{i=1}^{3}\dot{Q}_i(t)\boldsymbol{e}_i\right)^2 \\
&= \frac{1}{2}m\sum_{i=1}^{3}\dot{Q}_i(t)^2.
\end{aligned} \tag{2.63}$$

ポテンシャルエネルギーの計算はこのようにうまくはいかないが，計算の結果次のようになる．

$$\begin{aligned}
U &= \frac{1}{2}kx_1^2 + \frac{1}{2}k(x_1-x_2)^2 + \frac{1}{2}k(x_2-x_3)^2 + \frac{1}{2}kx_3^2 \\
&= k\left(x_1^2 + x_2^2 + x_3^2 - x_1x_2 - x_2x_3\right) \\
&= \frac{1}{2}m\omega_1^2 Q_1^2 + \frac{1}{2}m\omega_2^2 Q_2^2 + \frac{1}{2}m\omega_3^2 Q_3^2.
\end{aligned} \tag{2.64}$$

この式から，U が一定値である点の集合は i, j, k または e_1, e_2, e_3 で張ら

れる3次元空間での楕円体の表面になることがわかる．楕円体には3つの主軸があるが，固有ベクトル e_i はこの主軸の方向に一致する．全エネルギーが E の場合，3質点系の運動は $U = E$ で与えられる楕円体の内部に限られる．2質点のときと同様に，運動エネルギーとポテンシャルエネルギーの和は基準振動の振幅 A_i を用いて次のように書ける．

$$E_{\text{K.E.}} + U = \frac{1}{2}m\omega_1^2 A_1^2 + \frac{1}{2}m\omega_2^2 A_2^2 + \frac{1}{2}m\omega_3^2 A_3^2. \tag{2.65}$$

問 2.5 式 (2.64) を確かめよ．

2.3.6 固有ベクトル再考

基準振動の様子をもう一度見てみよう．基準振動数 ω_1 の振動は式 (2.49) の3次元固有ベクトル

$$e_1 = \left(\frac{1}{2}, \frac{\sqrt{2}}{2}, \frac{1}{2}\right)$$

を用いて

$$(x_1, x_2, x_3) = Q_1(t)\,e_1 = A_1 \cos(\omega_1 t + \alpha_1)\,e_1 \tag{2.66}$$

と表せることはすでに述べた．ここでは，このような抽象的な表し方ではなく，もっと直感的な表し方で見たらどうなるか調べてみよう．最大振幅での各質点の変位を表すのに，図 2.12 のように横軸に質点の平衡位置，縦軸にはそこからの変位を表示する．各質点の平衡位置は，バネと質点の系の全長

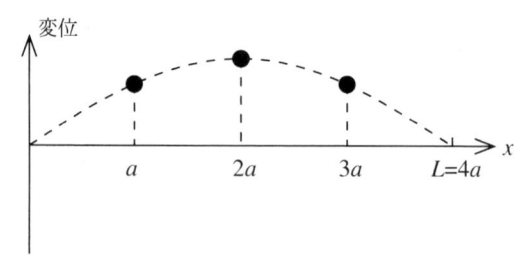

図 2.12 角振動数 ω_1 の基準振動．横軸は各質点の平衡位置，縦軸は平衡位置からの変位を表す．破線は $(1/\sqrt{2})\sin(\pi x/L)$ を示す．

を L とすると，それぞれ $x = a = L/4$, $x = 2a$, $x = 3a$ の位置であり，これらの点から，縦軸方向に変位 x_1, x_2, x_3 を表示するのである．このような表示では，3質点の変位は波線で示した正弦関数 $x_2 \sin(\pi x/L)$ 上にあるように見える．実際，$x = a$ のとき，$\sin(\pi a/L) = \sin(\pi/4) = \sqrt{2}/2$, $2a$ のとき $\sin(\pi/2) = 1$, $3a$ のとき $\sin(\pi 3a/4a) = \sqrt{2}/2$ であるから，

$$e_1 = \left(\frac{1}{\sqrt{2}} \sin\frac{\pi}{4}, \frac{1}{\sqrt{2}} \sin\frac{2\pi}{4}, \frac{1}{\sqrt{2}} \sin\frac{3\pi}{4} \right) \tag{2.67}$$

が成り立つ．

ω_2, ω_3 の基準振動の様子を同様に図示すると，図 2.13, 2.14 のようになる．式で表すと，

$$e_2 = \left(\frac{1}{\sqrt{2}}, 0, \frac{-1}{\sqrt{2}} \right) = \left(\frac{1}{\sqrt{2}} \sin\frac{\pi}{2}, \frac{1}{\sqrt{2}} \sin\frac{2\pi}{2}, \frac{1}{\sqrt{2}} \sin\frac{3\pi}{2} \right), \tag{2.68}$$

$$e_3 = \left(\frac{1}{2}, -\frac{1}{\sqrt{2}}, \frac{1}{2} \right) = \left(\frac{1}{\sqrt{2}} \sin\frac{3\pi}{4}, \frac{1}{\sqrt{2}} \sin\frac{6\pi}{4}, \frac{1}{\sqrt{2}} \sin\frac{9\pi}{4} \right) \tag{2.69}$$

であるから，固有ベクトル e_1, e_2, e_3 の3成分はそれぞれ正弦関数

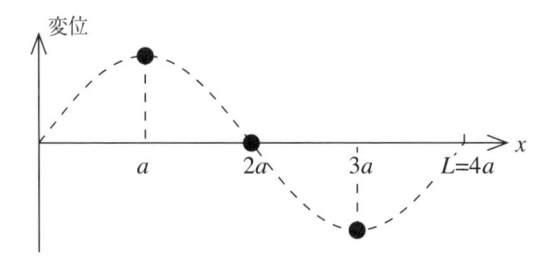

図 **2.13** 角振動数 ω_2 の基準振動．破線は $(1/\sqrt{2}) \sin(2\pi x/L)$ を示す．

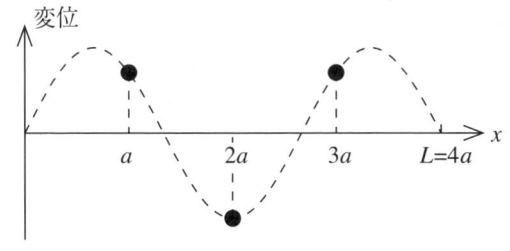

図 **2.14** 角振動数 ω_3 の基準振動．破線は $(1/\sqrt{2}) \sin(3\pi x/L)$ を示す．

$\sin(\pi x/L)$, $\sin(2\pi x/L)$, $\sin(3\pi x/L)$ の $x = a, 2a, 3a$ での値を用いて表されている．この示唆的な結果の意味は次の章で明らかにされる．

問 2.6 この節で調べた3質点系が初め静止していたとする．ここで，$t = 0$ に中央の質点のみに初速度 u を与える．(1) 各基準振動はどのような振幅をもつか調べよ．(2) $x_1(t)$ を求め，一番目の質点がどのように動き出すか調べよ．

第3章 弦の振動

この章では，まず前章の系を拡張し，同じ質量の N 個の質点が同じバネで結ばれた系の基準振動を考察する．われわれが考えるのは微小振動であり，方程式が線形であるために，このような N 体問題でも，一般解を求めることができる．一般解がわかると，面白いことができる．質点の数をどんどん増やすとともに，より遠方から系全体を見るようにしてみよう．このとき，各質点とそれらの間隔はどんどん小さく見えるようになり，ついには，系は細い弦のように見えてくる．このため，N 質点系の解から，連続体である弦の振動の方程式や一般解がわかってしまうのである．

3.1　N 個の質点の連成振動

図 3.1 に示すように，同じ質量 m の N 個の質点をすべて同じ $N+1$ 個のバネでつないだ系を考えよう．バネはバネ定数を κ とし[1]，自然長 $a-b$ のものを引き延ばして，質点間の距離が a になるようにしてあるものとする．

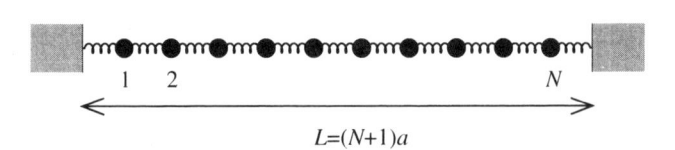

図 **3.1**　N 個の質点の連成振動．同じ質量 m の N 個の質点が同じバネで一列につながれていて，質点は長さ方向に変位できるものとする．

---

[1] 前章まででではバネ定数に k を用いたが，今後 k は別の量（波数）を表すのに用いるので，この章からはギリシア文字 κ を用いることにする．

したがって，系の全長は $L = (N+1)a$ であり，平衡状態では張力 $T = \kappa b$ が働いていることになる．長さ方向に x 座標を設定すると，静止しているときには n 番目の質点の x 座標は $x_n^{(0)} = na$ である．この節では，この系に生じる**縦波** (longitudinal wave) と，**横波** (transverse wave) について調べていくが，まず，縦波を考えよう．ここで，縦波というのは，各質点の変位が x 方向に限られるもののことであり，第 2 章で調べた振動と同じ種類のものである．縦波が生じているときの様子は，各質点の x 座標の時間変化によって記述することができる．ここではこの変位を

$$x_n(t) = x_n^{(0)} + \xi_n(t) = na + \xi_n(t) \tag{3.1}$$

と書くことにしよう．$\xi_n(t)$ は平衡点からの変位である．われわれの目的はこの系の一般解を求めることであるが，それを前章と同じように N 次元のベクトルを用いて

$$(\xi_1(t), \xi_2(t), \cdots, \xi_N(t)) = \sum_{j=1}^{N} \boldsymbol{e}_j Q_j(t), \tag{3.2}$$

$$Q_j(t) = A_j \cos(\omega_j t + \alpha_j) \tag{3.3}$$

の形に求めることを目指そう．ここで，A_j, α_j は N 個ずつあり，これらは初期条件を満たすために必要十分な数の任意定数であるので，上の形の解は一般解になっている．N 個の $Q_j(t)$ は基準振動数 ω_j で単振動する基準座標であり，$\boldsymbol{e}_j$ は基準振動の様子を表す固有ベクトルである．

この目的を達成するためにわれわれが行うべきことは，前章を参考にして，(1)運動方程式を導出し，(2)基準振動数 ω_j を求め，(3)各基準振動数に対する固有ベクトル $\boldsymbol{e}_j$ を決める，ということである．

3.1.1 運動方程式

それではまず，運動方程式を求めよう．n 番目の質点の速度と加速度はそれぞれ $\dot{x}_n(t) = \dot{\xi}_n(t)$ と $\ddot{x}_n(t) = \ddot{\xi}_n(t)$ であり，これらは平衡点からの変位 ξ_n の時間微分で表される．一方，質点に働く力を求めるために，n 番目の質点の左側のバネの長さを見てみると，これは

$$x_n(t) - x_{n-1}(t) = na + \xi_n - (n-1)a - \xi_{n-1}$$
$$= a + \xi_n - \xi_{n-1} \tag{3.4}$$

と表せる．これより左側のバネによる力 $F_{n,n-1}$ は

$$F_{n,n-1} = -\kappa\left[a + \xi_n - \xi_{n-1} - (a-b)\right]$$
$$= -\kappa\left(\xi_n - \xi_{n-1} + b\right) \tag{3.5}$$

となる．一方，右側のバネからの力 $F_{n+1,n}$ は n 番目の質点の右側のバネの長さ $x_{n+1}(t) - x_n(t)$ を変位を用いて計算することにより，

$$F_{n+1,n} = \kappa\left(b + \xi_{n+1} - \xi_n\right) \tag{3.6}$$

と求められる．これより n 番目の質点の運動方程式は

$$m\ddot{\xi}_n = \kappa\left(\xi_{n-1} - 2\xi_n + \xi_{n+1}\right) \tag{3.7}$$

である．$n=1$ の場合と，$n=N$ の場合は少し違う方程式になるが，それについては後で考えよう．

3.1.2 横波の方程式

　この方程式を解いていく前に，前章では考えなかった横波について調べておこう．横波というのは，質点の平衡位置からの変位の方向が，x 軸とは直交している場合である．変位の方向を y 方向としよう．このとき，質点には y 方向の力が働くことになる．この y 方向の力は変位の大きさをやはり ξ_n と表して，図 3.2 を参考にすると，次のようになることがわかる．まず，n 番目の質点の左側のバネによる y 方向の力は次のようになる．

$$F_{n,n-1} = T\sin\theta = T\frac{\xi_{n-1} - \xi_n}{\sqrt{a^2 + (\xi_n - \xi_{n-1})^2}}$$
$$\simeq \frac{T}{a}\left(\xi_{n-1} - \xi_n\right). \tag{3.8}$$

微小振動を考えるので，2 行目にいくときに，$|\xi_n - \xi_{n-1}| \ll a$ として分母の $(\xi_n - \xi_{n-1})^2$ は無視している．また，バネの長さも $\sqrt{a^2 + (\xi_n - \xi_{n-1})^2}$

$\simeq a$ と近似できるので，バネの張力は $T = \kappa b$ である．同様に右のバネの力も計算すると，運動方程式は

$$m\ddot{\xi}_n = \frac{T}{a}(\xi_{n-1} - 2\xi_n + \xi_{n+1}) = \kappa \frac{b}{a}(\xi_{n-1} - 2\xi_n + \xi_{n+1}) \quad (3.9)$$

となる．これは縦波と同じ形であることに注意しよう．ただし，縦波のときの κ は

$$\kappa' = \kappa \frac{b}{a} \quad (3.10)$$

に置き換わっている．バネの自然長を $a - b$ としたから，当然 $a > b$ であり，$\kappa' < \kappa$ である．すなわち，横波の場合には縦波と比べて復元力は弱い．κ と κ' の違い以外は縦波でも横波でも方程式は同型だから，一方の解がわかれば，κ と κ' の置き換えで，他方の解もわかることになる．

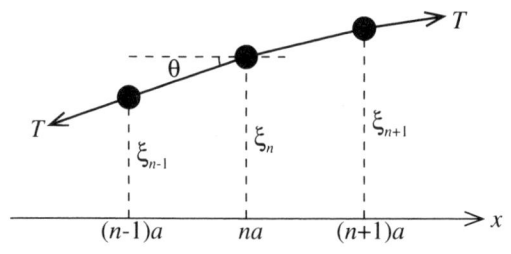

図 3.2 横波の場合の質点の変位 ξ_n と質点に働く力．隣り合う質点を結ぶ線が x 軸となす角が θ の場合，質点間に働く力の y 成分は $T \sin \theta$ である．

3.1.3 境界条件

ここまで，N 個の変数 ξ_n に対して，N 個の連立微分方程式が得られたのだが，先に述べたように，ξ_1 と ξ_N に対する方程式は，他のものとは少し異なる．これは方程式として美しくないので，変数を $N + 2$ 個に拡張して，すべて同型になるようにしよう．すなわち，0 番目の質点を位置 $x_0^{(0)} = 0$ におく．この質点は無限大の質量をもち，動かないものとする．したがって，$x_0(t) = 0$, $\xi_0(t) = 0$ である．同様に，$N + 1$ 番目の質点を $x_{N+1}^{(0)} = (N + 1)a$ におく．この質点も動かないとして，$x_{N+1}(t) = (N+1)a$, $\xi_{N+1} = 0$ とする．この2つの余分な変数 ξ_0 と ξ_{N+1} を用いると，縦波のときの

運動方程式は $n = 1, 2, \cdots, N$ に対して

$$m\ddot{\xi}_n = \kappa\left(\xi_{n-1} - 2\xi_n + \xi_{n+1}\right) \tag{3.11}$$

とすべて同じ形になる．また，横波の場合は κ を κ' にしたものである．今後，拡張された $N+2$ 個の変数に対して，N 個の微分方程式と2個の条件式 $\xi_0 = \xi_{N+1} = 0$ を用いて解を求めていくが，後者は系の境界での振る舞いを記述しているものであるから，**境界条件** (boundary condition) とよばれている．

3.1.4　基準振動数

それでは，いよいよ方程式を解いていくことにしよう．基準振動数を求めるために，一般論に従って，方程式を複素数に拡張して，$\xi_n(t) = \eta_n \mathrm{e}^{\mathrm{i}\omega t}$ とおいてみよう．ここで η_n は時間によらず n のみによる未知数であり，境界条件

$$\eta_0 = \eta_{N+1} = 0 \tag{3.12}$$

を満たさなければならない．この置き換えを行うと，連立微分方程式は連立代数方程式に変わる．すなわち，η_n に対する式は

$$-\kappa\eta_{n-1} + 2\kappa\eta_n - \kappa\eta_{n+1} = m\omega^2\eta_n \tag{3.13}$$

である．この式はまとめて行列 (matrix) とベクトルの積の形で書くことができ，線形代数の立場から見ると，基準振動数や固有ベクトルがわかりやすくなるのだが，具体的に解析的な解を求める役には立たない．よって，これについては付録Bにまとめることにして，具体的な解を求めていこう．前章では，式 (2.67)-(2.69) で示したように，基準振動の様子は座標方向（x 軸方向）で正弦波のようであることを見た．これにヒントを得て，ここでも波のような解があることを期待しよう．さらに，波を複素数で表すと指数関数になることを用いて

$$\eta_n = c\mathrm{e}^{\mathrm{i}kna} \tag{3.14}$$

とおいてみよう．ここで a は平衡位置での質点間の距離，k は未知の定数である．

$$\eta_{n\pm 1} = ce^{ik(n\pm 1)a} \tag{3.15}$$

に注意すると，n 番目の方程式は

$$-\kappa e^{ik(n-1)a} + \left(2\kappa - m\omega^2\right)e^{ikna} - \kappa e^{ik(n+1)a} = 0 \tag{3.16}$$

となり，共通因子 e^{ikna} で割ってしまえば，n によらない式

$$2\kappa - m\omega^2 - 2\kappa\cos ka = 0 \tag{3.17}$$

が得られる．これより，基準振動数は k を用いて

$$m\omega^2 = 2\kappa\left(1 - \cos ka\right) = 4\kappa\left(\sin\frac{ka}{2}\right)^2, \tag{3.18}$$

$$\omega = 2\sqrt{\frac{\kappa}{m}}\left|\sin\frac{ka}{2}\right| \tag{3.19}$$

と求められる．k を与えれば η_n 相互の関係が決まり，振動の様子が決まる．すなわち，k は基準振動の固有ベクトルを記述する量である．第 2 章ではまず，固有振動数が求まり，その後，各振動数に対する固有ベクトルを求めた．今回はまず固有ベクトルに相当する k を求めなければ固有振動数は決まらない．

3.1.5 境界条件による固有ベクトルの決定

境界条件は $\eta_0 = \eta_{N+1} = 0$ である．仮定した解はこの条件を満たすだろうか？ 仮定したままだと式 (3.14) より $\eta_0 = ce^{i0} = c$ だから，$c = 0$ となり，「つまらない解」になってしまう．これを避けるための解決法は，k と $-k$ は同じ ω を与えるということに注意することで得られる．つまり，方程式 (3.13) が線形だから，k の解と $-k$ の解の線形結合も解になることを用いればよい．そこで，解を $\eta_n = c_+ e^{ikna} + c_- e^{-ikna}$ としよう．$n = 0$ での境界条件は $\eta_0 = c_+ + c_- = 0$ であるから，$c_- = -c_+$ とすれば満たされる．この結果，n 番目の変位は

$$\eta_n = c_+ \mathrm{e}^{\mathrm{i}kna} - c_+ \mathrm{e}^{-\mathrm{i}kna} = 2\mathrm{i}c_+ \sin(kna) \tag{3.20}$$

となる．これを $N+1$ 番目の変数の満たすべき境界条件に代入する．

$$\eta_{N+1} = 2\mathrm{i}c_+ \sin\left[ka\left(N+1\right)\right] = 0. \tag{3.21}$$

この式が満たされるためには，任意の整数 j を用いて $ka\left(N+1\right) = j\pi$ とすればよい．以上をまとめよう．わかったことは，

(1) j 番目の基準振動は実数 k_j を用いて指定され，その値は

$$k_j = \frac{j\pi}{a\left(N+1\right)} \tag{3.22}$$

であること，

(2) そのときの基準振動数は

$$\omega_j = 2\sqrt{\frac{\kappa}{m}} \sin\left[\frac{j\pi}{2\left(N+1\right)}\right] \tag{3.23}$$

であること，

(3) 各質点の振幅 $\eta_n^{(j)}$ は

$$\eta_n^{(j)} = 2\mathrm{i}c_+ \sin\left(k_j na\right) \tag{3.24}$$

であること，したがって，各質点の運動は

$$\xi_n^{(j)}(t) = 2\mathrm{i}c_+ \sin\left(k_j na\right) \mathrm{e}^{\mathrm{i}\omega_j t} \tag{3.25}$$

であること，

である．$2\mathrm{i}c_+ \equiv A_j' \mathrm{e}^{\mathrm{i}\alpha_j}$ として $\xi_n^{(j)}$ を実数に戻すと，最終的に j 番目の基準振動での各点の変位

$$\xi_n^{(j)}(t) = A_j' \sin\left(k_j na\right) \cos\left(\omega_j t + \alpha_j\right) \tag{3.26}$$

が得られる．

3.1.6 基準振動の総数

ここまででわかったことは，整数 j を与えると，基準振動が求まることである．それでは，基準振動は全部でいくつあるのだろうか？ 整数は無限個の可能性があるが，すべて許されるのだろうか？ ここでは，このことを調べていこう．まずわかることは $j = 0$ はだめだということである．なぜならば，$j = 0$ とすれば，任意の n について $\xi_n^{(0)} = 0$ となり，「つまらない解」になるからである．そこで，とりあえず，正数の j を考えることにすると，基準振動は $j = 1$ から次々に出てくることになる．このようにして，$j = N+1$ までくると，再び「つまらない解」が得られる．なぜならば，$\xi_n^{(N+1)} = A'_{N+1} \sin(n\pi) \cos(\omega_{N+1} t + \alpha_{N+1})$ となり，$\sin(n\pi) = 0$ のため $\xi_n^{(N+1)} = 0$ になるからである．このようにして，ここまでで得られた $j = 1, 2, 3, \cdots, N$ の N 個の基準振動は動ける質点の数と一致している．したがって，これらがすべて独立な基準振動であれば，これだけで十分なはずである．実際，この N 個の基準振動の振動数がすべて違うことは図 3.3 のように j と ω_j の関係を図示してみれば明らかである．さらに，$j = N$ までの基準振動の様子を図 3.4 に示すが，これらがまったく異なる振動であることは明らかであろう．

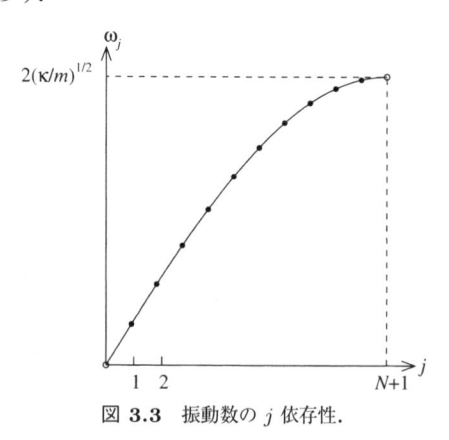

図 **3.3** 振動数の j 依存性．

それでは $j > N+1$ のときの基準振動は，いったい何なのであろうか？ $j' = 2(N+1) \pm j$ としてみよう．このとき

$$\begin{aligned}
\eta_n^{(j')} &= A'_j \mathrm{e}^{\mathrm{i}\alpha} \sin\left(k_{j'} na\right) = A'_j \mathrm{e}^{\mathrm{i}\alpha} \sin\left\{\frac{[2(N+1)\pm j]n}{N+1}\pi\right\} \\
&= A'_j \mathrm{e}^{\mathrm{i}\alpha} \sin\left(2n\pi \pm \frac{jn}{N+1}\pi\right) = \pm A'_j \mathrm{e}^{\mathrm{i}\alpha} \sin\left(\frac{jn}{N+1}\pi\right) \\
&= \pm A'_j \mathrm{e}^{\mathrm{i}\alpha} \sin\left(k_j na\right) \qquad\qquad\qquad\qquad (3.27)
\end{aligned}$$

であり，これは j に対する基準振動と同じものである．また，振動数 $\omega_{j'}$ も ω_j に等しい．j がさらに大きいときや，負のときも同じ事情であり，$1 \leq j \leq N$ 以外の j が示す基準振動は，初めの N 個の基準振動と同じものでしかない．このことにより，基準振動は N 個しかないことが確認された．

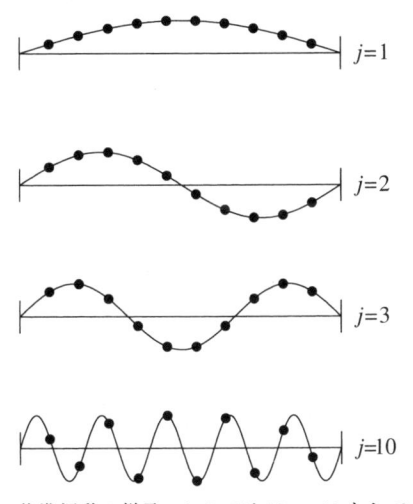

図 **3.4** j 番目の基準振動の様子．ここでは $N=10$ として，$j=1,2,3,10$ の場合を示す．

これらの基準振動を用いれば，一般解はそれらすべての線形結合を用いて

$$\xi_n(t) = \sum_{j=1}^{N} A'_j \sin\left(k_j na\right) \cos\left(\omega_j t + \alpha_j\right), \qquad (3.28)$$

$$k_j = \frac{j\pi}{a(N+1)},$$

$$\omega_j = 2\sqrt{\frac{\kappa}{m}} \sin\left(\frac{k_j a}{2}\right),$$

と表される．ここに含まれる任意定数である N 個の A'_j と α_j は $2N$ 個の初期条件

$$\begin{cases} \xi_n(0) = \sum_{j=1}^{N} A'_j \cos\alpha_j \sin(k_j na), \\ \dot{\xi}_n(0) = -\sum_{j=1}^{N} A'_j \omega_j \sin\alpha_j \sin(k_j na), \end{cases} \quad (3.29)$$

によって定めることができる．ところで，この式で面白いことがある．初期条件は例えば図 3.5 に示すように，N 個まったく別々に勝手な初期位置や初期速度を与えてよい．それら N 個の配置の n 依存性が，必ず $\sum_{j=0}^{N} C_j \sin(k_j na)$ の形の和で表せるということである[2]．このことは，あとでフーリエ級数を議論するときに思い出してもらいたい．

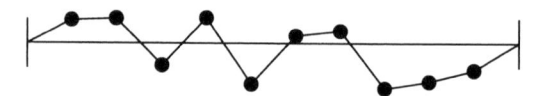

図 3.5 N 個の質点にはすべて勝手な初期条件を与えることができる．

3.2 固有ベクトルと基準座標

3.2.1 固有ベクトルの規格化

一般解をベクトルの形で表し，固有ベクトルと基準座標の積の形にしてみよう．例によって N 個の質点の変位を並べて N 次元のベクトルとみなす．

$$\boldsymbol{\xi} \equiv (\xi_1, \xi_2, \cdots, \xi_N)$$
$$= \sum_{j=1}^{N} A'_j \cos(\omega_j t + \alpha_j)(\sin(k_j a), \sin(2k_j a), \cdots, \sin(Nk_j a)). \quad (3.30)$$

これを $\boldsymbol{\xi}(t) = \sum_{j=1}^{N} Q_j(t)\boldsymbol{e}_j$ の形にするのだが，このとき，N 次元の固有ベクトル $\boldsymbol{e}_j$ は長さ 1 に規格化するのが普通であり，このようにすると，

---

[2] 初期位置では $C_j = A'_j \cos\alpha_j$，初期速度では $C_j = A'_j \omega_j \sin\alpha_j$ である．

後々便利である．そこで，

$$\boldsymbol{e}_j = C_j \left(\sin(k_j a), \sin(2k_j a), \cdots, \sin(Nk_j a)\right) \tag{3.31}$$

とおいてみて，規格化定数とよばれる C_j を調節して長さ 1 に規格化しよう．その計算は次のようになる．

$$\begin{aligned}
\boldsymbol{e}_j \cdot \boldsymbol{e}_j &= C_j^2 \sum_{n=1}^{N} \sin^2(nk_j a) = C_j^2 \sum_{n=1}^{N} \frac{1}{2}\left[1 - \cos(2nk_j a)\right] \\
&= C_j^2 \left(\frac{N}{2} - \sum_{n=1}^{N} \frac{1}{4}\mathrm{e}^{2nik_j a} - \sum_{n=1}^{N} \frac{1}{4}\mathrm{e}^{-2nik_j a}\right) \\
&= C_j^2 \left(\frac{N}{2} - \frac{1}{4}\frac{\mathrm{e}^{2ik_j a} - \mathrm{e}^{2(N+1)ik_j a}}{1 - \mathrm{e}^{2ik_j a}} - \frac{1}{4}\frac{\mathrm{e}^{-2ik_j a} - \mathrm{e}^{-2(N+1)ik_j a}}{1 - \mathrm{e}^{-2ik_j a}}\right) \\
&= \frac{N+1}{2}C_j^2 . \tag{3.32}
\end{aligned}$$

ここで，三角関数の和を求めるのに，いったん指数関数に書き直して，等比数列の和として求めるというテクニックを用いた．また，最後の式変形では $2(N+1)k_j a = 2j\pi$ であることを用いている．この式が 1 になるように，規格化定数は $C_j = \sqrt{2/(N+1)}$ と選べばよいことがわかる．これに伴い，基準座標 $Q_j(t)$ としては，これまでの振幅 A'_j の代わりに，次式のように A_j を用いた式を用いる．

$$\sqrt{\frac{N+1}{2}}A'_j \cos(\omega_j t + \alpha_j) \equiv A_j \cos(\omega_j t + \alpha_j) = Q_j(t) . \tag{3.33}$$

この結果，一般解は

$$\boldsymbol{\xi}(t) = (\xi_1(t), \xi_2(t), \cdots, \xi_N(t)) = \sum_{j=1}^{N} Q_j(t) \boldsymbol{e}_j , \tag{3.34}$$

速度は

$$\dot{\boldsymbol{\xi}}(t) = \left(\dot{\xi}_1(t), \dot{\xi}_2(t), \cdots, \dot{\xi}_N(t)\right) = \sum_{j=1}^{N} \dot{Q}_j(t) \boldsymbol{e}_j , \tag{3.35}$$

となる．

実際，$N = 3$ にしてみると

$$\bm{e}_1 = \sqrt{\frac{2}{4}}\left(\sin\frac{\pi}{4}, \sin\frac{2\pi}{4}, \sin\frac{3\pi}{4}\right) = \left(\frac{1}{2}, \frac{1}{\sqrt{2}}, \frac{1}{2}\right), \tag{3.36}$$

$$\bm{e}_2 = \sqrt{\frac{2}{4}}\left(\sin\frac{2\pi}{4}, \sin\frac{4\pi}{4}, \sin\frac{6\pi}{4}\right) = \left(\frac{1}{\sqrt{2}}, 0, -\frac{1}{\sqrt{2}}\right), \tag{3.37}$$

$$\bm{e}_3 = \sqrt{\frac{2}{4}}\left(\sin\frac{3\pi}{4}, \sin\frac{6\pi}{4}, \sin\frac{9\pi}{4}\right) = \left(\frac{1}{2}, -\frac{1}{\sqrt{2}}, \frac{1}{2}\right), \tag{3.38}$$

であり，2.3 節で求めたものと一致する．

3.2.2 直交性と完全性

(1) 直交性

$N=3$ の場合と同様に，固有ベクトル $\bm{e}_j$ は互いに直交する．このことを示しておこう．固有ベクトルを次のように書く．

$$\begin{aligned}\bm{e}_j &= \sqrt{\frac{2}{N+1}}\left(\sin(k_j a), \sin(2k_j a), \cdots, \sin(nk_j a), \cdots, \sin(Nk_j a)\right) \\ &\equiv \sqrt{\frac{2}{N+1}}\left(\sin(\phi j), \sin(2\phi j), \cdots, \sin(n\phi j), \cdots, \sin(N\phi j)\right).\end{aligned} \tag{3.39}$$

ここで式を見やすくするために，

$$\phi \equiv \frac{\pi}{N+1} \tag{3.40}$$

と定義した．これらの内積を計算しよう．やはり，三角関数を指数関数に書き直すというテクニックを用いる．

$$\begin{aligned}\bm{e}_j \cdot \bm{e}_l &= \frac{2}{N+1}\sum_{n=1}^{N}\sin(n\phi j)\sin(n\phi l) \\ &= -\frac{1}{2(N+1)}\sum_{n=1}^{N}\left(e^{in\phi j} - e^{-in\phi j}\right)\left(e^{in\phi l} - e^{-in\phi l}\right) \\ &= \frac{1}{2(N+1)}\sum_{n=1}^{N}\left(e^{in\phi(j-l)} + e^{-in\phi(j-l)} - e^{in\phi(j+l)} - e^{-in\phi(j+l)}\right) \\ &\equiv \frac{1}{2(N+1)}\left[f(j-l) + f(-j+l) - f(j+l) - f(-j-l)\right].\end{aligned}$$
$$\tag{3.41}$$

ここで f という関数を導入したが，$j-l$ などを改めて j と書くと，$f(j)$ は $j \neq 0$ のとき，次の式で定義される．

$$f(j) \equiv \sum_{n=1}^{N} e^{in\phi j} = \frac{e^{i\phi j} - e^{i\phi(N+1)j}}{1 - e^{i\phi j}}. \tag{3.42}$$

まず，$f(j)$ を調べよう．j が偶数のときは $e^{i\phi(N+1)j} = 1$ だから

$$f(j) = \frac{e^{i\phi j} - 1}{1 - e^{i\phi j}} = -1 \tag{3.43}$$

である．一方，j が奇数のときは

$$f(j) = \frac{e^{i\phi j} + 1}{1 - e^{i\phi j}} = \frac{1 + e^{-i\phi j}}{e^{-i\phi j} - 1} = -\frac{e^{-i\phi j} + 1}{1 - e^{-i\phi j}} = -f(-j) \tag{3.44}$$

となる．

この結果を用いて式 (3.41) の値を求めよう．$j-l$ が偶数であれば，$-j+l$, $j+l$, $-j-l$ はすべて偶数だから，このような j と l に対しては

$$\boldsymbol{e}_j \cdot \boldsymbol{e}_l = \frac{1}{2}\frac{1}{N+1}(-1-1+1+1) = 0. \tag{3.45}$$

一方，$j-l$ が奇数で，当然 $j+l$ も奇数の場合には

$$\boldsymbol{e}_j \cdot \boldsymbol{e}_l = \frac{1}{2}\frac{1}{N+1}[f(j-l) - f(j-l) - f(j+l) + f(j+l)] = 0. \tag{3.46}$$

このように，異なる固有ベクトルは直交している．これは違う周期の正弦関数の積の和は打ち消し合うということを意味している．このことは図 3.6 からも知ることができる．

ここまでで示された固有ベクトルの規格直交性をまとめて

$$\boldsymbol{e}_j \cdot \boldsymbol{e}_l = \delta_{j,l} \tag{3.47}$$

と書くことが，一般に行われている．ここで，右辺の $\delta_{j,l}$ は $j = l$ のとき 1 になり，$j \neq l$ では 0 となる記号で，**クロネッカーのデルタ** (Kronecker's delta) とよばれる．

直交性を使って重要な式が得られる．それを求めるために，$\boldsymbol{\xi}(t) = \sum_{j=1}^{N} Q_j(t)\boldsymbol{e}_j$ の両辺と $\boldsymbol{e}_l$ の内積を計算しよう．

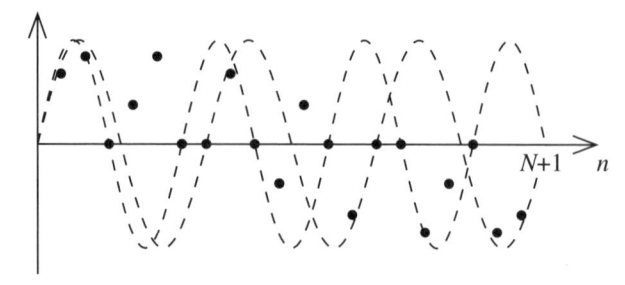

[図: 正弦関数の積の和を示すグラフ。横軸 n、$N+1$ が示される]

図 **3.6** 違う周期の正弦関数の積の和は正負打ち消し合う．2つの異なる周期の正弦関数を破線で，その積を黒丸で表す．黒丸の示す値の総和はゼロになる．この図の場合には中点 $n = (N+1)/2$ の左右で逆符号であるから打ち消し合うことがわかる．任意の組み合わせでこのような対称性があって打ち消し合うことはこのような図を描けば明らかになる．

$$\boldsymbol{\xi}(t) \cdot \boldsymbol{e}_l = \sum_{j=1}^{N} Q_j(t) \boldsymbol{e}_j \cdot \boldsymbol{e}_l = \sum_{j=1}^{N} Q_j(t) \delta_{j,l} = Q_l(t). \tag{3.48}$$

すなわち，基準座標 $Q_j(t)$ がもともとの質点系の座標を用いて次のように表された．

$$Q_j(t) = \boldsymbol{\xi}(t) \cdot \boldsymbol{e}_j. \tag{3.49}$$

あとで見るように，この式は初期条件から任意定数を決めるときに有用である．

(2) 完全性

次に n 番目の質点の変位の式，$\xi_n(t) = \sum_{j=1}^{N} Q_j (\boldsymbol{e}_j)_n$ に今得られた式 (3.49) を代入してみよう．ただし，$(\boldsymbol{e}_j)_n$ はベクトル $\boldsymbol{e}_j$ の第 n 成分を表すものとする．

$$\begin{aligned} \xi_n(t) &= \sum_{j=1}^{N} \left(\boldsymbol{\xi}(t) \cdot \boldsymbol{e}_j\right) (\boldsymbol{e}_j)_n = \sum_{j=1}^{N} \sum_{m=1}^{N} \xi_m(t) (\boldsymbol{e}_j)_m (\boldsymbol{e}_j)_n \\ &= \sum_{m=1}^{N} \xi_m(t) \sum_{j=1}^{N} (\boldsymbol{e}_j)_m (\boldsymbol{e}_j)_n. \end{aligned} \tag{3.50}$$

この式の左辺と最右辺を見比べると，この式が成り立つためには

$$\sum_{j=1}^{N} (\boldsymbol{e}_j)_m (\boldsymbol{e}_j)_n = \delta_{m,n} \tag{3.51}$$

が成り立つべきであることがわかる．この式は $\boldsymbol{e}_j$ の直交性の証明と同様に示すことができる，**完全性** (completeness) とよばれる関係式である．完全性という言葉は，この関係が満たされることによって，一般解が基準振動の和になることが保証される，すなわち，N 個の質点のどのような運動でも，基準振動によって完全に記述できるということによっている．

問 3.1 完全性の式 (3.51) を，式 (3.39) を左辺に代入して計算することにより証明せよ．

問 3.2 N 次元空間の互いに直交する N 本の単位ベクトル $\boldsymbol{e}_j$ ($j = 1, 2, \cdots, N$), $|\boldsymbol{e}_j| = 1$ は，座標軸の回転によって $\boldsymbol{e}_j = (0, 0, \cdots, \pm 1, \cdots, 0)$ と j 番目のみが 1 または -1 のベクトルとして表すことができる．この場合に，式 (3.51) が成り立つことを確かめよ．

3.2.3 エネルギー

ここでも振動のエネルギーを調べておこう．

（1）運動エネルギー

この計算は容易で，次のように基準座標で表すことができる．

$$\begin{aligned}
E_{\text{K.E.}} &= \frac{m}{2} \sum_{n=1}^{N} \dot{\xi}_n^2 = \frac{m}{2} \dot{\boldsymbol{\xi}} \cdot \dot{\boldsymbol{\xi}} \\
&= \frac{m}{2} \left(\sum_{j=1}^{N} \dot{Q}_j(t) \boldsymbol{e}_j \right) \left(\sum_{l=1}^{N} \dot{Q}_l(t) \boldsymbol{e}_l \right) \\
&= \frac{m}{2} \sum_{j=1}^{N} \sum_{l=1}^{N} \dot{Q}_j \dot{Q}_l \boldsymbol{e}_j \cdot \boldsymbol{e}_l \\
&= \frac{m}{2} \sum_{j=1}^{N} \sum_{l=1}^{N} \dot{Q}_j \dot{Q}_l \delta_{j,l} \\
&= \frac{m}{2} \sum_{j=1}^{N} \dot{Q}_j(t)^2 .
\end{aligned} \tag{3.52}$$

ここで e_j の直交関係 $e_j \cdot e_l = \delta_{j,l}$ を使った.

(2) ポテンシャルエネルギー

質点が平衡位置にあるときのポテンシャルエネルギーからの増加分を U と書くと,$(N+1)$ 本のバネのエネルギーから各バネの平衡状態でのエネルギー $(1/2)\kappa b^2$ を差し引いて,

$$U = \frac{\kappa}{2} \sum_{n=1}^{N+1} (\xi_n - \xi_{n-1} + b)^2 - (N+1)\frac{1}{2}\kappa b^2$$

$$= \frac{\kappa}{2} \left(\sum_{n=1}^{N} 2\xi_n^2 - 2 \sum_{n=1}^{N+1} \xi_n \xi_{n-1} \right). \tag{3.53}$$

右辺第 1 項の計算は容易である.運動エネルギーの計算と同様に,直交性を用いて

$$\sum_{n=1}^{N} \xi_n^2 = \boldsymbol{\xi} \cdot \boldsymbol{\xi} = \left(\sum_{j=1}^{N} Q_j(t) \boldsymbol{e}_j \right)^2 = \sum_{j=1}^{N} Q_j(t)^2. \tag{3.54}$$

第 2 項は次のように計算できる.

$$\sum_{n=1}^{N+1} \xi_n \xi_{n-1} = \sum_{n=1}^{N+1} \sum_{j=1}^{N} Q_j \sqrt{\frac{2}{N+1}} \sin(n\phi j)$$

$$\times \sum_{l=1}^{N} Q_l \sqrt{\frac{2}{N+1}} \sin[(n-1)\phi l]$$

$$= \sum_{j=1}^{N} \sum_{l=1}^{N} \frac{2}{N+1} Q_j Q_l \sum_{n=1}^{N+1} \sin(n\phi j) \sin[(n-1)\phi l].$$

$$\tag{3.55}$$

n についての和は $e_j \cdot e_l = \delta_{j,l}$ より

$$\sum_{n=1}^{N} \sin(n\phi j) \sin(n\phi l) = \frac{N+1}{2} e_j \cdot e_l = \frac{N+1}{2} \delta_{j,l} \tag{3.56}$$

であることに注意して,

$$\sum_{n=1}^{N+1} \sin(n\phi j) \sin[(n-1)\phi l]$$
$$= \sum_{n=1}^{N+1} \sin(n\phi j) [\sin(n\phi l)\cos(\phi l) - \sin(\phi l)\cos(n\phi l)]$$
$$= \frac{N+1}{2} \cos(\phi l)\delta_{j,l} - \sin(\phi l) \sum_{n=1}^{N+1} \sin(n\phi j)\cos(n\phi l) \tag{3.57}$$

と変形する．一方，これとは別に $n\phi j = (n-1)\phi j + \phi j$ と書き直して，

$$\sum_{n=1}^{N+1} \sin(n\phi j) \sin[(n-1)\phi l]$$
$$= \sum_{n=1}^{N+1} \{\sin[(n-1)\phi j]\cos(\phi j) + \sin(\phi j)\cos[(n-1)\phi j]\} \sin[(n-1)\phi l]$$
$$= \cos(\phi j) \sum_{n=2}^{N+1} \sin[(n-1)\phi j] \sin[(n-1)\phi l]$$
$$+ \sin(\phi j) \sum_{n=1}^{N+1} \cos[(n-1)\phi j] \sin[(n-1)\phi l]$$
$$= \frac{N+1}{2}\cos(\phi j)\delta_{j,l} + \sin(\phi j) \sum_{n=1}^{N} \sin(n\phi l)\cos(n\phi j) \tag{3.58}$$

である．これら 2 式を足して 2 で割って式 (3.55) に代入すると

$$\sum_{n=1}^{N+1} \xi_n \xi_{n-1} = \sum_{j=1}^{N} \cos(\phi j) Q_j^2$$
$$- \sum_{n=1}^{N} \sum_{j=1}^{N} \sum_{l=1}^{N} \frac{1}{N+1} Q_j Q_l \sin(\phi l) \sum_{n=1}^{N} \sin(n\phi j)\cos(n\phi l)$$
$$+ \sum_{n=1}^{N} \sum_{j=1}^{N} \sum_{l=1}^{N} \frac{1}{N+1} Q_j Q_l \sin(\phi j) \sum_{n=1}^{N} \sin(n\phi l)\cos(n\phi j)$$
$$= \sum_{j=1}^{N} \cos(\phi j) Q_j^2. \tag{3.59}$$

ここで，はじめの等式の右辺の第2，第3項は j と l の入れ替えで符号のみが異なり同じ値をもつので消えてしまうことを用いた．ゆえに，

$$U = \kappa \sum_{j=1}^{N} (1 - \cos \phi j) Q_j^2 = 2\kappa \sum_{j=1}^{N} \sin^2 \left[\frac{\pi j}{2(N+1)} \right] Q_j^2 = \frac{m}{2} \sum_{j=1}^{N} \omega_j^2 Q_j^2. \tag{3.60}$$

以上により，エネルギーはこれまで通り，各基準振動のエネルギーの和であることが確認された．

3.2.4 ここまでのまとめ

n 番目の質点の変位，$\xi_n(t)$ はまとめてベクトルとして

$$\boldsymbol{\xi}(t) = (\xi_1(t), \xi_2(t), \cdots, \xi_N(t)) = \sum_{j=1}^{N} Q_j(t) \boldsymbol{e}_j \tag{3.61}$$

と書ける．基準座標は単振動を行う．

$$Q_j(t) = A_j \cos(\omega_j t + \alpha_j). \tag{3.62}$$

基準振動数は

$$\omega_j = 2\sqrt{\frac{\kappa}{m}} \sin\left(\frac{k_j a}{2}\right) \tag{3.63}$$

で，

$$k_j = \frac{\pi}{a(N+1)} j \tag{3.64}$$

を代入すれば

$$\omega_j = 2\sqrt{\frac{\kappa}{m}} \sin\left[\frac{\pi}{2(N+1)} j\right] \tag{3.65}$$

とも書ける．k_j の範囲は

$$0 < k_j < \frac{\pi}{a} \tag{3.66}$$

に限られる．基準振動の様子を表すのは固有ベクトルで，j 番目の固有ベクトルは

$$\boldsymbol{e}_j = \sqrt{\frac{2}{N+1}} \left[\sin\left(\frac{j\pi}{N+1}\right), \sin\left(\frac{2j\pi}{N+1}\right), \cdots, \sin\left(\frac{Nj\pi}{N+1}\right) \right]$$
$$= \sqrt{\frac{2}{N+1}} \left[\sin\left(k_j a\right), \sin\left(2k_j a\right), \cdots, \sin\left(Nk_j a\right) \right] \quad (3.67)$$

であり，これらは規格直交関係

$$\boldsymbol{e}_j \cdot \boldsymbol{e}_l = \delta_{j,l} = \begin{cases} 1 & (j=l) \\ 0 & (j \neq l) \end{cases} \quad (3.68)$$

を満たす．なお，固有ベクトルは n 番目の質点の平衡位置での x 座標：$x_n^{(0)} = na$ を用いると

$$(\boldsymbol{e}_j)_n = \sqrt{\frac{2}{N+1}} \sin\left(k_j x_n^{(0)}\right) \quad (3.69)$$

と書くことができることに注意しよう．

3.3 ピアノの弦の運動

鎖状の N 質点系は $L = (N+1)a$ を一定にして，$a \to 0, N \to \infty$ の極限をとると，弦とみなすことができる．しかし，この弦への移行を行う前に，鎖の運動の例として，図 3.7 に示すように，鎖の 1 カ所を叩いたときの運動を調べよう．この運動を弦に移行すると，ピアノ (piano) が叩かれたときにピアノ線がどのような運動をするのかを考察することになる．

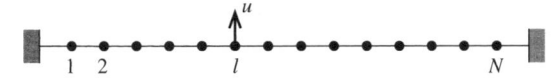

図 3.7 l 番目の質点を叩き，この質点のみに初速度 u を与える．

3.3.1 初期条件による任意定数の決定

静止している鎖の l 番目の質点だけを時刻 $t=0$ に叩き，この質点に初速度 u を与える場合を考えよう．初期条件は $t=0$ で $1 \leq n \leq N$ に対して

$$\xi_n(0) = 0, \tag{3.70}$$

$$\dot{\xi}_n(0) = \left\{ \begin{array}{ll} u & (n = l) \\ 0 & (n \neq l) \end{array} \right\} = u\delta_{n,l}. \tag{3.71}$$

これらの式を 3.2.2 項で求めた式 (3.49)

$$Q_j(t) = \boldsymbol{\xi}(t) \cdot \boldsymbol{e}_j$$

とその両辺の時間微分を行った式に代入して,基準座標 $Q_j(t) = A_j \cos(\omega_j t + \alpha_j)$ に対する初期条件を求めよう.初期位置の式からは

$$Q_j(0) = \boldsymbol{\xi}(0) \cdot \boldsymbol{e}_j = 0, \tag{3.72}$$

したがって $Q_j(0)$ はすべて 0 で,これより α_j が求まる.

$$Q_j(0) = A_j \cos \alpha_j = 0 \rightarrow \alpha_j = \frac{\pi}{2}. \tag{3.73}$$

次に初速度の式は

$$\dot{Q}_j(0) = \dot{\boldsymbol{\xi}}(0) \cdot \boldsymbol{e}_j = u(\boldsymbol{e}_j)_l = u\sqrt{\frac{2}{N+1}} \sin(k_j l a). \tag{3.74}$$

一方,$\dot{Q}_j(0) = -A_j \omega_j \sin \alpha_j = -A_j \omega_j$ であるから,振幅は

$$A_j = -u\sqrt{\frac{2}{N+1}} \frac{1}{\omega_j} \sin(k_j l a) \tag{3.75}$$

と求められる.

A_j には $1/\omega_j$ の因子があるから,j の大きな基準振動の振幅は小さい.さらに,叩く場所である l 番目の質点が振動の節 (node)[3] になっているような基準振動,すなわち

$$\sin\left(\frac{jl\pi}{N+1}\right) = 0 \tag{3.76}$$

となるような j の基準振動の振幅は 0 である.3 質点系で中央の質点を叩

---

[3] 基準振動で,動かない点がある場合,そこを振動の節という.逆に振幅が最大の点は振動の腹 (loop) とよばれる.

いたときに 2 番目の基準振動は励起されなかったこと（問 2.6）を思い出そう．楽器の音色は音にどのような振動数の波がどのような強さで含まれているかによって決まる．ここでの結果はピアノ線をハンマーが叩く位置 l により音色が変化することを意味する．

このように，任意定数はすべて決まるので，基準座標と質点の変位は次のようになる．

$$Q_j(t) = A_j \cos(\omega_j t + \alpha_j)$$
$$= \frac{u}{\omega_j}\sqrt{\frac{2}{N+1}} \sin(k_j l a) \sin(\omega_j t), \qquad (3.77)$$

$$\xi_n(t) = \sum_{j=1}^{N} Q_j(t)(\boldsymbol{e}_j)_n$$
$$= \frac{2u}{N+1} \sum_{j=1}^{N} \frac{1}{\omega_j} \sin\left(\frac{lj\pi}{N+1}\right) \sin\left(\frac{nj\pi}{N+1}\right) \sin(\omega_j t). \qquad (3.78)$$

鎖の左端の点に働く力は

$$F_{1,0}(t) = -\kappa[\xi_1(t) + b] \qquad (3.79)$$

であり，この力によってピアノの響板が揺すられ，その結果が音として出てくるのである[4]．

3.3.2　振動の様子の数値計算

ここで求めた解がどのようなものであるのかを実際に計算して，目で見えるようにしてみよう．パソコンで数値計算を行い，結果を図示するには，あらかじめ結果の目安を付けておく必要がある．

（1）最大振幅の見積もり

叩かれた質点の初速度は u である．1 つのバネと質点の場合の変位と速度

---

[4] ピアノ線の振動は横波なので，本当は κ でなく κ' を使うべきであるが，いちいちダッシュを付けるのはわずらわしいので，この節では，κ を用いておく．

は

$$x(t) = A\sin\left(\sqrt{\frac{\kappa}{m}}t\right), \tag{3.80}$$

$$v(t) = A\sqrt{\frac{\kappa}{m}}\cos\left(\sqrt{\frac{\kappa}{m}}t\right) \tag{3.81}$$

であるから，初速度が u のときの振幅は $A = u\sqrt{m/\kappa}$ である．連成系でも同程度と考えてよいはずで，各質点の最大の変位はこの値に 1 程度の数値を掛けたものになることが期待される．

(2) 時間のスケール

最低振動数は $j = 1$ として

$$\omega_1 = 2\sqrt{\frac{\kappa}{m}}\sin\left[\frac{\pi}{2(N+1)}\right] \tag{3.82}$$

であるから，

$$\tau = \frac{2\pi}{\omega_1} = \pi\sqrt{\frac{m}{\kappa}}\frac{1}{\sin\left[\frac{\pi}{2(N+1)}\right]} \tag{3.83}$$

が系全体の運動の時間スケールを決めることになると期待される．この τ を用いて解を書き直すと，

$$\begin{aligned}\xi_n(t) &= \frac{2u\pi}{N+1}\sqrt{\frac{m}{\kappa}}\frac{1}{\sin\left[\frac{\pi}{2(N+1)}\right]} \\ &\quad \times \sum_{j=1}^{N}\frac{1}{\omega_j\tau}\sin(k_j la)\sin(k_j na)\sin\left(\omega_j\tau\frac{t}{\tau}\right) \\ &\simeq 2u\sqrt{\frac{m}{\kappa}}\sum_{j=1}^{N}\frac{2}{\omega_j\tau}\sin(k_j la)\sin(k_j na)\sin\left(\omega_j\tau\frac{t}{\tau}\right).\end{aligned} \tag{3.84}$$

ただし，$N \gg 1$ では

$$\frac{\pi}{(N+1)\sin\left[\frac{\pi}{2(N+1)}\right]} \approx 2 \tag{3.85}$$

であることを用いた．振幅を $u\sqrt{m/\kappa}$ で測り，時間を τ で測ると，振動の様子は叩く位置 l と N だけで決まってしまうことに注意しよう．なお，こ

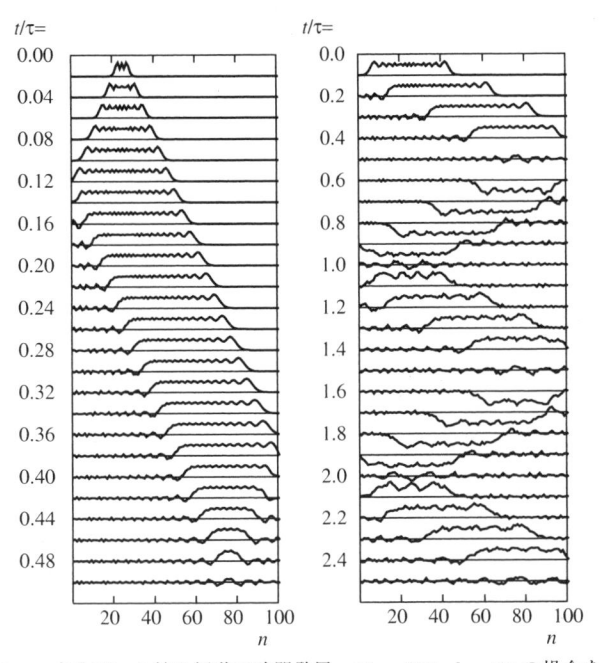

図 **3.8** 一点を叩いた鎖の振動の時間発展．$N = 100$，$l = 25$ の場合を示す．左のグラフは $\Delta t/\tau = 0.02$ ごとに $0 \leq t/\tau \leq 0.5$ の間の時間発展を鎖の変位の原点を縦にずらして示す．縦軸の数値は t/τ であり，その時刻での変位の原点の位置を示している．横軸は各質点の平衡位置である．右のグラフは $0 \leq t/\tau \leq 2.5$ の場合を 0.1 刻みで示す．

こで行ったことは，無次元化という意味ももっている．計算機で取り扱えるのは無次元の数値であり，物理の対象となる長さや時間の次元をもつ量はそのままでは取り扱えない．計算機に入れる数値は何らかの単位で測った量だが，ここでメートルや秒のような人工的な単位ではなく，その体系を特徴づける長さや時間を単位にして測った量を用いると，わかりやすい結果が得られるのである．

このようにして求めた計算結果を図 3.8 に示す．ここでは $N = 100$，$l = 25$ として，一定の時間間隔ごとに各質点の位置を図示してある．左のグラフは t/τ を 0.02 間隔で，$0 \leq t/\tau \leq 0.5$ の範囲で，右のグラフは t/τ を 0.1 間隔で，$0 \leq t/\tau \leq 2.5$ の範囲で示した．横軸は各質点の平衡位置で，縦方

向が変位である．叩いたことの影響は左右に広がっていき，最終的には全体が乱雑な運動をするように見える．ここで，起こっていることは理解しがたいだろう．しかし，この結果は式をほんの少し変えるだけで綺麗な結果にすることができる．j が大きな基準振動は振幅が小さいので，和は $j \ll N$ の項だけでよいはずだから，N が十分に大きいとして，

$$\omega_j \tau = 2\pi \frac{\sin\left[\frac{j\pi}{2(N+1)}\right]}{\sin\left[\frac{\pi}{2(N+1)}\right]} \simeq 2\pi j \tag{3.86}$$

としてみよう．このとき，各質点の変位は

$$\xi_n(t) = 2u\sqrt{\frac{m}{\kappa}} \sum_{j=1}^{N} \frac{1}{j\pi} \sin(k_j la) \sin(k_j na) \sin\left(2\pi j \frac{t}{\tau}\right) \tag{3.87}$$

となる．この形だと τ は実際に周期となっていることがわかる．この近似をしたときの計算結果を図 3.9 に示すが，式の通り周期 τ で元に戻る．叩いたことの影響は一定の速さ v で弦を伝わり，境界で反射しているように見える．この速さ v は時間 τ で，長さ $2L$ を走るわけだから，

$$v = \frac{2L}{\tau} = \sqrt{\frac{\kappa}{m}} \frac{L}{N+1} = a\sqrt{\frac{\kappa}{m}} \tag{3.88}$$

である．

(3) 鎖と弦の違い

式 (3.86) の近似を行った結果は，実は，あとでわかるように，弦の場合の結果と同じものである．そこで，近似を行う前のものを "鎖"，近似を行ったものを "弦" とよぶことにしよう．鎖と弦，2 つの結果をもたらしたものは基準振動数の j 依存性だけである．鎖の場合の

$$\omega_j \tau = 2\pi \frac{\sin\left[\frac{j\pi}{2(N+1)}\right]}{\sin\left[\frac{\pi}{2(N+1)}\right]}$$

と，弦の場合の

$$\omega_j \tau = 2\pi j$$

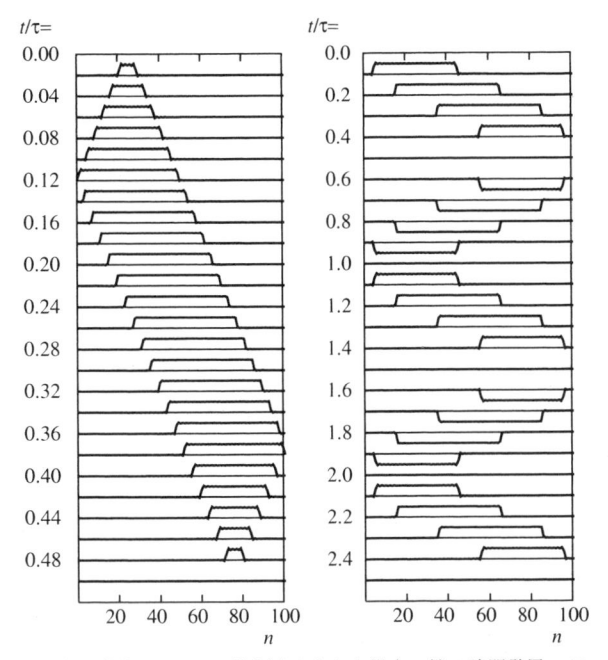

図 **3.9** 基準振動数 ω_j が j に比例するとした場合の鎖の時間発展. $N = 100$, $l = 25$ の場合を示す. 左のグラフは $\Delta t/\tau = 0.02$ ごとに $0 \leq t/\tau \leq 0.5$ の間の時間発展を鎖の変位の原点を縦にずらして示す. 縦軸の数値は t/τ であり, その時刻での変位の原点の位置を示している. 横軸は各質点の平衡位置である. 右のグラフは $0 \leq t/\tau \leq 2.5$ の場合を 0.1 刻みで示す. ハンマーで叩かれたピアノの弦の時間発展と見ることもできる.

の違いである. $k_j = j\pi/(N+1)a$ および, $v = \sqrt{\kappa/m}a$ を用いると,

$$\omega_j = 2\sqrt{\frac{\kappa}{m}} \sin\left(\frac{k_j a}{2}\right)$$

と

$$\omega_j = vk_j$$

の違いと書き表すこともできる.

k_j は基準振動の変位の x 依存性を表す量で, 弦の場合には**波数** (wave number) とよばれる量に相当する. k の関数としての $\omega(k)$ を**分散関係** (dis-

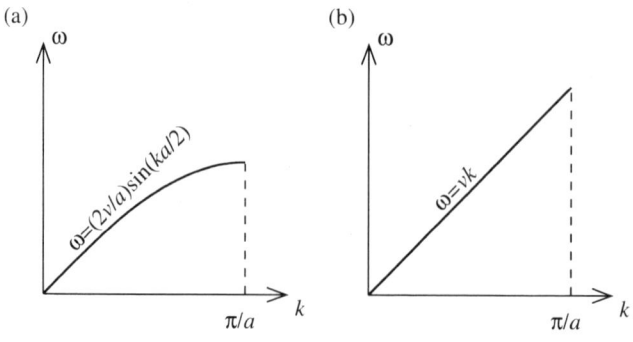

図 3.10 (a) 鎖と (b) 弦の分散関係.

persion relation) という. 鎖と弦の場合の分散関係を図 3.10 に示す. ω が k に比例する場合を分散がない, ω が k に比例しない場合を分散があるといういい方をすることもある. 分散というのは, 違う波数の波がばらばらに分かれるということで, 光をプリズムで分光できるのも分散があるためである. 実は, 波数 k の波の**伝播速度** (propagation velocity) は $\omega(k)/k$ で与えられる. したがって, 弦の場合にはすべての波数の波が同じ速度 v で伝わるので, 形が崩れることはない. 一方, 鎖の場合には, 波数の大きな細かな波の伝播速度が遅いので, 図 3.8 のように形が崩れてくるのである.

3.4 鎖の強制振動

ヴァイオリン (violin) などの擦弦楽器 (bowed string instrument) を奏でるときには, 弓で弦に周期的な力を加えている. このように弦に外力が加わる場合の強制振動を理解するために, ここでも, 弦に移行する前の, 鎖の系での強制振動を調べておこう. 外力はとりあえず, すべての質点に加えられているものとしよう. ただし, その振動数はすべて等しいものとする. n 番目の質点に加えられる外力を

$$F_n \cos(\omega t + \alpha_n) \tag{3.89}$$

とすると, 運動方程式は

$$m\ddot{\xi}_n = \kappa \left(\xi_{n-1} - 2\xi_n + \xi_{n+1} \right) + F_n \cos \left(\omega t + \alpha_n \right) \tag{3.90}$$

となる．この連立微分方程式をこのまま解くのは困難であるが，基準座標に対する方程式にすると，容易に解ける形になる．変位を基準座標で表した式 (3.61)

$$\left(\xi_1(t), \xi_2(t), \cdots, \xi_N(t) \right) = \sum_{j=1}^{N} Q_j(t)\, \boldsymbol{e}_j$$

より，$Q_j(t) = (\xi_1, \xi_2, \cdots, \xi_N) \cdot \boldsymbol{e}_j$ となることはすでに述べた．この式の両辺の 2 階時間微分は

$$\ddot{Q}_j(t) = \left(\ddot{\xi}_1, \ddot{\xi}_2, \cdots, \ddot{\xi}_N \right) \cdot \boldsymbol{e}_j \tag{3.91}$$

である．この右辺に運動方程式 (3.90) を代入し，整理すると，次の式が得られる．

$$\begin{aligned}\ddot{Q}_j(t) = &-\omega_j^2 Q_j(t) \\ &+ \frac{1}{m} \left(F_1 \cos(\omega t + \alpha_1), F_2 \cos(\omega t + \alpha_2), \cdots, F_N \cos(\omega t + \alpha_N) \right) \cdot \boldsymbol{e}_j.\end{aligned} \tag{3.92}$$

この式は Q_j が基準座標であり，外力がないときには角振動数 ω_j の振動をすることに注意すると当然の結果といえる．この先，右辺の第 2 項を計算するには外力の具体的な大きさが必要だが，計算した結果が，適当な $\tilde{F}$ と α を用いて $(\tilde{F}/m) \cos(\omega t + \alpha)$ と書けることは明らかである．この結果が意味することは，それぞれの基準振動が強制振動を受けるということであり，外力の振動数に近い基準振動が共鳴して大きな振幅をもつということである．

以上は一般論だが，特に l 番目のみに力が働く場合の式を記しておこう．このときの力は次のように表される．

$$F_n \cos(\omega t + \alpha_n) = \begin{cases} F_l \cos(\omega t + \alpha_l) & (n = l), \\ 0 & (n \neq l). \end{cases} \tag{3.93}$$

式 (3.92) に代入すると,

$$\ddot{Q}_j(t) + \omega_j^2 Q_j(t) = \sqrt{\frac{2}{N+1}} F_l \sin(k_j la) \cos(\omega t + \alpha_l). \qquad (3.94)$$

この式の右辺の $\sin(k_j la)$ の因子は，同じ力でも加える場所によって効果が異なることを表している.

問 3.3 (1) 式 (3.91) の右辺の $\ddot{\xi}_n$ $(n = 1, 2, 3, \cdots, N)$ に式 (3.90) を代入し，ξ_n に対して式 (3.61) を用いて，式 (3.92) が得られることを示せ．[ヒント：途中で $(e_l)_{n-1} - 2(e_l)_n + (e_l)_{n+1}$ が出てきたら，まず，これを計算するとよい.]

(2) 式 (3.92) の右辺第 2 項が $(\tilde{F}/m)\cos(\omega t + \alpha)$ の形になることを示せ．

3.5 弦

3.5.1 鎖のゆっくりした振動

ある程度 N の大きな"鎖"のゆっくりした振動を考えよう．これは N に比べて j が十分に小さな固有振動のみの重ね合わせでできる振動である．j が小さければ固有振動数 ω_j が小さくなるから，ゆっくりした振動になるのである．このときには k_j も小さいので，長波長の振動のみを考えることでもある．この場合，隣り合った質点の変位はほとんど等しいので，$\xi_n(t)$ を $\xi(x,t)$ と書いて，質点の平衡位置 $x = na$ の連続関数とみなしてもよいだろう．

この $\xi(x,t)$ に関する運動方程式を求めよう．縦波の場合の運動方程式 (3.7)

$$m\ddot{\xi}_n = \kappa(\xi_{n-1} - 2\xi_n + \xi_{n+1})$$

で，左辺の時間の 2 階微分は

$$\ddot{\xi}_n(t) = \frac{d^2}{dt^2}\xi_n(t) \to \frac{\partial^2}{\partial t^2}\xi(x,t) \qquad (3.95)$$

と書き直す．一方，右辺の $\xi_{n\pm 1}(t)$ は

$$\xi_{n\pm 1} \to \xi(a(n\pm 1),t) = \xi(x\pm a,t)$$
$$\simeq \xi(x,t) \pm a\frac{\partial \xi(x,t)}{\partial x} + \frac{a^2}{2}\frac{\partial^2 \xi(x,t)}{\partial x^2} \pm \frac{a^3}{6}\frac{\partial^3 \xi(x,t)}{\partial x^3} + \cdots \tag{3.96}$$

とテイラー展開して，a^4 以上の項を無視すると，

$$\xi_{n-1} - 2\xi_n + \xi_{n+1} \simeq a^2 \frac{\partial^2 \xi(x,t)}{\partial x^2} \tag{3.97}$$

となり，運動方程式は

$$m\frac{\partial^2}{\partial t^2}\xi(x,t) = \kappa a^2 \frac{\partial^2}{\partial x^2}\xi(x,t) \tag{3.98}$$

となる．式 (3.88) より，弦を伝わる波の速度 v を用いて $\kappa a^2/m = v^2$ と書けるから，

$$\frac{\partial^2}{\partial t^2}\xi(x,t) = v^2 \frac{\partial^2}{\partial x^2}\xi(x,t) \tag{3.99}$$

が得られるが，これを（1 次元の）**波動方程式** (wave equation) という．これは線形の偏微分方程式である．

この方程式の少なくとも 1 つの解はわれわれはすでに得ている．ゆっくりした振動を考えているので，$N' \ll N$ として，基準振動の和を N' までに制限した鎖の解

$$\xi(x,t) = \sum_{j=1}^{N'} A'_j \sin(k_j x) \cos(\omega_j t + \alpha_j) \tag{3.100}$$

は解になっているはずである．実際にこの解を波動方程式 (3.99) に代入すると，両辺はそれぞれ

$$-\sum_{j=1}^{N'} A'_j \omega_j^2 \sin(k_j x) \cos(\omega_j t + \alpha_j) = -v^2 \sum_{j=1}^{N'} A'_j k_j^2 \sin(k_j x) \cos(\omega_j t + \alpha_j) \tag{3.101}$$

となるので，$1 \le j \le N'$ の各 j について $\omega_j^2 = v^2 k_j^2$ であればこの式は成り

立つ．j が小さいときには $k_j a \ll 1$ であるから，式 (3.63) より

$$\omega_j^2 = \frac{4\kappa}{m}\sin^2\left(\frac{k_j a}{2}\right)$$
$$\simeq \frac{\kappa a^2}{m}k_j^2$$
$$= v^2 k_j^2 \tag{3.102}$$

であり，確かに波動方程式の解になっている．

3.5.2 鎖から弦へ

全長 L を一定にしたまま，質点数を増やし，間隔を縮めていこう．すなわち $N \to \infty$, $a = L/(N+1) \to 0$ とする．また，単位長さあたりの質量，すなわち線密度 ρ は一定値 m/a に保つことにする．バネの伸び b は a に比例して小さくなるとしよう．このとき，バネの張力が $T = \kappa b$ であることに注意すると，変位の伝達速度は $v = \sqrt{\kappa a^2/m} = \sqrt{T(a/b)/\rho}$ となるから，張力 T を一定にすると，速度 v も一定に保たれる．なお，横波の場合の鎖の方程式は κ を $\kappa' = \kappa b/a$ に置き換えれば得られたから，この場合の速度は $v = \sqrt{T/\rho}$ であり，張力 T と線密度 ρ のみで決まる．

この $N \to \infty$, $a \to 0$ の極限では，テイラー展開の式 (3.96) で a^4 以上を無視することが正当化されるので，波動方程式 (3.99) は厳密に成り立つことになる．$N \to \infty$ の極限では N' も無限大にできるので，波動方程式の解は

$$\xi(x,t) = \sum_{j=1}^{\infty} A'_j \sin(k_j x)\cos(\omega_j t + \alpha_j), \tag{3.103}$$

$$k_j = \frac{\pi}{L}j, \tag{3.104}$$

$$\omega_j = vk_j, \tag{3.105}$$

である．ここで得られた解は，波動方程式に境界条件

$$\xi(0,t) = \xi(L,t) = 0 \tag{3.106}$$

を付けたときの一般解である．一般解であることは，どのような初期条件で

も j の和を必要なだけとれば満たされることで保証される．

なお，ここでは鎖の極限として弦の波動方程式を導出したが，弦としての運動を考察することによっても波動方程式を得ることができる．弦を伝わる横波の波動方程式の導出法を付録 C に示す．縦波でも導出法は同様である[5]．

3.5.3 弦の固有関数と基準座標

鎖の質点数 N を無限大にすることによって，弦が得られた．このとき，鎖の各点の変位を表す N 次元ベクトル $\boldsymbol{\xi}(t)$ は弦の変位を表す x と t の関数 $\xi(x,t)$ になった．これに伴って，鎖の連成振動の j 番目の固有ベクトル $\boldsymbol{e}_j$ は x の関数 $e_j(x)$ になり，固有関数 (eigenfunction) と呼ばれるものになる．規格直交化した固有関数系を作り，弦の変位 $\xi(x,t)$ を固有関数と基準座標を用いて表しておこう．

固有ベクトルの規格直交性を表す式

$$\boldsymbol{e}_j \cdot \boldsymbol{e}_l = \frac{2}{N+1} \sum_{n=1}^{N} \sin(k_j na) \sin(k_l na) = \delta_{j,l}$$

は $N \to \infty, a \to 0, (N+1)a = L$ の極限で，区間 $0 \leq x \leq L$ における積分として表すことができる．$N \gg 1$ が有限のとき，微小区間 $\mathrm{d}x$ 中に含まれる n の数は $\mathrm{d}x/a$ 個であるから，固有ベクトルの内積は

$$\begin{aligned}
\boldsymbol{e}_j \cdot \boldsymbol{e}_l &= \frac{2}{N+1} \int_0^L \frac{\mathrm{d}x}{a} \sin(k_j x) \sin(k_l x) \\
&= \frac{2}{L} \int_0^L \mathrm{d}x \sin(k_j x) \sin(k_l x) \\
&= \delta_{j,l}
\end{aligned} \tag{3.107}$$

と書き直せる．したがって，j 番目の固有関数として

$$e_j(x) \equiv \sqrt{\frac{2}{L}} \sin(k_j x) \tag{3.108}$$

---

(5) ここで，$a \to 0$ の極限を弦としたが，本当の弦でも a は原子間距離までしか小さくできない．しかし，考える波の波長に比べて a が圧倒的に小さければ，$a \to 0$ と考えてよいのである．原子のスケールで見ると，結晶格子の振動が鎖の分散関係をもつことが知られている．

を定義すると，$e_j(x)$ と $e_l(x)$ は次の規格直交性を満たすことになる．

$$\int_0^L e_j(x)e_l(x)\mathrm{d}x = \delta_{j,l}. \tag{3.109}$$

このように定義された固有関数を用いて，弦の変位は

$$\xi(x,t) = \sum_{j=1}^{\infty} e_j(x)Q_j(t), \tag{3.110}$$

$$Q_j(t) = A_j \cos(\omega_j t + \alpha_j) \tag{3.111}$$

と書ける．逆に弦の変位が与えられたときに基準座標 $Q_j(t)$ を求める式は

$$Q_j(t) = \int_0^L \xi(x,t)e_j(x)\mathrm{d}x \tag{3.112}$$

である．

問 3.4 規格直交性の式 (3.109) を，実際に積分を行うことによって示せ．

3.6　波動方程式の解法

境界条件を付けない場合の波動方程式，式 (3.99)

$$\frac{\partial^2}{\partial t^2}\xi(x,t) - v^2 \frac{\partial^2}{\partial x^2}\xi(x,t) = 0$$

はいくつかの方法で解くことができる．ここでは2つの方法を述べておこう．

3.6.1　因数分解法

波動方程式を次のように"因数分解"する．

$$\left(\frac{\partial}{\partial t} \pm v\frac{\partial}{\partial x}\right)\left(\frac{\partial}{\partial t} \mp v\frac{\partial}{\partial x}\right)\xi(x,t) = 0. \tag{3.113}$$

ただし，複号は同順とする．ここで，微分をするという操作を"因数分解"したが，これは，右から順に $\xi(x,t)$ に作用させていけばよいだけのことである．x と t の偏微分は順序を交換してよいので，順に演算した結果が，元

の波動方程式と同じであることは明らかであろう．ここで括弧で括った $(\partial/\partial t \pm v\partial/\partial x)$ のようなものは**微分演算子**とよばれている．

この因数分解の結果，$\xi(x,t)$ が波動方程式を満たすためには

$$\left(\frac{\partial}{\partial t} + v\frac{\partial}{\partial x}\right)\xi(x,t) = 0 \tag{3.114}$$

または

$$\left(\frac{\partial}{\partial t} - v\frac{\partial}{\partial x}\right)\xi(x,t) = 0 \tag{3.115}$$

を満たせば十分であることがわかる．この1階の偏微分方程式は，とても単純なので，解はすぐわかる．式 (3.114) の場合には

$$\xi(x,t) = f(x - vt) \tag{3.116}$$

が解であり，式 (3.115) の場合には

$$\xi(x,t) = g(x + vt) \tag{3.117}$$

が解であることは，代入してただちに確かめることができる．ここで，f と g は微分可能な任意の関数である．この2つの解の和

$$\xi(x,t) = f(x - vt) + g(x + vt) \tag{3.118}$$

は，やはり波動方程式の一般解である．これらの解は $f(x - vt)$ は右向きの**進行波解**，$g(x + vt)$ は左向きの進行波解とよばれる．このようによばれるのは，例えば変位 ξ が $f(a)$ の値をもつ位置 x が，図 3.11 に示すように，

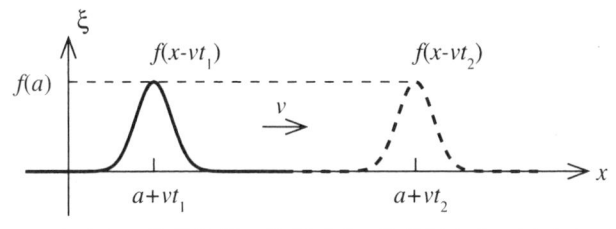

図 **3.11** 右向きの進行波解の時間変化．波が極大値 $f(a)$ をとる点は $x = a + vt$ であり，この点は速度 v で進行する．

$x = a + vt$ で右に向かって速度 v で進行していくことから明らかであろう．この因数分解法はダランベール (D'Alembert) の解法ともよばれる．

問 3.5 式 (3.118) の ξ について，$\partial^2 \xi/\partial t^2$ と $\partial^2 \xi/\partial x^2$ を計算し，この ξ が波動方程式 (3.99) を満たすことを確かめよ．

3.6.2 変数分離法

波動方程式は 2 つの変数 x と t に関する微分方程式である．今，解がそれぞれの関数の積で $\xi(x,t) = X(x)T(t)$ と書けることを仮定してみよう．波動方程式に代入すると

$$X(x)\frac{\mathrm{d}^2}{\mathrm{d}t^2}T(t) = v^2 T(t)\frac{\mathrm{d}^2}{\mathrm{d}x^2}X(x), \tag{3.119}$$

両辺を XT で割ると，

$$\frac{1}{T(t)}\frac{\mathrm{d}^2}{\mathrm{d}t^2}T(t) = \frac{v^2}{X(x)}\frac{\mathrm{d}^2}{\mathrm{d}x^2}X(x) \tag{3.120}$$

となる．この式では，左辺は t のみの関数，右辺は x のみの関数と，2 つの変数を分離することができた．すなわち，左辺は x に依存せず，右辺は t に依存しない．この両辺が等しいことから，実は両辺ともに x にも t にも依存しないことが結論される．したがって，両辺はある一定値に等しいが，ここではそれを $-v^2 k^2$ と記すことにする．k は任意の数である．この結果，2 つの微分方程式が得られたことになる．

$$\ddot{T}(t) = -v^2 k^2 T(t), \tag{3.121}$$

$$X''(x) = -k^2 X(x). \tag{3.122}$$

これらの方程式は単振動の方程式と同型だから，解は $T(t) \propto \mathrm{e}^{\pm \mathrm{i}kvt}$, $X(x) \propto \mathrm{e}^{\pm \mathrm{i}kx}$ である．すなわち，この方法では全系が $\omega = kv$ で振動する基準振動が得られる．同じ ω に対して XT の積は 4 通りの可能性があるから，それらを解が実関数になるように足し合わせよう．さらにあらゆる実数の k での和をとって一般解を構成すると，次のようになる．

$$\xi(x,t) = \sum_k \left(A_k e^{ik(x-vt)} + A_k^* e^{-ik(x-vt)} \right.$$
$$\left. + B_k e^{ik(x+vt)} + B_k^* e^{-ik(x+vt)} \right)$$
$$= 2\sum_k \{|A_k|\cos[k(x-vt)+\alpha_k] + |B_k|\cos[k(x+vt)+\beta_k]\}.$$
(3.123)

この解を因数分解法での進行波解と比較すると

$$f(x) = 2\sum_k |A_k|\cos(kx+\alpha_k), \qquad (3.124)$$

$$g(x) = 2\sum_k |B_k|\cos(kx+\beta_k) \qquad (3.125)$$

であれば，2つの方法での解が一致することがわかる．このことは，任意の微分可能な関数 f や g がさまざまな波数 k の三角関数の和で表せることを意味している．このことについては後でフーリエ積分としてまとめることにする．

3.7 波の透過と反射

3.7.1 2種類の弦の境界での波

前節で得た波動方程式の一般解は進行波を表すものであった．これと 3.5 節で求めた両端の境界条件が付いている場合の弦の一般解，式 (3.103) とを結び付けるために，進行波の**透過** (transmission) や**反射** (reflection) について調べよう．端が固定された弦を考える前に，より一般的な状況として，図 3.12 のように，2つの弦が $x=0$ でつながれていて，$x<0$ での波の速さが v_1，$x>0$ での速さが v_2 の場合を考えよう．あとで見るように，端が固定された弦を表すには，一方の速さを 0 にすればよい．

波動方程式は $x<0$ では

$$\frac{\partial^2 \xi}{\partial t^2} = v_1^2 \frac{\partial^2 \xi}{\partial x^2}, \qquad (3.126)$$

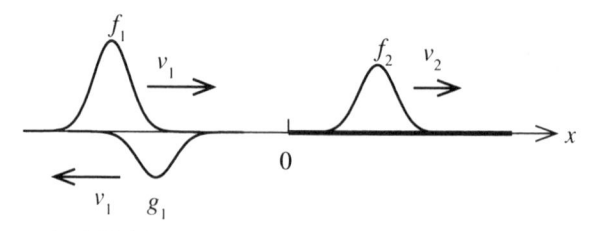

図 3.12 波の伝播速度の異なる 2 つの弦のつなぎ目での透過と反射．入射波 f_1 から透過波 f_2 と反射波 g_1 が発生する．

$x > 0$ では

$$\frac{\partial^2 \xi}{\partial t^2} = v_2^2 \frac{\partial^2 \xi}{\partial x^2} \tag{3.127}$$

である．今，左側から

$$\xi(x, t) = f_1(x - v_1 t) \tag{3.128}$$

という波が入射してくる場合を考えよう．この波が $x = 0$ に到達すると，$x > 0$ の領域を進んでいく透過波

$$f_2(x - v_2 t) \tag{3.129}$$

と，入射方向に戻る反射波

$$g_1(x + v_1 t) \tag{3.130}$$

ができることになる．このときの透過波と反射波の大きさは $x = 0$ での境界条件によって決まる．

境界条件は $x = 0$ で (i) 弦がつながっていることと，(ii) 左右の張力が等しいこと，である．第 2 の条件は，図 3.13 に示すように，$x = 0$ の点は質量が無限小であるので，そこには有限の大きさの力が働くことはないということから出る条件である．横波の場合は，弦の勾配が $x = 0$ で連続であるという条件になる．これらを式で表そう．$x < 0$ では 2 つの波 f_1 と g_1 が共存していて，$x > 0$ には 1 つの波しかないことに注意すると，条件 (i) と (ii) を表す式はそれぞれ

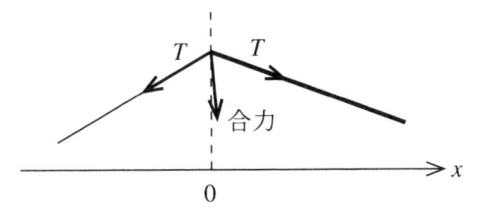

図 3.13 弦のつなぎ目では勾配が等しくなければならない．勾配が異なる場合には，図に示すように質量が無限小のつなぎ目に有限の大きさの合力が働くことになる．

$$f_1(-v_1 t) + g_1(v_1 t) = f_2(-v_2 t), \tag{3.131}$$

$$f_1'(-v_1 t) + g_1'(v_1 t) = f_2'(-v_2 t), \tag{3.132}$$

となる．式 (3.132) を時間 t で積分すると

$$-\frac{1}{v_1} f_1(-v_1 t) + \frac{1}{v_1} g_1(v_1 t) = -\frac{1}{v_2} f_2(-v_2 t) + c \tag{3.133}$$

が得られる．c は積分定数であるが，入射波がないときにはすべての波がないはずだから，$c=0$ でなければならない．式 (3.131) と式 (3.133) から，透過波と反射波は入射波を用いて

$$g_1(v_1 t) = \frac{v_2 - v_1}{v_1 + v_2} f_1(-v_1 t), \tag{3.134}$$

$$f_2(-v_2 t) = \frac{2v_2}{v_1 + v_2} f_1(-v_1 t), \tag{3.135}$$

と求められる．光の場合にならって，屈折率を $n \equiv v_1/v_2$ と定義すると，これらの式は

$$g_1(x) = \frac{1-n}{1+n} f_1(-x), \tag{3.136}$$

$$f_2(x) = \frac{2}{1+n} f_1(nx), \tag{3.137}$$

と書ける．

この境界での接続の極限として，壁に固定された**固定端**の境界と，まったく自由に動ける**自由端**の場合がある．$x=0$ に壁があり，弦が $x<0$ の領域にしかない固定端の場合は，$x>0$ には質量無限大の弦があり，動かないとすればよいから，$v_2 \propto 1/\sqrt{\rho} \to 0$ となり，屈折率 $n \to \infty$ になる．このと

きは

$$g_1(x) = -f_1(-x), \qquad f_2(x) = 0 \tag{3.138}$$

である．一方，自由端は弦の場合には張力を必要とするので実現しにくいが，$x > 0$ の弦の線密度がゼロの場合に実現し，このときは $n = 0$ であるから，

$$g_1(x) = f_1(-x), \qquad f_2(x) = 2f_1(0) \tag{3.139}$$

となる．自由端は後で述べる管楽器の気柱の振動では容易に実現する．固定端と自由端での波の反射の様子は，図 3.14 に示すように，$x = 0$ に鏡があり，$x < 0$ での波 $f_1(x)$ が $x > 0$ にそれぞれ $g_1(x) = \mp f_1(-x)$ として写っているかのようになる．固定端での反射の様子は図 3.9 で見ることができる．

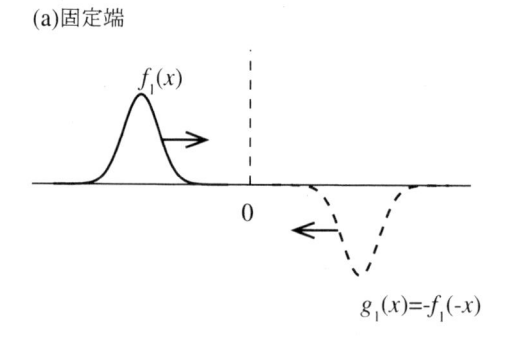

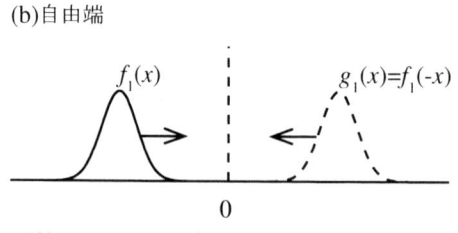

図 3.14 波の反射．$x < 0$ を正方向に進む波は $x = 0$ でその波のイメージである $\mp g_1(-x)$ と入れ替わる．(a) 固定端の場合，(b) 自由端の場合．

問 3.6 固定端では $\xi(x,t) = 0$ であり，自由端では $\partial \xi(x,t)/\partial x = 0$ であることを示せ．

3.7.2 両端が固定された弦

ここで，両端が $x = 0$ と $x = L$ で固定された弦の振動の一般解を，波動方程式の進行波型の一般解に境界条件を考慮することによって構築しよう．簡単化のために時刻 $t = 0$ で考えることにする．図 3.15 に示すように，まず $x = L$ での境界条件から右向き進行波 $f(x)$ に対して，左向き進行波

$$g(x) = -f(2L - x) \tag{3.140}$$

が存在しなければならない．一方，$x = 0$ での境界条件から，$g(x)$ に対して，

$$f(x) = -g(-x) \tag{3.141}$$

が必要である．式 (3.140), (3.141) より

$$f(x) = f(x - 2L) = -g(-x) = -g(2L - x) \tag{3.142}$$

となり，f, g は x の周期 $2L$ の周期関数でなければならないことがわかる．ここで，因数分解法による進行波解と変数分離の場合の解との関連を与える式 (3.124)

$$f(x) = 2 \sum_k |A_k| \cos(kx + \alpha_k)$$

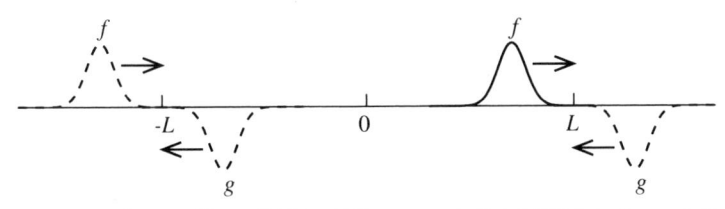

図 **3.15** 長さ L の弦での進行波の反射．f の L に対する鏡像として $x > L$ に g を考えなければならない．この g の 0 に対する鏡像として $x < -L$ での f が必要である．

を見ると，この関数が周期関数になるためには，k の値に制限が付くことがわかる．すなわち，k の和は j を整数として $k_j = (\pi/L)j$ と書けるものに限られる．これより，

$$f(x) = 2\sum_j |A_{k_j}|\cos(k_j x + \alpha_{k_j}) \tag{3.143}$$

であり，

$$\begin{aligned}
\xi(x,t) &= f(x-vt) + g(x+vt) \\
&= f(x-vt) - f(-x-vt) \\
&= 2\sum_j |A_{k_j}|\left[\cos(k_j x - \omega_j t + \alpha_{k_j}) - \cos(-k_j x - \omega_j t + \alpha_{k_j})\right] \\
&= 4\sum_j |A_{k_j}|\sin(k_j x)\sin(\omega_j t - \alpha_{k_j})
\end{aligned} \tag{3.144}$$

が得られる．ただし，$\omega_j \equiv vk_j$ である．この式は鎖の場合の解で $N \to \infty$ にして得られた長さ L の弦の一般解と同じものである．

3.8　弦楽器から出る音

　ヴァイオリン，ギター (guitar)，ピアノなどは弦を振動させることによって，定まった高さの音を出している．例えば，ピアノの場合にはすでに見たように，ハンマーで叩かれた影響は速さ v で弦を伝わり，端で反射して，周期 $2L/v$ ごとに同じ状況が繰り返される．端の点には波が反射するときに力が伝えられる．この結果，響板には振動数

$$f = \frac{v}{2L} \tag{3.145}$$

の振動が伝えられ，この振動に対応する音が発生する．この振動数は音の高さを決めるもので，**基本振動数（基本周波数，fundamental frequency）** とよばれる．これは当然のことながら，弦の振動の一般解に含まれる最低の振動数 $f_1 = \omega_1/2\pi = vk_1/2\pi$ に等しい．ピアノを叩いたときの弦の振動は式 (3.87) や，図 3.9 から想像できるように，単純な正弦波ではない．この振動にはさまざまな高次の基準振動が含まれる．その振動数は基本振動数の整数

倍，$f_n = nf_1$，であり，このような成分は**高調波** (higher harmonics) または**倍音** (harmonic tone) とよばれる．$2f_1$ の音は f_1 より 1 オクターブ高い音，$4f_1$ の音は f_1 の 2 オクターブ高い音である．基本振動数の振幅に対する倍音の割合は音の音色を決定する．

ヴァイオリンの弦の振動の様子を付録 D で解説する．弦の振動はピアノの場合ほど単純ではないが，やはり基本振動数 $\omega_1/2\pi$ の音と，その倍音から構成される．ヴァイオリンには 4 本の弦があり，開放弦[6]の基本振動数は低い方から 196 Hz，293.66 Hz，440 Hz，659.26 Hz であり，それぞれ g(ソ), d^1(レ), a^1(ラ), e^2(ミ) の音とよばれている[7]．一番音の高い e^2 線には普通スチールの弦が使われる．線密度は $\rho \simeq 4 \times 10^{-4}$ kg/m である．開放弦の長さは 32.7 cm 程度なので，この弦を張力 $T = 75\mathrm{N} \simeq 7.7$ kg·f で張ると，弦を伝わる音速は $v = 433$ m/s となり，基本振動数は約 662 Hz となる．一方，最低音を出す g 線は開放時の長さは e^2 線と同じだから，音速を下げるためには，張力を減らし，線密度を高くしなければならない．このため，g 線はナイロンの線に銀を巻いて質量を高めている．線密度 $\rho = 2.9 \times 10^{-3}$ kg/m の弦を張力 $T = 48\mathrm{N} \simeq 4.9$ kg·f で張ると，基本振動数は 197 Hz となる．

ヴァイオリンの場合は音階を作るのに，指で弦を押さえて振動する弦の長さを短くして，より高い音を出す．それでは，このときどの程度弦を短くすべきだろうか？ 平均率では 1 オクターブを 12 の音に均等に分ける．1 オクターブ違う音は振動数が 2 倍違うので，ある音より半音高い音の振動数は元の音の振動数の $2^{1/12} \simeq 1.05946$ 倍の振動数をもつ．したがって，半音高い音は弦

図 **3.16** ギター．棹にフレット板が張られ，その上に弦に垂直にフレットがおかれている．

---

[6] 弦を左指で押さえず，張られたままの状態であるとき開放弦という．
[7] 本書では国際的に決められた $a^1 = 440$ Hz の平均率に基づいて楽音の振動数を記す．しかるに，現代の日本のオーケストラでは $a^1 = 442$ Hz で調弦するのが普通である．

長を 0.9439 倍に短くすればよい．ところで，17/18=0.9444 はこの 0.9439 にきわめて近い．ギターの棹 (neck) にはフレット板 (fretboard) が張られ，そこにはフレット (fret) が付けられている（図 3.16）．棹の上端からフレットを順に押さえていくことで，半音ずつ高い音を出すことができるが，ギターを作る際に 17/18 が $2^{-1/12}$ にきわめて近いことを用いてフレットの位置を作図で求めることがあるそうである．その場合の作図法を図 3.17 に示す．

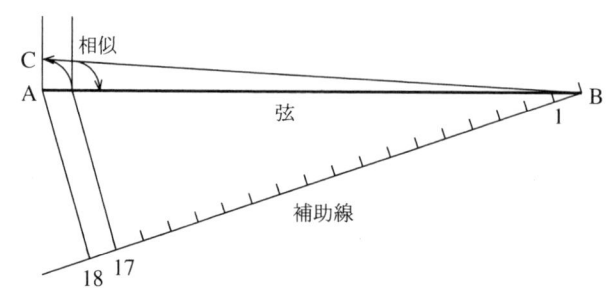

図 **3.17** ギターのフレットの位置の作図による決定法．弦は棹の最上部（点 A）から胴体下部のブリッジ（点 B）まで張られている．ブリッジから引いた補助線上に等間隔に 18 個の点を描く．18 番目から，点 A に線を引き，これと平行な線を 17 番目の点から引けば，この線と，弦との交点が 1 番目のフレットの位置であり，ここを押さえると，開放時よりも半音高い音が得られる．次のフレットの位置を決めるのにはこのフレットの位置から点 B までの長さを 18 等分すればよいが，これは次のように作図できる．まず，点 A から弦に垂線を立て，ここに 1 番目のフレットまでの長さを目盛り，点 C とする．点 C と点 B を直線で結び，直角三角形 ABC を作る．1 番目のフレットから辺 BC まで垂線を立てるともう 1 つ直角三角形ができる．この三角形は三角形 ABC と相似で大きさを 17/18 倍に縮小したものだから，フレットから辺 BC までの垂線の長さは線分 AC の 17/18 倍であり，これは 1 番目のフレットから 2 番目のフレットまでの距離に等しい．したがって，弦上にこの長さを移せば第 2 のフレットの位置が求まる．以後は新たに決まったフレットの位置から垂線を立てて BC との交点を求め，この距離を弦上に移すことを繰り返していくことで，順々にフレットの位置を決めることができる．

問 3.7 この方法を忠実に実行すると，1 オクターブ高い音の振動数は，元の音の振動数の $(18/17)^{12}$ 倍になる．元の音の振動数を 440 Hz としたとき，この近似的にオクターブ高い音と正しい 880 Hz の音が作るうなりの振動数は何ヘルツになるか計算せよ．

第4章 フーリエ級数・フーリエ積分

弦の基準振動は三角関数で表され，基準振動の重ね合わせで，どのような弦の状態でも表すことができる．すなわち，任意の連続関数は三角関数の和で表せる．このことは，数学ではフーリエ級数の定理として知られている．この章ではこのフーリエ級数と，関数の変域を無限大にしたときのフーリエ積分について述べる．フーリエ積分は第6章で回折を理解するときに役に立つ．

4.1 フーリエ級数

4.1.1 三角関数による展開

$x=0$ から L まで張られた弦の振動は次のようになることを前章で示した．

$$\xi(x,t) = \sum_{j=1}^{\infty} A_j \sin(k_j x) \cos(\omega_j t + \alpha_j), \tag{4.1}$$

$$k_j = \frac{\pi}{L} j. \tag{4.2}$$

特に $t=0$ とすれば，

$$\xi(x,0) = \sum_{j=1}^{\infty} (A_j \cos \alpha_j) \sin(k_j x) \tag{4.3}$$

である．弦に対しては境界条件 $\xi(0,0) = \xi(L,0) = 0$ さえ満たせば任意の初期条件を設定することができる．つまり，任意の連続関数が $\sin(k_j x)$ の

和で表せることになる．数学的にはこのことはもう少し拡張されている．

定理 $-l \leq x \leq l$ の範囲で定義された有界な関数 $f(x)$ があり，極値をとるのは有限回であれば，

$$f(x) = \frac{A_0}{2} + \sum_{n=1}^{\infty} \left[A_n \cos\left(\frac{n\pi}{l}x\right) + B_n \sin\left(\frac{n\pi}{l}x\right) \right] \quad (4.4)$$

と表せる．

この場合，関数は不連続な点がある区分的に連続なものであってもよい．不連続な点では右辺は平均値になる．関数に課せられた条件はディリクレ条件 (Dirichlet conditions) とよばれ，式 (4.4) は関数 $f(x)$ のフーリエ級数 (Fourier series) 表示とよばれる．

4.1.2 無限次元での座標変換

フーリエ級数は一種の（無限次元での）座標変換である．その意味を説明するために，いくつか復習をしておこう．まず，3 次元空間の普通の座標変換を復習する．xyz 座標系では位置ベクトルは

$$\boldsymbol{r} = (x, y, z) = x\boldsymbol{i} + y\boldsymbol{j} + z\boldsymbol{k} \quad (4.5)$$

と表される．ここで，

$$\boldsymbol{i} = (1, 0, 0), \quad \boldsymbol{j} = (0, 1, 0), \quad \boldsymbol{k} = (0, 0, 1) \quad (4.6)$$

は各軸方向の単位ベクトルで，**基底** (basis) ともよばれる．

座標変換は新しい基底 $\boldsymbol{i}', \boldsymbol{j}', \boldsymbol{k}'$ を用いて，

$$\boldsymbol{r} = x'\boldsymbol{i}' + y'\boldsymbol{j}' + z'\boldsymbol{k}' \quad (4.7)$$

と表すことである．この場合，$\boldsymbol{i}', \boldsymbol{j}', \boldsymbol{k}'$ は互いに直交する長さ 1 の単位ベクトルである．

次に N 質点系（鎖）の復習をしておこう．N 質点系の場合は，変位を N 次元のベクトルとして表せるが，これは

$$\boldsymbol{\xi}(t) = (\xi_1(t), \xi_2(t), \cdots, \xi_N(t)) = \sum_{j=1}^{N} Q_j(t) \boldsymbol{e}_j \tag{4.8}$$

と基準座標表示できる．ただし，新しい基底は

$$\boldsymbol{e}_j = \sqrt{\frac{2}{N+1}} \left[\sin\left(\frac{j\pi}{N+1}\right), \sin\left(\frac{2j\pi}{N+1}\right), \cdots, \sin\left(\frac{Nj\pi}{N+1}\right) \right] \tag{4.9}$$

であり，これは

$$\boldsymbol{i}_1 = (1, 0, 0, \cdots, 0) \tag{4.10}$$

$$\boldsymbol{i}_2 = (0, 1, 0, \cdots, 0) \tag{4.11}$$

という各質点の変位の方向の基底を用いた表示から，新しい基底 $\boldsymbol{e}_j$ への座標変換だと考えることができる．このように基準座標で表すときの基底はこれまでの固有ベクトルである．

$N \to \infty$ の極限では鎖は弦になる．このとき，変位を表す N 次元ベクトルは無限次元のベクトルになる．したがって，弦の変位は無限次元のベクトルとみなすことができる．その無限次元ベクトルとしての変位は，基準振動の和を用いて表せば，無限次元の固有ベクトル（固有関数）と，基準座標の積の和で表される．これは無限次元空間での座標回転にほかならない．ところで，弦の変位 $\xi(x)$ はもちろん x の連続関数であるから，普通の関数も無限次元のベクトルとみなすことができる．そのベクトルを弦の固有ベクトルで展開したものがフーリエ級数である．以下では関数 $f(x)$ を無限次元のベクトルとみなすときには太字を用いて $\boldsymbol{f}$ と表記することにする．

4.1.3 固有関数の規格化と直交性

普通の3次元空間の単位ベクトルは規格直交性を満たす．すなわち，

$$\boldsymbol{i} \cdot \boldsymbol{i} = \boldsymbol{j} \cdot \boldsymbol{j} = \boldsymbol{k} \cdot \boldsymbol{k} = 1, \tag{4.12}$$

$$\boldsymbol{i} \cdot \boldsymbol{j} = \boldsymbol{j} \cdot \boldsymbol{k} = \boldsymbol{k} \cdot \boldsymbol{i} = 0. \tag{4.13}$$

同様に N 質点の固有ベクトルや弦の固有関数も規格直交性を満たすことは，すでに述べた通りである．

$$\boldsymbol{e}_i \cdot \boldsymbol{e}_j = \delta_{i,j}. \tag{4.14}$$

フーリエ級数のときは，固有ベクトル $\boldsymbol{e}_i$，すなわち固有関数は下記の $e_i(x)$ である．

$$\begin{aligned}
e_0(x) &= \frac{1}{\sqrt{2l}}, \\
e_1(x) &= \frac{1}{\sqrt{l}} \cos\left(\frac{\pi}{l}x\right), \quad & e_2(x) &= \frac{1}{\sqrt{l}} \sin\left(\frac{\pi}{l}x\right), \\
&\vdots & &\vdots \\
e_{2n-1}(x) &= \frac{1}{\sqrt{l}} \cos\left(\frac{n\pi}{l}x\right), & e_{2n}(x) &= \frac{1}{\sqrt{l}} \sin\left(\frac{n\pi}{l}x\right), \\
&\vdots & &\vdots
\end{aligned} \tag{4.15}$$

これらに対して**内積**を次のように定義すると，これらの固有関数は規格直交性を満たしている．

$$\boldsymbol{e}_i \cdot \boldsymbol{e}_j \equiv \int_{-l}^{l} e_i^*(x) e_j(x) \, \mathrm{d}x = \delta_{i,j}. \tag{4.16}$$

ここで，$e_i^*(x)$ は $e_i(x)$ の複素共役である．これまでのところ固有関数は実関数だから，複素共役にしても同じものだが，あとで出てくる式との整合性をとるためにあえて複素共役の印を付けておくことにする．

4.1.4 展開係数

ベクトル $\boldsymbol{f}$ が規格直交化された固有ベクトル $\boldsymbol{e}_i$ により

$$\boldsymbol{f} = \sum_{i=1}^{\infty} c_i \boldsymbol{e}_i$$

と表されているときに，展開係数 c_i は $\boldsymbol{e}_i$ と $\boldsymbol{f}$ の内積の計算で

$$c_i = \boldsymbol{e}_i \cdot \boldsymbol{f}$$

と求めることができる．まったく同様に，固有関数を用いて表したフーリエ級数

$$f(x) = \frac{A_0}{2} + \sum_{n=1}^{\infty} \left[A_n \cos\left(\frac{n\pi}{l}x\right) + B_n \sin\left(\frac{n\pi}{l}x\right) \right]$$

$$= \sqrt{\frac{l}{2}} A_0 e_0(x) + \sum_{n=1}^{\infty} \sqrt{l} \left[A_n e_{2n-1}(x) + B_n e_{2n}(x) \right] \quad (4.17)$$

の展開係数は，固有関数の規格直交性を用いて次のように求めることができる．まず，$\boldsymbol{f}$ と $\boldsymbol{e}_0$ の内積より，

$$\boldsymbol{e}_0 \cdot \boldsymbol{f} = \int_{-l}^{l} dx\, e_0^*(x) f(x) = \sqrt{\frac{l}{2}} A_0 = \sqrt{2l}\frac{A_0}{2}, \quad (4.18)$$

次に，$\boldsymbol{f}$ と $\boldsymbol{e}_{2n-1}$ の内積

$$\boldsymbol{e}_{2n-1} \cdot \boldsymbol{f} = \sqrt{l} A_n \quad (4.19)$$

と，$\boldsymbol{f}$ と $\boldsymbol{e}_{2n}$ の内積

$$\boldsymbol{e}_{2n} \cdot \boldsymbol{f} = \sqrt{l} B_n \quad (4.20)$$

より

$$\frac{A_0}{2} = \frac{1}{\sqrt{2l}} \int_{-l}^{l} dx\, e_0^*(x) f(x) = \frac{1}{2l} \int_{-l}^{l} dx\, f(x), \quad (4.21)$$

$$A_n = \frac{1}{\sqrt{l}} \int_{-l}^{l} dx\, e_{2n-1}^*(x) f(x) = \frac{1}{l} \int_{-l}^{l} dx \cos\left(\frac{n\pi}{l}x\right) f(x), \quad (4.22)$$

$$B_n = \frac{1}{\sqrt{l}} \int_{-l}^{l} dx\, e_{2n}^*(x) f(x) = \frac{1}{l} \int_{-l}^{l} dx \sin\left(\frac{n\pi}{l}x\right) f(x), \quad (4.23)$$

が得られる．$A_0/2$ は $f(x)$ の平均値である．ここで，いくつかの事実をまとめておこう．

(1) $f(x)$ は本来 $-l \leq x \leq l$ で定義されたものだが，フーリエ級数で表示した式 (4.17) の右辺には任意の実数 x を代入することができる．このようにして関数 $f(x)$ の定義域を $(-\infty, \infty)$ に拡張すると，$f(x)$ は周期 $2l$ の周期関数になっている．すなわち，$f(x+2l) = f(x)$.

(2) 奇関数，つまり $f(x) = -f(-x)$ の場合には $A_0 = A_1 = \cdots = 0$ で，B_n のみ残る．

(3) 偶関数，つまり $f(x) = f(-x)$ の場合には $B_n = 0$ で，A_n のみ残

問 4.1 ここまでは区間 $(-l, l)$ で定義された関数 $f(x)$ についてのフーリエ級数展開を考えてきた．前章での弦に対応する，区間 $(0, l)$ で定義された関数 $\tilde{f}(x)$ をフーリエ級数展開すると，どのように表されるか調べよ．

4.1.5 指数関数による展開

ここまでの固有ベクトル，すなわち固有関数は三角関数であったが，これらは指数関数の実数部と虚数部である $(\cos kx = \mathrm{Re}(\mathrm{e}^{\mathrm{i}kx}),\ \sin kx = \mathrm{Im}(\mathrm{e}^{\mathrm{i}kx}))$．このため，固有関数として，三角関数の代わりに指数関数を用いることもできる．指数関数を用いると，結果を統一的にすっきりと表すことができる．

この場合，固有ベクトルである固有関数を

$$\boldsymbol{e}_n = e_n(x) = \frac{1}{\sqrt{2l}} \mathrm{e}^{\mathrm{i}k_n x}, \tag{4.24}$$

$$k_n = \frac{n\pi}{l} \qquad (n = 0, \pm 1, \pm 2, \cdots) \tag{4.25}$$

とする．このとき，

$$f(x) = \sum_{n=-\infty}^{\infty} C_n e_n(x) = \sum_{n=-\infty}^{\infty} \frac{C_n}{\sqrt{2l}} \mathrm{e}^{\mathrm{i}k_n x} \tag{4.26}$$

と書ける．固有関数 $e_n(x)$ が規格直交性をもつことを確かめるために，$\boldsymbol{e}_n$ と $\boldsymbol{e}_m$ の内積を計算しよう．$n = m$ のときは，

$$\boldsymbol{e}_n \cdot \boldsymbol{e}_n = \int_{-l}^{l} e_n^*(x)\, e_n(x)\, \mathrm{d}x = \frac{1}{2l} \int_{-l}^{l} \mathrm{d}x = 1, \tag{4.27}$$

$n \neq m$ のときは

$$\boldsymbol{e}_n \cdot \boldsymbol{e}_m = \int_{-l}^{l} e_n^*(x)\, e_m(x)\, \mathrm{d}x = \frac{1}{2l} \int_{-l}^{l} \exp\left[\mathrm{i}\frac{\pi}{l}(m-n)x\right] \mathrm{d}x$$

$$= \frac{1}{2l} \frac{l}{\mathrm{i}\pi(m-n)} \left(\mathrm{e}^{\mathrm{i}\pi(m-n)} - \mathrm{e}^{-\mathrm{i}\pi(m-n)}\right) = 0. \tag{4.28}$$

このように，固有関数は規格直交系である．

フーリエ級数展開の係数は規格直交性を用いて次のように得られる．

$$C_n = \boldsymbol{e}_n \cdot \boldsymbol{f} = \int_{-l}^{l} e_n^*(x) f(x) \mathrm{d}x = \frac{1}{\sqrt{2l}} \int_{-l}^{l} \mathrm{e}^{-\mathrm{i}k_n x} f(x) \, \mathrm{d}x . \qquad (4.29)$$

式 (4.21), (4.22), (4.23) が 3 つの式だったのに，今度は 1 つだけの式で表せた．

4.2 完全性と δ 関数

ディリクレ条件を満たす関数は，フーリエ級数で式 (4.26) のように表せる．

$$f(x) = \sum_{n=-\infty}^{\infty} C_n e_n(x) .$$

すなわち，右辺の和で $f(x)$ は"完全"に表される．このことから導き出される興味深い事実を明らかにしよう．直交性より得られた式 (4.29)

$$C_n = \int_{-l}^{l} e_n^*(x) f(x) \, \mathrm{d}x = \int_{-l}^{l} e_n^*(y) f(y) \, \mathrm{d}y$$

を式 (4.26) に代入して，和と積分の順序を入れ替えてみよう．

$$\begin{aligned} f(x) &= \sum_{n=-\infty}^{\infty} \int_{-l}^{l} e_n^*(y) f(y) \, \mathrm{d}y\, e_n(x) \\ &= \int_{-l}^{l} \mathrm{d}y \sum_{n=-\infty}^{\infty} e_n^*(y) e_n(x) f(y) \\ &\equiv \int_{-l}^{l} \mathrm{d}y\, \delta(x-y) f(y) . \end{aligned} \qquad (4.30)$$

ここで

$$\sum_{n=-\infty}^{\infty} e_n^*(y) e_n(x) = \delta(x-y) \qquad (4.31)$$

と書いた．この関数はもちろん $f(x)$ とは無関係である．つまり，

$$f(x) = \int_{-l}^{l} \mathrm{d}y\, \delta(x-y) f(y)$$

は任意の関数 f に対して成り立つ式である．フーリエ級数の定理が成り立つためには，e_n がこのような関数 $\delta(x-y)$ をもたらすことが必要である．

この関数は **δ関数** とよばれる重要な関数であるが，この $\delta(x-y)$ とはいったい何物だろうか？ それを調べるために，実際にこの関数を計算していこう．

$$\begin{aligned}
\delta(x-y) &\equiv \sum_{n=-\infty}^{\infty} e_n^*(y) e_n(x) \\
&= \frac{1}{2l} \sum_{n=-\infty}^{\infty} \exp[ik_n(x-y)] \\
&= \frac{1}{2l} \lim_{N\to\infty} \sum_{n=-N}^{N} \exp\left[i\frac{\pi}{l}(x-y)n\right] \\
&= \frac{1}{2l} \lim_{N\to\infty} \frac{\exp\left[-i\frac{\pi}{l}(x-y)N\right] - \exp\left[i\frac{\pi}{l}(x-y)(N+1)\right]}{1 - \exp\left[i\frac{\pi}{l}(x-y)\right]} \\
&= \frac{1}{2l} \lim_{N\to\infty} \frac{\exp\left[-i\left(N+\frac{1}{2}\right)\frac{\pi}{l}(x-y)\right] - \exp\left[i\left(N+\frac{1}{2}\right)\frac{\pi}{l}(x-y)\right]}{\exp\left[-i\frac{\pi}{2l}(x-y)\right] - \exp\left[i\frac{\pi}{2l}(x-y)\right]} \\
&= \frac{1}{2l} \lim_{N\to\infty} \frac{\sin\left[\left(N+\frac{1}{2}\right)\frac{\pi}{l}(x-y)\right]}{\sin\left[\frac{\pi}{2l}(x-y)\right]} \\
&\equiv \lim_{N\to\infty} \Delta_N(x-y) .
\end{aligned} \tag{4.32}$$

ここで，

$$\Delta_N(x) \equiv \frac{1}{2l} \frac{\sin\left[\left(N+\frac{1}{2}\right)\frac{\pi}{l}x\right]}{\sin\left(\frac{\pi}{2l}x\right)} \tag{4.33}$$

である．

有限の N の場合の関数 $\Delta_N(x)$ を図 4.1 に示す．この関数は $x=0$ で極大となり，その値は $\Delta_N(0) = (2N+1)/2l$ であり，また，$2l/(2N+1)$ でゼロになる．したがって $N \to \infty$ で高さ無限大で，幅はゼロのピークをもつ関数である．そこで，次のように書くことができる．

$$\delta(x) = \begin{cases} 0 & (x \neq 0), \\ \infty & (x = 0). \end{cases} \tag{4.34}$$

なお，$x \neq 0$ では無限に激しく振動するので，平均してゼロになると見る

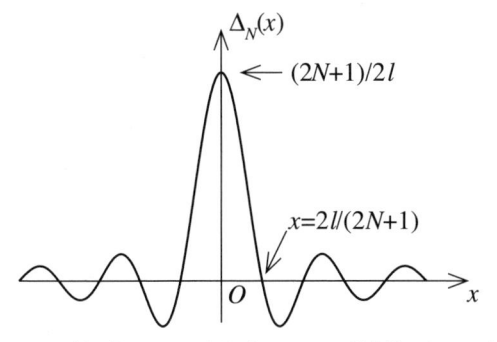

図 4.1 $\Delta_N(x)$ の振る舞い. $\Delta_N(x)$ は $x=0$ で最大値 $2(N+1)/2l$ をとる. x とともに減少し,初めにゼロとなるのは $x=2l/(2N+1)$ のところである.

ことができることを用いた.また,次ページの補足で示すように,δ 関数はピークの回りで積分すると 1 になる.

$$\int_{-\varepsilon}^{\varepsilon} \delta(x)\,\mathrm{d}x = 1 \qquad (\varepsilon > 0). \tag{4.35}$$

δ 関数を含む積分は容易に実行することができ,任意の関数に対して式 (4.30) が満たされることはただちに示すことができる.すなわち,$\delta(x-y)$ は $x=y$ 以外では 0 であることを使うと

$$\begin{aligned}
\int_{-l}^{l} \mathrm{d}y\,\delta(x-y)f(y) &= \int_{x-\varepsilon}^{x+\varepsilon} \mathrm{d}y\,\delta(x-y)f(y) \\
&= f(x) \int_{x-\varepsilon}^{x+\varepsilon} \mathrm{d}y\,\delta(x-y) \\
&= f(x)
\end{aligned} \tag{4.36}$$

であり,確かに任意の関数に対して式 (4.30) は満たされる.以上の議論から,完全性が保証されるためには,

$$\sum_{n=-\infty}^{\infty} e_n^*(y)\,e_n(x) = \delta(x-y)$$

であればよいことがわかった.

なお,この 4.1 節では $-l < x < l$ での関数を考えているので,$\delta(x)$ は $-2l < x < 2l$ で定義されている.ここで定義域を $-\infty < x < \infty$ に拡張して,一般的な δ 関数を定義しよう.それには式 (4.34) をそのまま拡張して

用いればよい．すなわち，δ 関数はただ 1 つのピークを原点にもつものである．一方，式 (4.32) をそのまま $-\infty < x < \infty$ に拡張したものは，本来の式 (4.32) の定義域の外側で δ 関数と異なることに注意しよう．$e_n(x)$ は周期 $2l$ の周期関数だから，式 (4.32) で定義される関数も周期 $2l$ の周期関数であり，これは一般的な δ 関数を用いると $\sum_{m=-\infty}^{\infty} \delta(x-y+2ml)$ と表されるものになっている．

補足　$\int_{-\varepsilon}^{\varepsilon} \delta(x)\,\mathrm{d}x = 1$ の証明：

$$\begin{aligned}
\int_{-\varepsilon}^{\varepsilon} \delta(x)\,\mathrm{d}x &= \lim_{N\to\infty} \int_{-\varepsilon}^{\varepsilon} \Delta_N(x)\,\mathrm{d}x \\
&= \lim_{N\to\infty} \int_{-\varepsilon}^{\varepsilon} \frac{1}{2l} \frac{\sin\left[\left(N+\frac{1}{2}\right)\pi\frac{x}{l}\right]}{\sin\left(\frac{\pi}{2}\frac{x}{l}\right)}\,\mathrm{d}x \\
&\simeq \lim_{N\to\infty} \int_{-\varepsilon}^{\varepsilon} \frac{\sin\left[\left(N+\frac{1}{2}\right)\pi\frac{x}{l}\right]}{\pi x}\,\mathrm{d}x \\
&= \lim_{N\to\infty} \int_{-\infty}^{\infty} \frac{\sin\left[\left(N+\frac{1}{2}\right)\pi\frac{x}{l}\right]}{\pi x}\,\mathrm{d}x \\
&= 1\,. \quad (4.37)
\end{aligned}$$

この計算の 3 行目では x の積分領域が原点付近であることを用いて分母を近似し，4 行目では有限の x では分子が激しく振動し，平均して 0 になることを用いて，積分領域を拡大した．また，公式

$$\int_{-\infty}^{\infty} \frac{\sin ax}{x}\,\mathrm{d}x = \pi \quad (a > 0) \qquad (4.38)$$

を使った．

4.3　フーリエ級数の例

弦楽器の弦の運動を例にして，フーリエ級数展開の係数を求めてみよう．$0 \leq x \leq L$ の弦は $\sin(k_n x)$ の和で書けることを知っている．したがって，弦の変位を $-L \leq x \leq L$ の領域の奇関数の x が正の部分と考えるのがよい．$0 \leq x \leq L$ 間の弦の変位を周期 L の関数としてフーリエ級数表示することも可能だが，結果は複雑になる．

4.3.1 ピアノ

ピアノについては弦を鎖で近似した場合をすでに行ったが，はじめから弦として扱う場合も調べよう．弦は $0 < x < L$ の位置にあり，$x = x_0$ の場所を叩くことにする．$t = 0$ での初期条件は

$$\begin{cases} \xi(x,0) = 0, \\ \dot{\xi}(x,0) = u\delta(x - x_0) \end{cases} \tag{4.39}$$

である．これと，一般解を見比べよう．

$$\xi(x,t) = \sum_{n=1}^{\infty} A_n \sin(k_n x) \cos(\omega_n t + \alpha_n), \tag{4.40}$$

$$\dot{\xi}(x,t) = \sum_{n=1}^{\infty} -A_n \omega_n \sin(k_n x) \sin(\omega_n t + \alpha_n). \tag{4.41}$$

初期の変位が0であることから，ただちに

$$\alpha_n = \frac{\pi}{2} \tag{4.42}$$

とすればよいことがわかる．式 (4.41) に $t = 0$ と $\alpha_n = \pi/2$ を代入して，

$$\dot{\xi}(x,0) = u\delta(x - x_0) = -\sum_{n=1}^{\infty} A_n \omega_n \sin(k_n x). \tag{4.43}$$

この式から A_n を求めるには，両辺に $\sin(k_n x)$ を掛けて積分すればよい．直交性から右辺の和では1つの項のみ残り，

$$\begin{aligned} A_n \omega_n &= -\frac{2}{L} \int_0^L \sin(k_n x) \dot{\xi}(x,0) \, \mathrm{d}x \\ &= -\frac{2u}{L} \sin(k_n x_0). \end{aligned} \tag{4.44}$$

ここで，

$$\omega_n = v k_n = \frac{n\pi v}{L}, \tag{4.45}$$

であるから，

$$A_n = -\frac{2u}{n\pi v} \sin\left(\frac{n\pi x_0}{L}\right) \tag{4.46}$$

である．このようにして展開係数が求められれば，$\xi(x,t)$ が求められる．すなわち，弦の運動について，t 依存性と x 依存性が両方ともわかる．$\xi(x,t)$ の時間変化の様子は図 3.9 に示したものと同じである．

4.3.2 ハープ

ハープ (harp) は弦を引っ張って放す撥弦楽器 (plucked string instrument) である．図 4.2 に示すように，弦を引く場所を x_0 とすれば，音を出すときの初期条件は

$$\xi(x,0) = \begin{cases} \dfrac{x}{x_0}\xi_0 & (x \leq x_0), \\[2mm] \left(1 - \dfrac{x-x_0}{L-x_0}\right)\xi_0 & (x > x_0), \end{cases} \tag{4.47}$$

$$\dot{\xi}(x,0) = 0 \tag{4.48}$$

である．これと一般解

$$\xi(x,t) = \sum_{n=1}^{\infty} A_n \sin(k_n x) \cos(\omega_n t + \alpha_n)$$

を比べると，$\alpha_n = 0$ はただちにわかる．展開係数 A_n については両辺に $\sin(k_n x)$ を掛けて積分を実行すると，

$$A_n = \frac{2}{\pi^2} \frac{L^2 \xi_0}{x_0(L-x_0)} \frac{1}{n^2} \sin\left(\frac{n\pi x_0}{L}\right) \tag{4.49}$$

と求められる．

このようにして求めた A_n により，初期の変位は

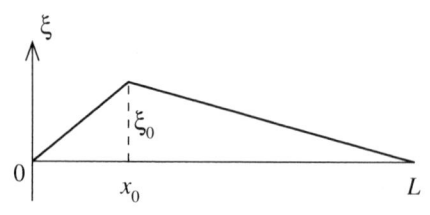

図 4.2 ハープの弦の初期条件．長さ L の弦の $x = x_0$ の点を引き，ξ_0 だけ変位させた後，$t = 0$ で静かに放す．

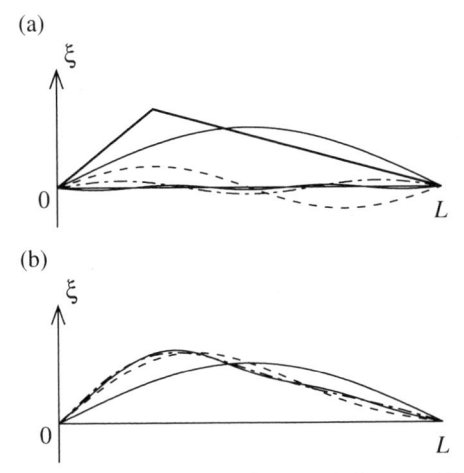

図 **4.3** ハープの弦の初期条件の有限項のフーリエ級数による近似. (a) $\xi(x,0)$ (太線) と, フーリエ級数の各成分 $A_n \sin(k_n x)$. $n=1$：実線, $n=2$：破線, $n=3$：一点鎖線, $n=5$：実線. $n=5$ の線はほとんど x 軸と重なっている. (b) 式 (4.50) で, $N=1,2,3,5$ までとした場合. $N=1$：実線, $N=2$：破線, $N=3$：一点鎖線, $N=5$：実線.

$$\xi(x,0) = \lim_{N\to\infty} \sum_{n=1}^{N} A_n \sin(k_n x) \tag{4.50}$$

と表されるわけだが，n の和を少数個に限った場合どのようになるかを見ておこう．図 4.3(a) には，$x_0 = L/4$ の場合の $\xi(x,0)$ と，$n=1$ から 5 までの $A_n \sin(k_n x)$ を示す．ここで，$x_0 = L/4$ としたので，$A_4 = 0$ であることに注意しよう．(b) には式 (4.50) の n の和を，$N=1,2,3,5$ までに制限した場合の ξ を，順に実線，破線，一点鎖線，実線で示す．この図から，$n=2$ までの和ですでに元の関数をかなりよく再現していることがわかる．ハープの弦の時間変化の様子を図 4.4 に示す．弦を x_0 で引いたことによる折れ目が $t>0$ では左右に分かれて速さ v で進んでいくことがわかる．

最後にピアノの場合とハープの場合の展開係数の比較をしてみよう．ハープの展開係数 A_n の A_1 に対する比は

$$\frac{A_n}{A_1} = \frac{1}{n^2} \frac{\sin\left(\frac{n\pi x_0}{L}\right)}{\sin\left(\frac{\pi x_0}{L}\right)} \tag{4.51}$$

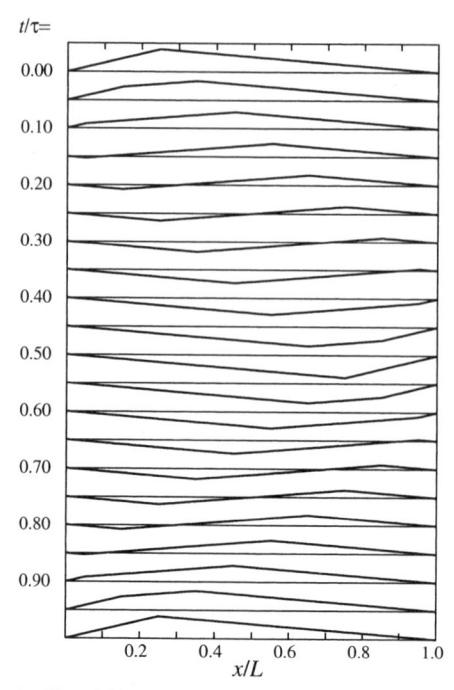

図 4.4 ハープの弦の変位 $\xi(x,t)$ の時間変化. 一周期 τ の間の弦の様子を $\Delta t/\tau = 0.05$ ごとに示す.

であり，ピアノの場合の

$$\frac{A_n}{A_1} = \frac{1}{n}\frac{\sin\left(\frac{n\pi x_0}{L}\right)}{\sin\left(\frac{\pi x_0}{L}\right)} \tag{4.52}$$

と比べると，違いは $1/n$ と $1/n^2$ のみである．このためハープでは大きな n の係数はより早く減少することがわかる．A_n/A_1 は振動に含まれる第 n 倍音（高調波）の割合を与えている．3.8 節で述べたように，倍音の割合は音色を決定する．感覚的には，高調波が多いほど，波形は角ばり，音色はかたくなる．実際は弦の波動は響板の振動を引き起こし，これが空気を振動させて音になるので，空中の音波になったときには，高調波の割合は変わるが，一般的にピアノの音のほうが，ハープの音よりもかたい感じがするのは，高調波がより多く含まれているからである．

問 4.2 次式で定義される区間 $(-l, l)$ の関数 $f(x)$ を，(1)三角関数を用いたフーリエ級数として，(2)指数関数を用いたフーリエ級数として表せ．

$$f(x) = \begin{cases} -1 & (-l < x < 0) \\ 1 & (0 \leq x < l) \end{cases} \quad (4.53)$$

問 4.3 ハープの場合の式 (4.49) を導き出せ．

4.4 フーリエ積分

4.4.1 定義域の拡張

$-l < x < l$ の関数 $f(x)$ はフーリエ級数で表すことができた．$l \to \infty$ とすると，$-\infty < x < \infty$ での関数 $f(x)$ を指数関数 $e^{ik_n x}$ の和で表すことができる．この極限で和がどうなるか調べよう．有限区間の場合は $f(x)$ は式 (4.26) で与えられるが，これは図 4.5 に示す各 k_n での値，$C_n e^{ik_n x}/\sqrt{2l}$ を足していくことにほかならない．$k_n = n\pi/l$ であるから，l を大きくしていくときに，隣り合う k_n の間隔はどんどん小さくなる．

$$\Delta k_n \equiv k_{n+1} - k_n = \frac{\pi}{l} \to 0. \quad (4.54)$$

π/l が十分に小さくなったとき，隣り合う C_n はほぼ同じ値をもつはずだ

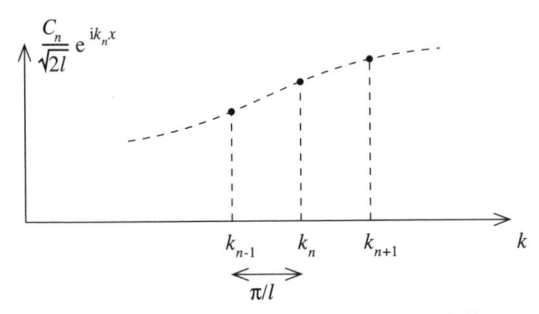

図 4.5 和から積分へ．間隔 π/l の k_n についての和は，実数 k での積分で近似できる．近似は $l \to \infty$ で厳密となる．

から，これを k の連続関数として $C(k)$ と書くことにする．k_n の和をまず，$k \sim k + \mathrm{d}k$ の間で行うとする．この区間には $\mathrm{d}k/(\pi/l)$ 個の k_n が含まれており，その値は近似的に

$$\frac{C(k)}{\sqrt{2l}}\mathrm{e}^{\mathrm{i}kx}\frac{l}{\pi}\mathrm{d}k$$

である．$l \to \infty$, $\mathrm{d}k \to 0$ でこの近似による誤差はゼロとなる．この結果，$f(x)$ のフーリエ級数表示はすべての区間での和として，次のように積分で表されることになる．

$$f(x) = \int_{-\infty}^{\infty} \frac{C(k)}{\sqrt{2l}}\mathrm{e}^{\mathrm{i}kx}\frac{l}{\pi}\mathrm{d}k \equiv \frac{1}{\sqrt{2\pi}}\int_{-\infty}^{\infty} g(k)\mathrm{e}^{\mathrm{i}kx}\mathrm{d}k. \tag{4.55}$$

ここで規格化された固有関数が $(1/\sqrt{2\pi})\mathrm{e}^{\mathrm{i}kx}$ となることを見こして，

$$g(k) \equiv \sqrt{\frac{l}{\pi}}C(k) \tag{4.56}$$

と定義した．これを $f(x)$ の**フーリエ積分** (Fourier integral) 表示という．ここで使われる $g(k)$ は C_n を求める式 (4.29) を用いて，次のように表される．

$$g(k) = \lim_{l \to \infty} \sqrt{\frac{l}{\pi}}\frac{1}{\sqrt{2l}}\int_{-l}^{l}\mathrm{e}^{-\mathrm{i}kx}f(x)\mathrm{d}x = \frac{1}{\sqrt{2\pi}}\int_{-\infty}^{\infty} f(x)\mathrm{e}^{-\mathrm{i}kx}\mathrm{d}x. \tag{4.57}$$

関数 $f(x)$ と $g(k)$ の関係を与える式 (4.55) と (4.57) がほとんど同型であることに注意してほしい．$g(k)$ は $f(x)$ の**フーリエ変換** (Fourier transform) とよばれるが，$f(x)$ は $g(k)$ のフーリエ変換であるということもできる．なお，$g(k)$ が求まるためには，$x \to \pm\infty$ に対して $f(x)$ が十分に速く 0 になることが必要である．

フーリエ変換の式はフーリエ積分の固有関数を

$$e_k(x) \equiv \frac{1}{\sqrt{2\pi}}\mathrm{e}^{\mathrm{i}kx} \tag{4.58}$$

と定義することにより，

$$f(x) = \int_{-\infty}^{\infty} g(k)e_k(x)\mathrm{d}k, \tag{4.59}$$

$$g(k) = \int_{-\infty}^{\infty} e_k(x)^* f(x) \mathrm{d}x \tag{4.60}$$

と書くことができる．

4.4.2 固有関数の完全性と直交性

フーリエ級数のときは

$$f(x) = \int_{-l}^{l} \mathrm{d}y \sum_{n=-\infty}^{\infty} e_n(y) e_n(x) f(y) \tag{4.61}$$

より

$$\sum_{n=-\infty}^{\infty} e_n(y) e_n(x) = \delta(x-y) \tag{4.62}$$

が完全性を表す式であった．今の場合は式 (4.55) に式 (4.57) を代入して，

$$f(x) = \frac{1}{2\pi} \int_{-\infty}^{\infty} \mathrm{d}k \int_{-\infty}^{\infty} \mathrm{d}y \mathrm{e}^{\mathrm{i}k(x-y)} f(y) \tag{4.63}$$

と書けるはずであり，したがって，

$$\int_{-\infty}^{\infty} e_k(y)^* e_k(x) \mathrm{d}k = \frac{1}{2\pi} \int_{-\infty}^{\infty} \mathrm{d}k \mathrm{e}^{\mathrm{i}k(x-y)} = \delta(x-y) \tag{4.64}$$

が成り立つはずである．実際に計算してみよう．

$$\begin{aligned}
\text{左辺} &= \frac{1}{2\pi} \lim_{K\to\infty} \int_{-K}^{K} \mathrm{d}k \mathrm{e}^{\mathrm{i}k(x-y)} \\
&= \frac{1}{2\pi} \frac{1}{\mathrm{i}(x-y)} \lim_{K\to\infty} \left(\mathrm{e}^{\mathrm{i}K(x-y)} - \mathrm{e}^{-\mathrm{i}K(x-y)} \right) \\
&= \frac{1}{\pi} \lim_{K\to\infty} \frac{\sin[K(x-y)]}{x-y}.
\end{aligned} \tag{4.65}$$

この関数はやはり $x = y$ に無限に鋭いピークをもち，ピークを含む区間で積分すると 1 になるから，δ 関数である．

次に固有関数の直交性を確かめておこう．フーリエ級数の場合には，直交性の条件は

$$\int_{-l}^{l} e_n^*(x) e_m(x) \mathrm{d}x = \delta_{m,n} \tag{4.66}$$

である．この式は

$$C_n = \int_{-l}^{l} e_n^*(x) f(x) \mathrm{d}x = \int_{-l}^{l} e_n^*(x) \sum_{n=-\infty}^{\infty} C_m e_m(x) \mathrm{d}x \quad (4.67)$$

が成り立つために必要であった．今の場合には，C_n を $g(k)$ で置き換えてみると，

$$g(k) = \frac{1}{\sqrt{2\pi}} \int_{-\infty}^{\infty} f(x) \mathrm{e}^{-\mathrm{i}kx} \mathrm{d}x = \frac{1}{2\pi} \int_{-\infty}^{\infty} \mathrm{d}x \int_{-\infty}^{\infty} \mathrm{d}k' g(k') \mathrm{e}^{\mathrm{i}(k'-k)x} \quad (4.68)$$

という式になる．この式が常に成り立つためには

$$\int_{-\infty}^{\infty} e_k(x)^* e_{k'}(x) \mathrm{d}x = \frac{1}{2\pi} \int_{-\infty}^{\infty} \mathrm{d}x \mathrm{e}^{\mathrm{i}(k'-k)x} = \delta(k-k') \quad (4.69)$$

であればよいが，これは式 (4.64) と同じ型の式であり，確かに成り立っている．フーリエ積分の場合は固有関数は k という連続変数で指定されているため，直交性はクロネッカーのデルタではなく，δ 関数となることに注意しよう．

問 4.4 式 (4.65) の右辺の関数の y を含む区間での x 積分が 1 になることを確かめよ．

第5章 3次元の波動

前章までは弦を伝わる波を主に考察してきた．このため，空間座標は x のみの1次元系での波が考察の対象であった．一方，通常の音波や光は3次元空間を伝わる波である．この章ではこのような3次元空間での波を考察していく．

5.1 空気の振動

音 (sound) というのは空気の振動である．気圧の微細な振動が，鼓膜を動かし，これをわれわれは音として感じる．それでは，気圧の変化はどのようにして起こり，どのように空気中を伝わっていくのだろうか？　このようなことを考察することによって，われわれは空気中の音波 (sound wave) の満たす波動方程式を導き出し，解を考察することができる．

当然のことだが，圧力は空気が圧縮されるところで高くなり，膨張するところで低くなる．つまり，圧力の増減は空気の移動によって起こるので，音波には圧力の変動と，気体の変位が伴う．単純に考えると，圧力は空間の各点で定義できるように思われる．同様に変位も空間の各点で定義すれば音波の議論ができるように思える．しかし，厳密に考えると，ここにはちょっと問題がある．つまり，圧力はたくさんの気体分子の集団を考えることによって初めて定義できる巨視的な熱力学量であるし，気体の変位も多数の気体分子の集団の重心の変位として定義されるものだからである．分子間距離のスケールで見れば，個々の分子は勝手な速さで，勝手な方向に飛び回っていて，圧力や，気体の変位は定義できない．

そこで，これからある点での圧力や，変位というときには，その点の回りのある程度の範囲の体積を考え，その中に，ある程度多量に存在する分子による圧力や，分子の重心の変位を意味することにしよう．それでは，その範囲とはどの程度にすればよいだろうか？　まず，多数の分子を含むためには，領域の大きさ l は平均分子間距離よりも十分に大きくなければならない．一方，l が音の波長程度くらい大きければ，圧力などは平均してならされてしまい，音波を記述することはできなくなる．したがって，l は音の波長よりも十分に小さくなければならない．

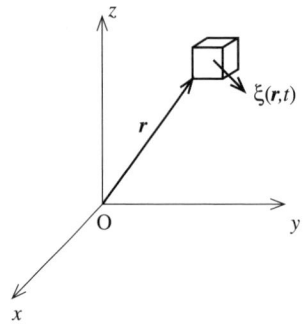

標準状態の空気では，1 mol の分子が 22.4 ℓ，すなわち 1 辺 0.28 m の立方体に入っている．分子数は 6×10^{23} だから，平均間隔は 3.3 nm である．$l \gg$ 分子間距離とすれば，一辺の大きさが l の領域内の分子数は十分に多い．一方，音の波長は，440 Hz の音では $\lambda \sim 0.77$ m であり，可聴域の上限である 20 kHz では $\lambda \sim 0.017$ m である．したがって，例えば $l = 1\,\mu$m 程度に選べば，両方の条件を楽に満たすことができ，音波を記述できるのである．

図 **5.1** 空気の変位 $\boldsymbol{\xi}(\boldsymbol{r},t)$ は $\boldsymbol{r}$ を中心とする有限な大きさの領域中の分子の重心の変位であり，各点で，大きさと方向をもったベクトルである．

以上のような前提でこれから議論を進めていくが，これまでの弦の場合と異なって，空気の変位 $\boldsymbol{\xi}(\boldsymbol{r},t)$ は図 5.1 に示すように，空間の各点で大きさと方向をもつベクトルであることに注意が必要である．

5.2　長い管の中の音波

5.2.1　波動方程式の導出

図 5.2 に示すように，一定の断面積 S で，x 軸方向に伸びる円筒形の管の中での空気の振動を考察しよう．空気は x 軸方向にのみ変位することとし，

5.2 長い管の中の音波

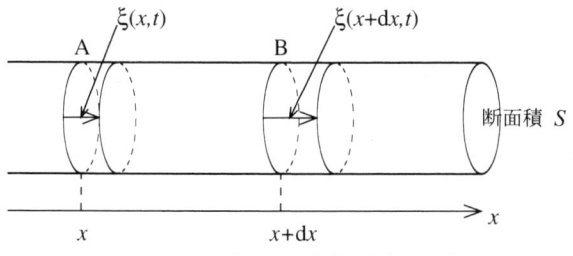

図 5.2 断面積 S の円筒内の空気の変位.

x 軸に垂直な断面内では変位はすべて等しい場合を考える．もちろん空気を構成する個々の分子はあらゆる方向に運動しているが，1辺 $1\,\mu$m 程度の大きさの領域内の分子の重心は x 方向のみに運動する場合を考えるのである．このとき，変位は

$$\boldsymbol{\xi}(x,y,z,t) = (\xi(x,0,0,t),0,0) \tag{5.1}$$

と書ける．すなわち，変位は x 成分のみのベクトルであり，その大きさは y,z によらず x のみで決まる．

場所に依存する変位 $\boldsymbol{\xi}$ は密度（体積）の変化を引き起こすので，圧力の変化が生じ，これが次の瞬間の空気の変位をもたらすことになる．この過程の連鎖によって，圧力や変位が波として進行する．この過程を式で表すことによって，波動方程式が導かれる．式を立てるために，円筒中に近接した仮想的な断面 A と B を考えよう．以下の議論は断面 A と B に質量ゼロの膜があり，この膜は x 軸方向に自由に動けるとすると理解しやすいだろう．音波がないときの断面 A の座標を x，B の座標を $x + \mathrm{d}x$ とする．AB 間の空気の運動を以下のように考えていこう．

(1) AB 間の体積の変化

空気の変位がないときの体積は $V = S\mathrm{d}x$ である．変位 ξ に伴い，この領域内の空気の体積は次のように変化する．

$$\begin{aligned} V + \mathrm{d}V &= S\left[\xi(x+\mathrm{d}x,t) + \mathrm{d}x - \xi(x,t)\right] \\ &= S\left[\mathrm{d}x + \mathrm{d}x\frac{\partial \xi(x,t)}{\partial x}\right]. \end{aligned} \tag{5.2}$$

ここで，$\mathrm{d}x$ は微小であるとして，$\mathrm{d}x$ によるテイラー展開で 1 次の項ま

で残した．したがって，

$$dV = V\frac{\partial \xi(x,t)}{\partial x}.\tag{5.3}$$

(2) AB 間の領域の圧力の変化

平衡状態での圧力を P_0 とし，変位があるときの圧力を $P = P_0 + p$ と書くことにする．すなわち，p は圧力の変化分である．体積の変化と圧力変化は比例関係にあることが知られており，次のように書くことができる．

$$p = -K\frac{dV}{V} = -K\frac{\partial \xi(x,t)}{\partial x}.\tag{5.4}$$

ここで，K は第 1 章でも出てきた体積弾性率で，これの逆数 $\kappa = 1/K$ は**圧縮率** (compressibility) とよばれる量である．はじめの等号は K の定義式である．

(3) AB 間の領域中の空気に働く力

面 A には左側の気体から右向きに $S[P_0 + p(x,t)]$ の力が働き，面 B には右側の気体から左向きに $S[P_0 + p(x+dx,t)]$ の力が働いている．これらの合力は右向きを正として，

$$\begin{aligned}合力 &= Sp(x,t) - Sp(x+dx,t) \\ &= -S\frac{\partial}{\partial x}p(x,t)\,dx \\ &= SK\frac{\partial^2 \xi(x,t)}{\partial x^2}dx\end{aligned}\tag{5.5}$$

となる．ここでもテイラー展開で最低次である dx の 1 次の項まで残した．

(4) ニュートン方程式

AB 間の空気の質量は密度を ρ として，$V\rho = Sdx\rho$ である．したがって，ニュートンの運動方程式により，

$$V\rho\frac{\partial^2 \xi(x,t)}{\partial t^2} = SdxK\frac{\partial^2 \xi(x,t)}{\partial x^2},\tag{5.6}$$

すなわち，

である.

$$\frac{\partial^2 \xi(x,t)}{\partial t^2} = \frac{K}{\rho}\frac{\partial^2 \xi(x,t)}{\partial x^2} \tag{5.7}$$

である.一方,圧力の変化 p については式 (5.4) より

$$\frac{\partial^2 p(x,t)}{\partial t^2} = \frac{K}{\rho}\frac{\partial^2 p(x,t)}{\partial x^2} \tag{5.8}$$

と,同じ形の方程式が得られる.

このようにして変位 $\boldsymbol{\xi}$ と圧力変化 p に対してそれぞれ同型の方程式が得られた.これらは弦の場合の波動方程式とも同形であり,管内を音波が速度 $v = \sqrt{K/\rho}$ で伝わることを示している.なお,ここまでの導出では,媒質[1]が空気であることは実際には用いていない.したがって,液体の場合でも,この方程式で音波が記述できるし,金属の棒を伝わる縦波の場合でも方程式が同形になることは理解できるであろう.

5.2.2 音速

媒質による違いは,密度と体積弾性率の違いとして現れる.空気の場合のこれらの量を調べて,音速を求めてみよう.空気には分子量 28 の窒素分子が約 80%,分子量 32 の酸素分子が約 20% 含まれていて,標準状態の 1 mol の気体の体積は 22.4 ℓ であるから,密度は

$$\rho = 28.8\text{g}/22.4\ell = 1.29\text{kg/m}^3 \tag{5.9}$$

である.一方,体積弾性率

$$K = -V\frac{\partial p}{\partial V}$$

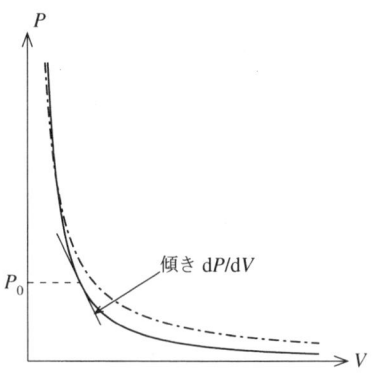

図 **5.3** 体積変化に伴う圧力の変化.一点鎖線は等温過程での $P \propto 1/V$ の場合,実線は断熱過程での $P \propto 1/V^\gamma$ の場合を示す.

は体積変化に対して,どのように圧力が変わるかを記述する量であるから,

---

(1) 媒質とは力や波動を伝える作用をする物質のことをいう.5.6 節で考察する電磁波の場合には何もない真空が媒質である.

熱力学でおなじみの図 5.3 の P-V 曲線の傾きを求めればよい．ここで，等温過程では $PV = nRT$ が一定であるが，エントロピーが一定である断熱過程では PV^γ が一定となることに注意しなければならない．ここで，$\gamma = C_\mathrm{p}/C_\mathrm{v} \simeq 1.4$ は空気の**比熱比** (specific heat ratio) である．体積弾性率はそれぞれの場合に次のようになる．

(1) 等温過程の場合

$$K = -V \frac{\partial p}{\partial V} = \frac{nRT}{V} = P_0 \,. \tag{5.10}$$

(2) 断熱過程の場合

$$K = -V \frac{\partial p}{\partial V} = \gamma P_0 \,. \tag{5.11}$$

それでは，実際の音波の場合にはどちらの K を用いればよいのだろうか？ 1 気圧が 101,325 Pa であることを用いて音速を求めて見ると，$K = P_0$（等温過程）の場合は

$$v = 280 \mathrm{m/s} \,, \tag{5.12}$$

$K = \gamma P_0$（断熱過程）の場合は

$$v = 331 \mathrm{m/s} \tag{5.13}$$

が得られ，実測値と一致するのは断熱過程の場合である．音波が進行するときに，圧力の高いところは圧縮されて温度が上昇する．一方，圧力が低いところは膨張して温度が下がる．この温度差は半波長離れた場所で起こる．もし，この状態のまま圧力が変化しなければ，熱が移動して，温度は一様になるだろう．しかし，実際には熱が半波長分移動するのに要する時間よりはるかに速く音波は進行し，圧力の高いところと低いところが入れ替わってしまう．このため，音波の進行は近似的に断熱過程で表されるのである．熱の移動に要する時間の見積もりを付録 E で議論してあるので，興味がある人は参考にしてほしい．

音速の式は圧力 P_0 と密度 ρ によっているが，$\rho \propto 1/V$ であり，$P_0 V \propto T$ であるから，音速は圧力には依存せず，絶対温度の平方根に比例する．

室温付近の音速の温度変化は ΔT を摂氏での温度として，次の式で表される．

$$v \simeq 332(1 + 0.00166\Delta T)\text{m/s}. \tag{5.14}$$

気温が $20°\text{C}$ のときには音速は $343\,\text{m/s} = 1{,}230\,\text{km/h}$ である．

問 5.1 アルミニウムの密度は $\rho = 2.69\,\text{g/cm}^3$，体積弾性率は $K = 7.55 \times 10^{10}\,\text{Pa}$ である．音速を計算せよ．また，水の場合は圧縮率 $\kappa = 0.45(\text{GPa})^{-1}$ であるという．この場合の音速はどうか？

5.2.3 解の様子

$\sin(\omega t + \alpha)$ と単一の角振動数で振動する音は**純音** (pure tone) とよばれる．光の場合の**単色光** (monochromatic light) に相当するもので，NHK の時報で聞くことができる．円筒中のそのような純音を表す解の様子を見ておこう．進行波型の解は，波数 k と $\omega = kv$ を用いて，

$$\xi(x,t) = A\cos(kx - \omega t) + B\cos(kx + \omega t), \tag{5.15}$$

$$p(x,t) = -K\frac{\partial \xi}{\partial x}$$
$$= KAk\sin(kx - \omega t) + KBk\sin(kx + \omega t), \tag{5.16}$$

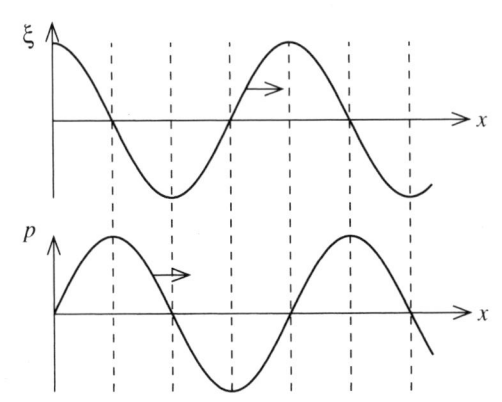

図 **5.4** ξ と p の x 依存性．右向きの進行波 $\xi(x,t) = A\cos(kx - \omega t)$ の場合．

である．図 5.4 に示すように，変位の極値では圧力変化はゼロになることに注意しよう．逆に，圧力最大の場所では変位はゼロである．圧力変化と変位は 1/4 波長ずれるのである．

5.3 木管楽器の共鳴振動数

5.3.1 境界条件

前節で考察した円筒内の音波は木管楽器などの内部で実現していて，楽器に固有の境界条件のもとでの基準振動が楽器から出る音の高さと音色を決定する．ここで，その様子を見ておこう．ここでの考察は内径がほぼ一定であるフルート (flute)[2]，クラリネット (clarinet)，パイプオルガン (organ)[3] などに適用できる．一方，オーボエ (oboe)，ファゴット（バスーン，bassoon），サキソフォン (saxophone) などは円錐管であり，事情が異なる．円錐管については 5.4.5 項で考察する．

円筒管の場合の境界条件には図 5.5 に示すように，**開端**と**閉端**に対応した 2 種類がある．オルガンパイプでは半閉端というのもあるが，ここでは考えない．閉端は文字通り円筒の端が塞がれた場合で，ここでは空気は動けないから，$\xi(t) = 0$ で，$p(t)$ は任意である．一方，開端は外部に開かれていて，円筒内を進んできた疎密波は横にも広がることができる．すなわち，管内では ξ によって密度が変化し，圧力が変化してきたわけだが，開端の外では密度の変化がほとんど起こらなくなり，圧力変化もほとんど起こらなくなるのである．したがって，開端での条件は $p(t) = 0$ とすることができる．もっとも，実際には開端においても多少の圧力変化があるので，厳密に取り扱う場合には，その効果を**開端補正**として取り入れることになる．開端補正は波長が管の直径よりも大きい場合には，管の長さが半径の 0.61 倍だけ長いものと考えることで近似的にとり入れることができる．開端での圧力変

---

[2] 現代のフルートは金属製が主流であるが，昔は木で作られていたので，フルートは木管楽器に分類される．

[3] オルガンのパイプには木のものも，金属のものもある．

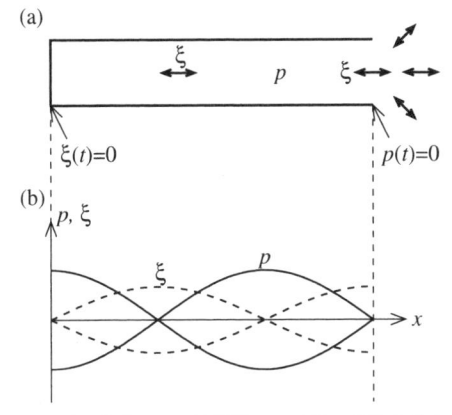

図 **5.5** 円筒管での境界条件．(a) 円筒管での空気の変位を示す．左端は閉端となっており，ここでは空気の変位 ξ はつねにゼロである．一方，右端は開端であり，空気は自由に変位できる．ここでは圧力の変化はほぼゼロとなる．(b) 圧力（実線）と変位（破線）の x 依存性を 1 つの基準振動について示す．圧力と変位はこれらの線の間で振動する．

化は楽器から発生し空中を伝わる音となるので，これは必要であり，開端で $p(t) = 0$ というのは，あくまでも近似的な条件である．

5.3.2 フルート

木管楽器には指穴があいていて，これらは主に管長を短くする働きをする．開いた指穴は開端とみなせるので，木管楽器の一端は常に開端である．ここでは，指穴をすべて塞いで，管長が最大の場合を考察しよう．図 5.6 に示すフルートの場合には息を吹きつける歌口にも大きな穴があいており，両端ともに開いた円筒管として振る舞う．管長を L とすると，圧力に対する波動方程式と境界条件は

図 **5.6** フルート．写真提供：村松フルート製作所．

であり，有限長の弦の変位の式と同じである．したがって，一般解は

$$p(x,t) = \sum_{n=1}^{\infty} A_n \sin(k_n x) \cos(\omega_n t + \alpha_n). \tag{5.17}$$

ここで，

$$k_n = \frac{\pi}{L}n, \quad \omega_n = \frac{\pi v}{L}n \tag{5.18}$$

である．$n=1$ の振動は基本音，$n>1$ は倍音である．吹き方によって，基本音を含んだ比較的低い音や，基本音を除いた1オクターブや2オクターブ高い音を出すことが可能である．

フルートの長さを $L=0.65\,\mathrm{m}$，音速を $v=340\,\mathrm{m/s}$ とすると基本振動数は $f_1 = \omega_1/2\pi = 261.5\,\mathrm{Hz}$ と計算される．実際，フルートの最低音は c^1 と表記されるドの音で，これは a^1 と記されるラの音を $440\,\mathrm{Hz}$ と定めた場合の c^1 音の $261.63\,\mathrm{Hz}$ とほぼ等しい．

5.3.3 クラリネット

図 5.7 に示すクラリネットの歌口は葦から作られたリードとよばれる振動体でほぼ塞がれており，近似的に閉端として振る舞う．変位 ξ についての波動方程式と境界条件は以下のようになる．

$$\frac{\partial^2 \xi}{\partial t^2} = v^2 \frac{\partial^2 \xi}{\partial x^2},$$

$$\xi(0,t) = 0, \tag{5.19}$$

$$\frac{\partial \xi(L,t)}{\partial x} \propto p(L,t) = 0. \tag{5.20}$$

波動方程式と $x=0$ での境界条件を満たす解として

$$\xi(x,t) = \sum_{n=0}^{\infty} A_n \sin(k_n x) \cos(\omega_n t + \alpha_n) \tag{5.21}$$

とおくと，$x=L$ での条件式は

$$\frac{\partial \xi(L,t)}{\partial x} = \sum_{n=0}^{\infty} A_n k_n \cos(k_n L) \cos(\omega_n t + \alpha_n) = 0 \tag{5.22}$$

となる．したがって，波数に対する条件は

$$k_n L = \left(n + \frac{1}{2}\right)\pi, \quad k_n = \left(n + \frac{1}{2}\right)\frac{\pi}{L} \tag{5.23}$$

である．基本音は $n=0$ で実現する．

$$k_0 = \frac{\pi}{2L}, \quad \omega_0 = \frac{\pi v}{2L} \tag{5.24}$$

であり，$L = 0.58\,\mathrm{m}$ とすると，$f_0 = \omega_0/2\pi = 147\,\mathrm{Hz}$ である．クラリネットでは B♭ 管とよばれる，長さ L が約 58 cm で，最低音が 146.83 Hz（=d，レ）のものと，A 管とよばれる，長さが約 61 cm で，最低音が半音低い 138.59 Hz（=c♯，ド♯）のものが普通使われる．この場合も計算値と実際の音はよい一致を示している．歌口が閉端であるために，ほぼ同長のフルートの約 1 オクターブ下の音が出ることに注意しよう．

　振動・波動現象の説明という本論からは離れるが，クラリネットの一端が閉端であることから生ずる技術的な問題を最後に記そう．B♭ クラリネットでは最低音の次の倍音は $n=1$ として $f_1 = 3f_0 = 441\,\mathrm{Hz}$ $\simeq \mathrm{a}^1$（ラ，440 Hz）である[4]．この音はレジスターキーとよばれるキーを左手の親指で操作することによって他の指は変えずに出すことができる．しかし，フルートとは違い，1 オクターブ上の d^1（レ，293.66 Hz）を倍音として出すことはできない．このためこの音は指穴を開けて，有効管長を短くして出さなければならない．このことは d^1 から g^1（ソ，

図 **5.7** クラリネット．

---

　(4) B♭ クラリネットの楽譜では d は e（ミ）として，a^1 は b^1（シ，ドイツ式では h^1）と記される．すなわち，楽譜で c と書かれた音を演奏して b♭ が鳴るのが B♭ クラリネットであり，a が鳴るのが A クラリネットである．楽譜通りの音が出る C クラリネットも存在するが，ほとんど用いられない．

392 Hz）までの音について当てはまる．すなわち，最低音のdから1オクターブ半上のa^1の音に至るまでの音は指穴を順番に空けて出さなければならない．このため，普通のハ長調の音階を演奏するとしても，dからa^1までの間にある10個の音 (e, f, g, a, b, c^1, d^1, e^1, f^1, g^1) を出すには，10個の指穴を用意しなければならないし，半音も含めるとさらに多くの指穴が必要となる[5]．これらの指穴を指だけで全部押さえることはできないから，クラリネットにキーは必須である．なお，キーはフルートにもたくさん取り付けられている．現代のフルートにとってこれらのキーはなくてはならないものだが，フルートの場合には単にハ長調の音階を演奏するだけならば，これらのキーは原理的には必要ない．実際，やはり両開端の楽器であるリコーダーにはキーは付いていない．

5.3.4 パイプオルガン

パイプオルガンはフルートやクラリネットと同様に円筒管の空気の共鳴によって音を出す楽器である．木管楽器が指穴で音階を作るのに対して，パイプオルガンではそれぞれの高さの音に対応する長さのパイプをすべて用意することによって音階を作っている．したがって，最低でも5オクターブ分の1組61本のパイプが必要だが，普通は音色を変えるために，少なくとも10組，標準的なものでは40組以上の種類の異なるパイプ群が用意され，これらを組み合わせて多彩な音色を出すことができるようになっている．

最低音のパイプは16フィート $\simeq$ 4.8 m の開管で作られるのが普通だが，サントリーホールや東京芸術劇場などに設置された大きなものでは，32フィートのパイプをもつものもある．16フィートのパイプの音高は

$$f = \frac{v}{2L} = 35.4 \mathrm{Hz} \tag{5.25}$$

と計算される．これは C_1 と表記される 32.7 Hz の音に対応する．この高さの音はオルガン曲を演奏するのにどうしても必要だが，東京大学の教養学部に設置されている小型のオルガン（図5.8）やピアノ程度の大きさで持ち運

---

[5] a^1 より高い音，例えば d^2 (587.33 Hz) は g (196 Hz) の倍音としてレジスターキーの操作により出すことができる．

図 **5.8** 小型のパイプオルガン．東京大学教養学部に設置されているもので，約 700 本のパイプからできている．

べるポジティフ (positif) とよばれる楽器では，この長さのパイプは付いていない．このようなオルガンではパイプの歌口とは反対側を閉端にしてオクターブ低い音が出せるパイプが用いられる．ポジティフの場合にはさらにこのパイプは折り曲げられて収納されている．

5.4　3次元の波動方程式

5.4.1　平面波

　ここまで，円筒管の中の音波を考察してきたが，円筒であることは，1つの断面内では変位と圧力が，すべて等しいということだけに使われてきた．したがって，進行方向に垂直な面内では変位 ξ の大きさや圧力変化 p が場所によらないという条件を保ったまま，円筒の半径を無限に大きくしても，これまでの考察は成り立つことになる．そのようにして得られる，無限に広い空間での解は**平面波** (plane wave) 解とよばれる．x 軸の正方向に進む純

音の平面波は変位をベクトルで表せば，

$$\boldsymbol{\xi}(\boldsymbol{r},t) = (\xi_x(\boldsymbol{r},t),0,0) = (A\cos(kx-\omega t),0,0) , \tag{5.26}$$

$$p(\boldsymbol{r},t) = AKk\sin(kx-\omega t) , \tag{5.27}$$

となる．ここで，A は振幅，$\omega = kv$ である．なお，平面波の定義は，進行方向に垂直な平面内で，振動の位相が等しいことである．逆に，3次元空間を伝播する波では，等しい位相をもつ面を定義することができるが，これを**波面** (wave front) とよぶ．すなわち，波面が平面である波が平面波であり，平面波の進行方向は波面に垂直な方向である．x 軸に平行に進む音波の様子を図 5.9 に示す．

平面波の進行方向は x 軸方向とは限らない，一般の進行方向の平面波はどのように表せるだろうか？ これは別の見方では，図 5.10 に示すように，座標軸のとり方を変えたときに平面波がどう表せるかということでもある．このようなことを考えるときに有効なのは，ベクトルを使うと座標のとり方によらずに表せるということである．そのためにまず，進行方向を表すベクトルを導入しよう．それは**波数ベクトル** (wave vector) とよばれるもので，大きさは波数 k に等しく，進行方向を向いたベクトル $\boldsymbol{k}$ である．具体的に

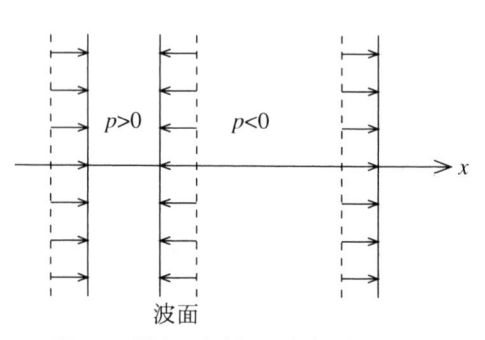

図 **5.9** 縦波の平面波．x 方向に進む平面波では波面は x 軸に垂直である．矢印は x 軸に垂直な面のある瞬間の変位を表す．1つの面上で変位はすべて等しい．

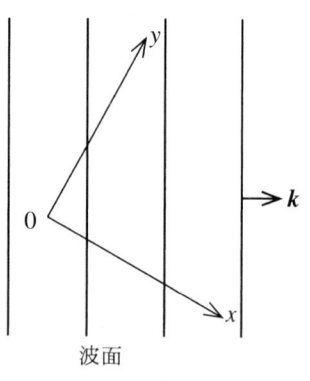

図 **5.10** 座標軸を回転させたときの平面波．

は，式 (5.26), (5.27) の場合には $\bm{k} = (k, 0, 0)$ であり，これを用いて，波の位相に含まれる kx は内積 $\bm{k} \cdot \bm{r}$ で置き換えることができる．また，$\bm{\xi}$ は $\bm{k}$ に平行だから，式 (5.26), (5.27) は次の形に書くことができる．

$$\bm{\xi}(\bm{r},t) = A\frac{\bm{k}}{|\bm{k}|} \cos(\bm{k} \cdot \bm{r} - \omega t), \tag{5.28}$$

$$p(\bm{r},t) = AkK \sin(\bm{k} \cdot \bm{r} - \omega t). \tag{5.29}$$

この形は座標軸の選び方と無関係である[6]．この式を用いれば，$\bm{k}$ の各成分を適切に定めることによって，設定した座標系の任意の方向に進む平面波を表すことができる．なお，波数ベクトルと角振動数の関係は $\bm{k}^2 v^2 = \omega^2$，すなわち $k^2 v^2 = \left(k_x^2 + k_y^2 + k_z^2\right) v^2 = \omega^2$ である．

5.4.2 空中での音の伝播

波が波面に垂直な方向に進むことと，温度によって音速が変わることから，日常の音に関する経験で，説明が付けられるものがいくつかある．例えば冬の夕方などに，妙に遠くの音が聞こえる場合があることは経験があるだろう．電車の音など，普通は聞こえないものが聞こえることがある．これは，夕方地面が冷えてくるのに対して，上空の空気はまだそれほど冷えてないときに起こる現象である．気温は高度とともに高くなるので，図 5.11(b) に示すように，高度が高いほど波面の進み具合は大きく，斜め上に向かった音波は曲げられて，地表に戻ってくるのである．このため，遠方の音も聞こえやすくなる．これとは逆に，日中は地面の方が熱いのが普通だし，道路沿いでは車の排熱により，常に地表近くの気温は高い．この場合は車の騒音などは上空に向かって曲げられることになる（図 5.11(a)）．幹線道路沿いには高層のマンションが並んでいるが，上の方の階のほうがむしろ車の騒音がうるさいのにはこのことが効いている．

---

[6] $\bm{k}$ と $\bm{r}$ は座標系を定めなくても，大きさと方向をもった量として3次元空間に存在している．座標系を選ぶということは，この $\bm{k}$ と $\bm{r}$ の各軸方向の成分を定めることにほかならない．したがって，(x, y, z), (k_x, k_y, k_z) などを用いずに $\bm{k}$ と $\bm{r}$ を用いて記した式は座標系の選び方とは無関係なのである．

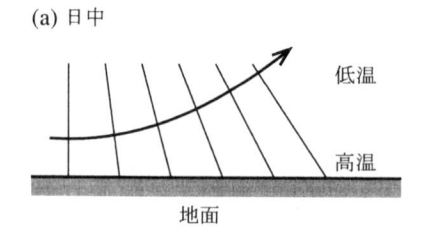

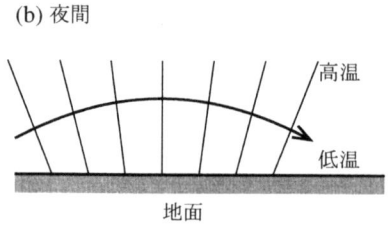

図 5.11　温度勾配による音の曲がり．気温は地面からの高さにより変化している．温度が高いところでは音速が大きく，波面の間隔は広がる．音の進行方向は波面に垂直方向であるので，音は曲がって進む．

このことと関連して，風上に向かうと声が遠くまで届かないということもよく経験する．風速は音速より圧倒的に小さいから，この現象の原因は音全体が風で押し戻されることではない．地表に近いほど地面との摩擦で風速は遅くなり，上空にいくほど風速が大きい．このため，図 5.12 に示すように，音が曲がるからである．

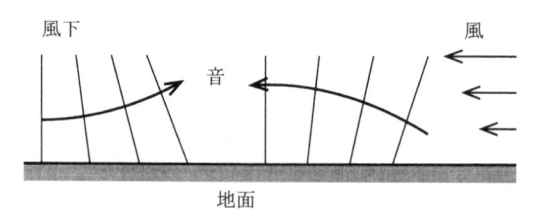

図 5.12　風上に向かう音の曲がりと風下に向かう音の曲がり．地面との摩擦のため，上空の方が風速は大きく，波面の間隔が変わるため，音は曲げられる．

5.4.3 波動方程式

(1) 圧力に対する方程式

x 軸方向に進む平面波は波動方程式 (5.8)

$$\frac{\partial^2 p}{\partial t^2} = v^2 \frac{\partial^2 p}{\partial x^2}$$

を満たした.しかし,任意の方向に進む平面波を表す式 (5.29) をここに代入すると $-\omega^2 p = -v^2 k_x^2 p$ となり,これでは右辺が足りない.波動方程式は右辺が $-v^2\left(k_x^2 + k_y^2 + k_z^2\right)p$ になるように変更されなければならない.そのためには,

$$\frac{\partial^2 p}{\partial t^2} = v^2 \left(\frac{\partial^2}{\partial x^2} + \frac{\partial^2}{\partial y^2} + \frac{\partial^2}{\partial z^2}\right) p \tag{5.30}$$

に変更すればよいことは明らかであろう.これが3次元空間での音波の圧力に対する波動方程式である.

(2) 微分演算子

以下で,方程式に用いられる微分演算子 (differential operator) についてまとめておこう.式 (5.30) の右辺に現れた2階微分の和はラプラシアン (Laplacian) とよばれ,三角形 Δ で表すことも普通に行われる.

$$\Delta \equiv \left(\frac{\partial^2}{\partial x^2} + \frac{\partial^2}{\partial y^2} + \frac{\partial^2}{\partial z^2}\right). \tag{5.31}$$

ナブラ (nabla) とよばれる微分演算子

$$\nabla \equiv \left(\frac{\partial}{\partial x}, \frac{\partial}{\partial y}, \frac{\partial}{\partial z}\right) \tag{5.32}$$

を用いて,$\Delta = \nabla \cdot \nabla = \nabla^2$ と表す場合も多い.ここで出てきたナブラは3つの成分をもち,ベクトルのように取り扱える演算子である.ナブラは圧力変化のようなスカラー関数に作用するときには**勾配**(グラディエント,gradient)とよばれ,

$$\nabla p(\boldsymbol{r}, t) \equiv \operatorname{grad} p(\boldsymbol{r}, t) = \left(\frac{\partial p}{\partial x}, \frac{\partial p}{\partial y}, \frac{\partial p}{\partial z}\right) \tag{5.33}$$

と書かれることもある．$\nabla p(\boldsymbol{r},t)$ は 3 成分をもつベクトル関数（ベクトル場）で，各点での圧力勾配が最大の方向を向くベクトルである．したがって，空気の変位 $\boldsymbol{\xi}(\boldsymbol{r},t)$ はこの方向を向くことになるが，実際，式 (5.28)，(5.29) で記述される平面波の場合には

$$\operatorname{grad} p = AKk\boldsymbol{k}\cos(\boldsymbol{k}\cdot\boldsymbol{r}-\omega t) = k^2 K\boldsymbol{\xi}(\boldsymbol{r},t) \tag{5.34}$$

という関係が成り立っている．

一方，$\operatorname{grad} p$ や，$\boldsymbol{\xi}$ のようなベクトル関数にナブラがスカラー積として作用する場合にはナブラは**発散**（ダイヴァージェンス，divergence）ともよばれる．

$$\nabla\cdot\boldsymbol{\xi}(\boldsymbol{r},t) \equiv \operatorname{div}\boldsymbol{\xi}(\boldsymbol{r},t) = \frac{\partial\xi_x}{\partial x}+\frac{\partial\xi_y}{\partial y}+\frac{\partial\xi_z}{\partial z}. \tag{5.35}$$

したがって，p のラプラシアンとして，$\Delta p = \nabla\cdot\nabla p = \operatorname{div}(\operatorname{grad} p)$ と書くこともできる．

ここでまとめたナブラで表される微分演算子で重要なことは，ナブラを用いて記された式は座標系の選び方によらないということである．別のいい方をすれば，**座標回転不変性をもつ式である**ということである．逆に座標での微分を含む式で，座標のとり方によらない式を書くときには，ナブラを用いなければならない．

問 5.2 $p(\boldsymbol{r},t)=\cos(kr-\omega t)/r$ のとき，$\operatorname{grad} p(\boldsymbol{r},t)$ を計算せよ．ただし，$r=|\boldsymbol{r}|=\sqrt{x^2+y^2+z^2}$ である．

(3) 変位 $\boldsymbol{\xi}$ と圧力の関係

x 方向の平面波のときの関係式を座標系によらない形に一般化しよう．式 (5.4)

$$p = -K\frac{\partial\xi}{\partial x}$$

での ξ は実はベクトル $\boldsymbol{\xi}$ の x 成分である．したがって，$p=-K\partial\xi_x/\partial x$ であるが，これは波の進行方向が y 軸の場合には $p=-K\partial\xi_y/\partial y$ になったり

するわけだから,

$$p = -K \operatorname{div} \boldsymbol{\xi} \tag{5.36}$$

と一般化すればよさそうなことは容易に想像できる．実際, 式 (5.28)

$$\boldsymbol{\xi} = A \frac{\boldsymbol{k}}{|\boldsymbol{k}|} \cos(\boldsymbol{k} \cdot \boldsymbol{r} - \omega t)$$

を代入すると, 式 (5.29)

$$p = KA|\boldsymbol{k}|\sin(\boldsymbol{k} \cdot \boldsymbol{r} - \omega t)$$

が得られる．

この結果より，変位 $\boldsymbol{\xi}$ に対する 3 次元の波動方程式は

$$\frac{\partial^2 \boldsymbol{\xi}}{\partial t^2} = v^2 \operatorname{grad}(\operatorname{div} \boldsymbol{\xi}) \tag{5.37}$$

であることがわかる．実際，両辺に div を作用させ, $p = -K \operatorname{div} \boldsymbol{\xi}$ を用いれば，この式から圧力に対する波動方程式 (5.30) が得られる．

この節では円筒内の音波の方程式を拡張することにより，一般の 3 次元空間での音波の満たす波動方程式を導き出した．このような方法によらずに，微小体積の運動を調べることによって波動方程式を導出することもできる．その導出法は付録 F.1 に記すことにする．そこでは空気中の音波が縦波であることも示される．

問 5.3 式 (5.37) の両辺の div を計算し, 式 (5.30) を導き出せ.

5.4.4 球面波

すでに述べたように，波面は必ずしも平面ではない．平面波でも温度や風の様子によって波面はゆがむのである．また，普通の場合には音源は小さくて，そこからの波は初めから平面波ではない．むしろ 1 点から広がる**球面波** (spherical wave) として表されるだろう．実は波面が球面の波もさまざまな波数ベクトルの平面波を重ね合わせることによって作ることができるのだが，かなり複雑なものになる．それよりも初めから球面波の解を求めようと

すれば，簡単な形の波を得ることができる．この節ではそのような球面波解を求めてみよう．

波面は波の位相が等しい面だから，原点を中心とする球面波では，1つの球面上では波の位相は方向に依存してはならない．原点からの距離 r と時間 t のみに依存するはずである．そのような波を記述するには3次元の極座標 (r,θ,ϕ) を用いればよいことは明らかであろう．極座標での波動方程式は，(x,y,z) から (r,θ,ϕ) へ変数変換すれば得ることができる．手間はかかるが，単純な計算の結果，極座標でのラプラシアンは次のようになることがわかる．

$$\Delta = \nabla^2 = \frac{1}{r^2}\frac{\partial}{\partial r}\left(r^2\frac{\partial}{\partial r}\right) + \frac{1}{r^2\sin\theta}\frac{\partial}{\partial \theta}\left(\sin\theta\frac{\partial}{\partial \theta}\right) + \frac{1}{r^2\sin^2\theta}\frac{\partial^2}{\partial \phi^2}. \quad (5.38)$$

ところが，今考えるのは波の様子が $|\boldsymbol{r}| = r$ のみに依存する場合だから，$p(\boldsymbol{r},t) = p(r,t)$ であり，この関数にラプラシアンが作用する場合，θ と ϕ での微分は消えてしまうので，波動方程式は

$$\frac{\partial^2}{\partial t^2}p = v^2\nabla^2 p = \frac{v^2}{r^2}\frac{\partial}{\partial r}\left(r^2\frac{\partial}{\partial r}p\right) \quad (5.39)$$

となる．

この方程式を解くには物理的な考察が必要である．球面波が進んでいくとき，エネルギーも伝わっていくはずだが，これは r^2 に反比例して薄められていくはずである．振動のエネルギーは振幅の2乗に比例するから，振幅は r に反比例して小さくなるはずである．この考察から，

$$p(r,t) = \frac{1}{r}Q(r,t) \quad (5.40)$$

とおいてみるのは自然であろう．式 (5.39) の右辺にこの式を代入すると，

$$\nabla^2 p(r,t) = \frac{1}{r}\frac{\partial^2 Q(r,t)}{\partial r^2}, \quad (5.41)$$

したがって，Q に対する方程式は

$$\frac{1}{r}\frac{\partial^2 Q(r,t)}{\partial t^2} = \frac{v^2}{r}\frac{\partial^2 Q(r,t)}{\partial r^2}, \quad (5.42)$$

すなわち，1次元の波動方程式の形になる．当然，一般解は

$$Q(r,t) = f(r-vt) + g(r+vt) \tag{5.43}$$

であり，p で表した一般解は

$$p(r,t) = \frac{f(r-vt)}{r} + \frac{g(r+vt)}{r} \tag{5.44}$$

である．右辺第 1 項は外向きに広がる波を表し，第 2 項は内向きの波を表している．

次に変位 $\boldsymbol{\xi}$ を調べてみよう．$\boldsymbol{\xi}$ の r, θ, ϕ 方向の成分をそれぞれ $\xi_r, \xi_\theta, \xi_\phi$ とすると，極座標での発散は一般に

$$\mathrm{div}\,\boldsymbol{\xi} = \frac{1}{r^2}\frac{\partial}{\partial r}\left(r^2\xi_r\right) + \frac{1}{r\sin\theta}\frac{\partial}{\partial\theta}\left(\xi_\theta\sin\theta\right) + \frac{1}{r\sin\theta}\frac{\partial\xi_\phi}{\partial\phi} \tag{5.45}$$

と書ける．今の場合には音波は縦波で ξ_r のみが存在するから，右辺で残るのは第 1 項のみである．式 (5.37) より波動方程式は

$$\frac{\partial^2\xi_r}{\partial t^2} = v^2\frac{\partial}{\partial r}\left[\frac{1}{r^2}\frac{\partial}{\partial r}\left(r^2\xi_r\right)\right] \tag{5.46}$$

であるが，これを解くよりは，p と ξ の関係式 (5.36) を用いて

$$p = -K\frac{1}{r^2}\frac{\partial}{\partial r}\left(r^2\xi_r\right) \tag{5.47}$$

から ξ を求めた方がよい．外向きに広がる純音の場合には

$$p(r,t) = \frac{A}{r}\sin(kr-\omega t) \tag{5.48}$$

であるから，r^2 を掛けて，r で 1 回積分することにより，

$$\xi_r(r,t) = \frac{A}{Kkr}\cos(kr-\omega t) - \frac{A}{Kk^2r^2}\sin(kr-\omega t) \tag{5.49}$$

であることがわかる．変位 ξ には r^{-2} に比例する項が伴う．なお，一般の球面波を表す $f(x-vt)$ は純音の重ね合わせで表すことができる．

問 5.4 式 (5.49) で与えられる ξ_r は式 (5.46) を満たすことを確かめよ．

5.4.5 オーボエ

球面波解を用いて，オーボエ（図 5.13），ファゴット，サキソフォンなどの木管楽器の共鳴振動数を理解することができる．すでに考察したフルートやクラリネットが近似的に円筒管であるのに対して，これらの楽器では，管の内側は歌口を頂点とする円錐形となっている[7]．管内の音波に伴う空気の変位は管の側面近傍では管壁に沿ったものでなければならないが，円錐管では，この条件は歌口を中心とする球面波で満たされる．したがって，歌口に付けられたリードの振動による音波は管内を球面波として伝播していき，開口部で反射した音波は内向きの球面波として歌口に戻る．純音の球面波を考える場合，管の両端での境界条件を満たすことができるのは特定の振動数をもつものであり，それらが円錐管での基準振動である．円錐管内部の音波はこれらの重ね合わせで表すことができ，楽器が発する音を決めることになる．

図 5.13 オーボエ．写真提供：ムジーク・ヨーゼフ社．

歌口を中心とする極座標で管内の純音を表すと，振幅 A/r の外向き球面波を表す式 (5.48), (5.49) に振幅 B/r の内向き球面波を加えて，圧力と，動径方向の変位はそれぞれ次のようになる．

$$p(r,t) = \frac{A}{r}\sin(kr - \omega t + \alpha) + \frac{B}{r}\sin(kr + \omega t + \beta), \tag{5.50}$$

$$\xi_r(r,t) = \frac{A}{Kkr}\cos(kr - \omega t + \alpha) - \frac{A}{Kk^2r^2}\sin(kr - \omega t + \alpha) + \frac{B}{Kkr}\cos(kr + \omega t + \beta) - \frac{B}{Kk^2r^2}\sin(kr + \omega t + \beta). \tag{5.51}$$

---

[7] 正確には頂点を少し切り取ってリードを付け，歌口としたものである．ここでは簡単のため歌口が円錐の頂点にあるとして考察を行う．

ここで，α と β は初期位相である．境界条件は，リードでほぼふさがれている歌口は閉端，他端はすべての管楽器と共通で開端である．したがって，クラリネットと同じ条件となり，管長を L として，次のように書ける．

$$\xi_r(0, t) = 0, \tag{5.52}$$

$$p(L, t) = 0. \tag{5.53}$$

開端での条件は円筒管の場合と本質的な違いはないはずだから，内向きと外向きの波の振幅は等しいはずであり，$A = B$ が結論される．境界条件の式 (5.52) と (5.53) に $A = B$ とした式 (5.50), (5.51) を代入すると，ε を無限小の量として，

$$\begin{aligned}
p(L, t) &= \frac{A}{L}[\sin(kL - \omega t + \alpha) + \sin(kL + \omega t + \beta)] \\
&= 2\frac{A}{L}\sin\left(kL + \frac{\alpha + \beta}{2}\right)\cos\left(\omega t - \frac{\alpha - \beta}{2}\right) \\
&= 0,
\end{aligned} \tag{5.54}$$

$$\begin{aligned}
\xi_r(\varepsilon, t) &= \frac{A}{Kk\varepsilon}[\cos(k\varepsilon - \omega t + \alpha) + \cos(k\varepsilon + \omega t + \beta)] \\
&\quad - \frac{A}{K(k\varepsilon)^2}[\sin(k\varepsilon - \omega t + \alpha) + \sin(k\varepsilon + \omega t + \beta)] \\
&= \frac{2A}{Kk\varepsilon}\cos\left(k\varepsilon + \frac{\alpha + \beta}{2}\right)\cos\left(\omega t - \frac{\alpha - \beta}{2}\right) \\
&\quad - \frac{2A}{K(k\varepsilon)^2}\sin\left(k\varepsilon + \frac{\alpha + \beta}{2}\right)\cos\left(\omega t - \frac{\alpha - \beta}{2}\right) \\
&= 0 \quad (\varepsilon \to 0)
\end{aligned} \tag{5.55}$$

が得られる．歌口での条件式 (5.55) では $\varepsilon \to 0$ のとき第 2 項が ε^{-2} で第 1 項よりも強く発散するので，まずこの項をゼロにする必要がある．これより $\alpha + \beta = 0$ が導かれる．これでもなお第 1 項と第 2 項はそれぞれ $\varepsilon \to 0$ で発散しているが，好都合なことに，これらの発散は $\varepsilon = 0$ で打ち消し合い，境界条件は満たされる．また，$\alpha + \beta = 0$ としたときに，式 (5.54) を満たす波数は n を正数として，

$$k_n = \frac{\pi}{L}n, \tag{5.56}$$

であり，これより基準振動の角振動数は

$$\omega_n = vk_n = \frac{\pi v}{L}n \tag{5.57}$$

となる．この結果，管内での n 番目の基準振動の圧力と変位は次式で表されることとなる．

$$p(r,t) = 2\frac{A}{r}\sin(k_n r)\cos(\omega_n t - \alpha), \tag{5.58}$$

$$\xi_r(r,t) = 2\frac{A}{K(k_n r)^2}\left[k_n r\cos(k_n r) - \sin(k_n r)\right]\cos(\omega_n t - \alpha). \tag{5.59}$$

図 5.14 に $n=1$ と $n=2$ の基準振動の様子を示す．

以上の考察から，円錐管の場合には境界条件は一方が閉端の円筒管であるクラリネットと同じだが，基準振動数は両開端のフルートと同じ式になり，基本振動数の整数倍の振動数がすべて許されることがわかった．オーボエの長さはリードを含めて約 65 cm でフルートとほぼ等しい．しかし，最低振動数はフルートより 1 音低く b♭=233 Hz である．これは切り取られた円錐の頂点付近を補って考えると，管長はもっと長くなるためである．このことを考慮した解析は付録 G で行う．

円錐管楽器が両開端の円筒管楽器と同じ基準振動数をもつ原因は変位の r 依存性を表す式 (5.49) の第 2 項にある．この項は $r \to \infty$ で球面波が平面波に近づくときには無視できる項で，そこまで r が大きくなくとも，$kr \gg 1$ であれば第 1 項より小さく，圧力と変位が 1/4 波長分だけ位相がずれる平面波の場合と同じような関係になる．しかし，この第 2 項は $r \to 0$ では最も重要な項であり，円錐管の基準振動数を決めるのに本質的である．円錐の先端や，球面波の中心はいわば行き止まりであり，空気が変位すれば圧力が同位相で変化せざるを得ないことがこの項が出てくる理由である．

なお，以上のことから，基準振動数を決めるのに本質的なのは，先端が尖っていることであることがわかる．先端部以外の形状は必ずしも正確に円錐である必要はない．逆にクラリネットは円筒管と見なせるが，下端は徐々に

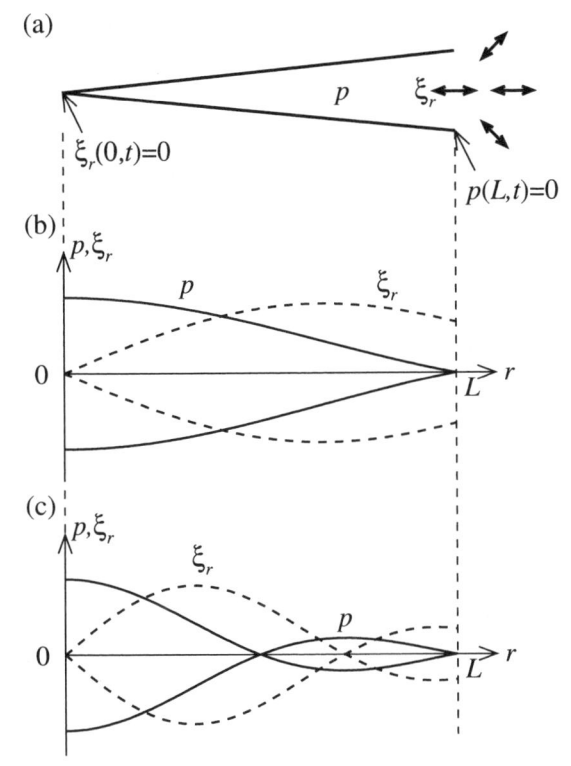

図 5.14 (a) 円錐管での境界条件．先端 ($r = 0$) では空気は動けないので，$\xi_r(0, t) = 0$．一方，開端 ($r = L$) では圧力は変動せず $p(L, t) = 0$ である．(b) $n = 1$ の基準振動での変位と圧力の様子．圧力変動と変位の範囲をそれぞれ実線と破線で示す．(c) $n = 2$ の基準振動での変位と圧力の様子．

広がっている．開端での管の広がり方は管内の定在波をどの程度管の外に広がる音波として出すか，すなわち，楽器の鳴り方を支配するが，基準振動数の決定には本質的ではない．

5.5 水の波

空気中と同様に水中でも縦波の音波が伝わる．これは密度の疎密波であり，その場合の音速は水の密度と圧縮率で決まり，約 $1,500\,\mathrm{m/s}$ である．し

かし,水面の近くでは,これとは違う波が存在する.目に見ることができる,われわれになじみ深い,水の**表面波** (surface wave) である.この波の伝播の機構は水中の音の場合とはまったく異なっていて,伝播速度も異なる.この節ではこの水の表面波の考察を行う.表面波と水中の音波の違いは,表面では水は上方に逃げることができるので,表面波では水はほとんど圧縮されないという点にある.

5.5.1 浅い水路の表面波

(1) 仮定

表面波のきちんとした取り扱いは付録 H で行うことにして,ここではまず,考察が簡単であり,波動方程式で記述できる浅い水路での波を考えよう.図 5.15 に示すように,波の進行方向に x 軸,鉛直方向に z 軸をとり,平衡状態での水深を h_0 とする.この状況での波を,次のような仮定のもとで調べよう.

(i) 水の変位は進行方向である x 軸方向に起こり,その大きさは x と時間 t のみに依存して深さにはよらず,$\xi(x,t)$ と書ける.

(ii) 水は非圧縮性であり,密度は変化しないとする.このため,両側から押された場所では水面が盛り上がる.

(iii) 水中の圧力は水面からの深さで決まる.

(i)の仮定は円筒中の音波を調べたときと類似していることに注意しよう.表面波では水面が上下に揺れ動くから,水は鉛直方向にも運動するはずである.ここではその運動は x 方向の運動に比べて小さく無視できるとするの

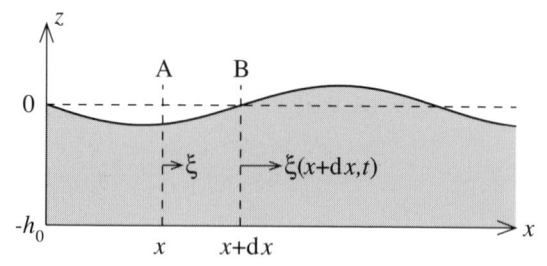

図 5.15 浅い水路の表面波.波の進行方向に x 軸,鉛直方向に z 軸をとる.平衡状態での水深を h_0 とする.

である．この仮定の是非については結果に基づいて後ほど吟味することにする．(ii)の非圧縮性というのは，圧縮率がゼロであり，圧力が加わっても密度が変化しないということである．(iii)の仮定は水の動きが水平方向のみに限られていれば正しいので，(i)の仮定により保証されている．

(2) 波動方程式の導出

音波の場合には変位 ξ と圧力の変化分 p によって現象を記述した．今回は変位 ξ と水面の高さ $\eta(x,t)$ で現象を記述することにしよう．微小振幅の場合を考えることとして $|\eta(x,t)| \ll h_0$ が満たされるとする．例によって x に仮想的な膜 A，$x+\mathrm{d}x$ に仮想的な膜 B を想定し，この間にある水の運動を考える．進行方向，鉛直方向双方に垂直な y 方向には単位長さの範囲を考える．

(a) 変位による水面の変化　　波がないときのこの部分の体積は

$$V = h_0 \mathrm{d}x \tag{5.60}$$

である．変位があるときには，膜 A は $x+\xi(x,t)$ に移動し，膜 B は $x+\mathrm{d}x+\xi(x+\mathrm{d}x,t)$ に移動する．この間の水の体積は変わらずに V だから，水面の高さは次の式で与えられる．

$$[h_0 + \eta(x,t)][\mathrm{d}x + \xi(x+\mathrm{d}x,t) - \xi(x,t)] = h_0 \mathrm{d}x. \tag{5.61}$$

$\xi(x+\mathrm{d}x,t)$ を $\mathrm{d}x$ についてテイラー展開し，最低次の項のみを残すと，

$$\eta(x,t) = -h_0 \frac{\partial \xi(x,t)}{\partial x} \tag{5.62}$$

が得られる．

(b) 水面の変化による圧力の変化　　水面の高さが $\eta(x,t)$ の場合，水面下で高さ z の地点での圧力は，水面での大気圧を P_0，水の密度を ρ，重力加速度を g として

$$p(x,z,t) = P_0 + \rho g[\eta(x,t) - z] \tag{5.63}$$

である．したがって，仮想的な膜 A に左側の水が及ぼす力は

$$F(x,t) = \int_{-h_0}^{\eta(x,t)} p(x,z,t)\mathrm{d}z$$
$$= P_0\left[h_0+\eta(x,t)\right] + \frac{1}{2}\rho g\left[h_0+\eta(x,t)\right]^2$$
$$\simeq P_0 h_0 + \frac{1}{2}\rho g {h_0}^2 + (P_0+\rho g h_0)\,\eta(x,t) \quad (5.64)$$

である．膜 B の右側の水による力も同様に計算できる．水にはこのほか水面に大気圧が働いている．水面が傾いているためにこの力は水平方向の成分をもつ．その大きさは

$$F_\mathrm{s}(x,t) = P_0\left[\eta(x+\mathrm{d}x,t) - \eta(x,t)\right]$$
$$\simeq P_0 \mathrm{d}x \frac{\partial \eta(x,t)}{\partial x} \quad (5.65)$$

である．

(c) 運動方程式　AB 間の水の質量は $\rho h_0 \mathrm{d}x$ であるから，運動方程式は

$$\rho h_0 \mathrm{d}x \frac{\partial^2 \xi(x,t)}{\partial t^2} = F(x,t) - F(x+\mathrm{d}x,t) + F_\mathrm{s}(x,t)$$
$$= -\rho g h_0 \frac{\partial \eta(x,t)}{\partial x}\mathrm{d}x\,. \quad (5.66)$$

ここに式 (5.62) を代入して整理すると波動方程式

$$\frac{\partial^2 \xi(x,t)}{\partial t^2} = g h_0 \frac{\partial^2 \xi(x,t)}{\partial x^2} \quad (5.67)$$

が得られる．

以上より，浅い水の波は波動方程式に従い，波の速さは $v=\sqrt{gh_0}$ であることがわかった．

(3) 結果の考察

表面波では当然水面は上下するが，初めの仮定ではこれを無視し，水の移動は x 方向のみであるとした．どのような場合にこの上下運動が無視できて浅い水路であるということができるか調べよう．波動方程式の解として

$$\xi(x,t) = A\cos(kx-\omega t) \quad (5.68)$$

を考えよう．この場合，水面付近の水の変位 $\eta(x,t)$ は式 (5.62) より，

$$\eta(x,t) = -h_0 \frac{\partial \xi(x,t)}{\partial x}$$
$$= Ah_0 k \sin(kx - \omega t) \tag{5.69}$$

となる．η の振幅 Ah_0k が ξ の振幅 A より十分に小さければ上下運動は無視してよいはずで，この場合の条件は $kh_0 \ll 1$，すなわち，波長 $\lambda = 2\pi/k$ に比べて水深 h_0 が十分に浅ければよいということになる．

計算の前提として，微小振幅であり，$|\eta| \ll h_0$ も仮定したから，この波動方程式が表すことができる波では $\lambda \gg h_0 \gg |\eta|$ である．一方，普通水面で目にする波は，波長と上下方向の振幅が同程度であるように見えるから，このような波を記述するには水深が深い場合の考察が必要になってくる．しかし，その前に，今求めた方程式を使える状況があることを指摘しておこう．それは，逆説的だが，深い海を伝わってくる津波 (tsunami) の場合である．津波は海底地震によって発生する．1960 年 5 月 23 日（日本時間）にチリ (Chile) 沖で発生した 20 世紀最大の巨大地震（マグニチュード 9.5）による津波が 24 日，日本列島を襲った．津波の波高は 5 m 前後であり，大きな被害をもたらした．大地震では広い範囲の震源域からエネルギーが解放される．津波の波長はこの震源域の広さを反映するはずだから，100 km のオーダーであろう．一方，太平洋の平均水深は 4.3 km であるから，この津波では $\lambda \gg h_0 \gg |\eta|$ が見事に成り立っている．ここで，津波の襲来速度を計算すると，$v = \sqrt{gh_0} \simeq 205\,\mathrm{m/s} = 740\,\mathrm{km/h}$ となる．これはジェット旅客機並の速さである．実際，津波は計算通り約 23 時間でチリから 17,000 km 離れた日本に到達した．

5.5.2 水深が深い場合

式 (5.68), (5.69) からわかるように，波長に比べて浅い水路では表面付近の水は上下につぶれた楕円軌道に沿って運動する．水路の深さ h_0 が増す，もしくは波長が短くなるにつれて，楕円は上下に膨らみ，これまでの取り扱いがよい近似とはいえない状況になってくる．水深が深いときの波の表面付近の水の動きが円運動的であることは海水浴をしたことがある人にはおなじ

みであろう．したがって，水面付近での水の動きは浅いときの極端につぶれた楕円から，水深が増すとともに，連続的に円軌道に近づいていくと考えられる．一方，底の付近の水はもともと上下には運動しないし，水深が深くなった場合には表面が動いてもその影響は受けなくなり，横方向にも動かなくなると予想される．実際，水深が波長に比べて十分に深いときの表面波では水は円軌道にそった運動を行い，その軌道半径は波数 k の波では表面からの深さに対して $e^{-k|z|}$ という形で指数関数的に減少する．この場合も含めた一般の水深の場合での議論を付録 H に記す．有限の深さの場合の水の動きを図 5.16 に示す．

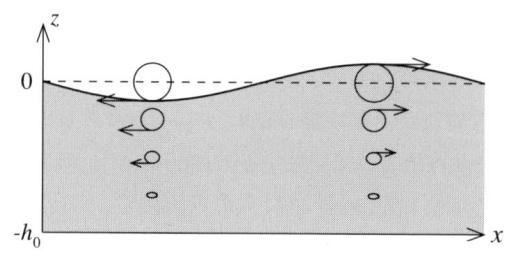

図 **5.16** 水深と波長が同程度の場合の水の動き．水面近くでは円に近い楕円軌道が，水底に近づくと大きさは小さくなり，扁平度は増す．ここでは波長 λ が水深 h_0 の 3 倍の場合を示す．楕円は水の軌道を表し，矢印はこの瞬間における楕円軌道上の水の速度を示す．波の進行方向は x 軸の正方向である．

付録 H で得られる式 (H.21) を，波長が小さい場合に重要になる**表面張力**の効果も取り入れて修正した波の速さの式は次のようになることが知られている．

$$v = \sqrt{\left(\frac{g}{k} + \frac{\tau}{\rho}k\right)\tanh(kh_0)}. \tag{5.70}$$

ここで τ は表面張力係数である．表面張力が重要となるのは波長が 1.7 cm 程度より短い波である．より波長が長い場合の速さを図示すると図 5.17 のようになる．水深が浅い場合は速度はほとんど波数によらない，すなわち分散はないが，水深が深い場合には大きな分散を示すことがわかる．

問 5.5 波打ち際では波が崩れるのが見られる．この現象はどのように説明

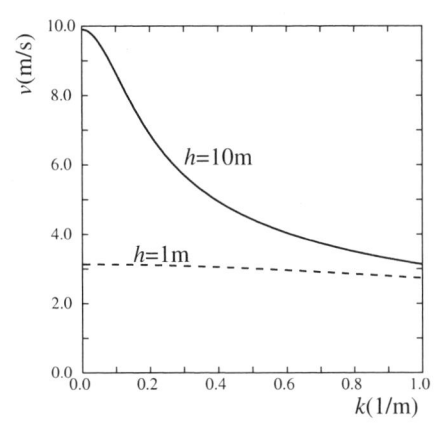

図 5.17 水の波の速度. 水面にできる波の速さは波数と，水深 h によって大きく変化する. 横軸は波数 k であり，水深が 10 m の場合を実線で，1 m の場合を破線で示す.

できるか，考えよ.

5.6 電磁波

3次元空間には，たとえ真空中でも位置と時間に依存する**電場** (electric field) $E(r,t)$ と**磁場** (magnetic field) $B(r,t)$ が存在できる. **場** (field) というのは，場所 r と時間 t に依存する物理量の総称であり，音波のときの $p(r,t)$, $\xi(r,t)$ も場の一種である. 電場と磁場は次の4組のマクスウェル方程式 (Maxwell equations) を満たすことが知られている.

$$\nabla \cdot E(r,t) = \frac{1}{\varepsilon_0}\rho(r,t),$$
$$\nabla \cdot B(r,t) = 0,$$
$$\nabla \times E(r,t) = -\frac{\partial B(r,t)}{\partial t},$$
$$\nabla \times B(r,t) = \mu_0 \left(j(r,t) + \varepsilon_0 \frac{\partial E(r,t)}{\partial t}\right). \quad (5.71)$$

ここで，$\mu_0 = 4\pi \times 10^{-7}$ H/m は真空の**透磁率** (magnetic permeability), c を光速として，$\varepsilon_0 = 1/(\mu_0 c^2) \simeq 8.85 \times 10^{-12}$ C^2/N·m^2 は真空の**誘電率**

(dielectric constant)，ρ は電荷密度，$\boldsymbol{j}$ は電流密度である[8]．

　星間空間のように物質がないと考えてよい真空中での電磁波の伝播を調べよう．そこには電荷も電流もないから，$\rho = 0$，$\boldsymbol{j} = 0$ を代入して，真空中のマクスウェル方程式は以下のようになる．

$$\nabla \cdot \boldsymbol{E}(\boldsymbol{r}, t) = 0, \tag{5.72}$$

$$\nabla \cdot \boldsymbol{B}(\boldsymbol{r}, t) = 0, \tag{5.73}$$

$$\nabla \times \boldsymbol{E}(\boldsymbol{r}, t) = -\frac{\partial \boldsymbol{B}(\boldsymbol{r}, t)}{\partial t}, \tag{5.74}$$

$$\nabla \times \boldsymbol{B}(\boldsymbol{r}, t) = \varepsilon_0 \mu_0 \frac{\partial \boldsymbol{E}(\boldsymbol{r}, t)}{\partial t}. \tag{5.75}$$

これらの式で，$\nabla \cdot \boldsymbol{E} = \mathrm{div}\, \boldsymbol{E}$ はすでに音波のところでも現れた記号であるが，ナブラと $\boldsymbol{E}$ のベクトル積 $\nabla \times \boldsymbol{E} \equiv \mathrm{rot}\, \boldsymbol{E}$ はベクトル $\boldsymbol{E}$ の回転（ローテイション，rotation）とよばれる微分で，例えば，x 成分は

$$(\mathrm{rot}\, \boldsymbol{E})_x = \frac{\partial}{\partial y} E_z - \frac{\partial}{\partial z} E_y \tag{5.76}$$

である．

　ベクトル場の微分に関する数学公式を付録 I にまとめておくが，特に rot を含む演算に関しては，任意のベクトル場 $\boldsymbol{A}(\boldsymbol{r}, t)$ について恒等式

$$\nabla \cdot (\nabla \times \boldsymbol{A}) = 0 \tag{5.77}$$

と

$$\nabla \times (\nabla \times \boldsymbol{A}) = \nabla (\nabla \cdot \boldsymbol{A}) - (\nabla \cdot \nabla) \boldsymbol{A} = \mathrm{grad}\,(\mathrm{div}\, \boldsymbol{A}) - \Delta \boldsymbol{A} \tag{5.78}$$

が成り立つことを簡単に示すことができる．これらは，ベクトル $\boldsymbol{A}$, $\boldsymbol{B}$, $\boldsymbol{C}$ の間に成り立つ関係式

$$\boldsymbol{B} \cdot (\boldsymbol{B} \times \boldsymbol{A}) = 0, \tag{5.79}$$

$$\boldsymbol{A} \times (\boldsymbol{B} \times \boldsymbol{C}) = \boldsymbol{B}\,(\boldsymbol{A} \cdot \boldsymbol{C}) - (\boldsymbol{A} \cdot \boldsymbol{B})\, \boldsymbol{C} \tag{5.80}$$

---

[8] ここでもナブラによって，微分を含む式が座標系に依存しない形で記されている．

で，A と B をナブラで置き換えたものと考えることもできる．

問 5.6 式 (5.77), (5.78) が成り立つことを示せ．

これらの数学公式を用いて真空中のマクスウェル方程式を変形し，E または B のみの微分方程式を求めよう．

$$\nabla \times \boldsymbol{E} = -\frac{\partial \boldsymbol{B}}{\partial t}$$

の両辺の回転を計算する．つまり，$\nabla \times$ を作用させよう．左辺は

$$\nabla \times (\nabla \times \boldsymbol{E}) = \nabla (\nabla \cdot \boldsymbol{E}) - \nabla^2 \boldsymbol{E} = -\nabla^2 \boldsymbol{E} \tag{5.81}$$

となり，右辺は

$$-\nabla \times \frac{\partial \boldsymbol{B}}{\partial t} = -\frac{\partial}{\partial t}(\nabla \times \boldsymbol{B}) = -\varepsilon_0 \mu_0 \frac{\partial^2}{\partial t^2}\boldsymbol{E} \tag{5.82}$$

と変形される．したがって，

$$\frac{\partial^2}{\partial t^2}\boldsymbol{E} = \frac{1}{\varepsilon_0 \mu_0}\nabla^2 \boldsymbol{E} \tag{5.83}$$

となるが，これは速さ $c = 1/\sqrt{\varepsilon_0 \mu_0} \simeq 3 \times 10^8$ m/s の波動方程式である．B についても同様に

$$\frac{\partial^2 \boldsymbol{B}}{\partial t^2} = \frac{1}{\mu_0 \varepsilon_0}\Delta \boldsymbol{B} \tag{5.84}$$

が成り立つことが示せる．これらの式から，真空中を電場と磁場は波，すなわち**電磁波** (electromagnetic wave) として光速で伝わることがわかった．可視光も電磁波である．

電場と磁場はそれぞれ 3 成分からなるので，波動方程式は各成分に対して成り立つ．すなわち，例えば E_z に対して

$$\frac{\partial^2 E_z(\boldsymbol{r}, t)}{\partial t^2} = \frac{1}{\mu_0 \varepsilon_0}\Delta E_z(\boldsymbol{r}, t) \tag{5.85}$$

が成り立つ．しかし，電場と磁場はマクスウェル方程式によって絡み合っていて，6 つの成分すべてが独立ではない．電場と磁場の絡み合いは，何もない真空を電磁波が進行するのに不可欠であり，したがって，電場と磁場は独

立ではないのである．この事情を x 方向に進む単色平面波で調べてみよう．このとき，λ 成分 $(\lambda = x, y, z)$ は波数 k と角振動数 $\omega = ck$ を用いて，次のように書けるはずである．

$$E_\lambda (x, y, z, t) = A_\lambda \cos (kx - \omega t + \alpha_\lambda), \tag{5.86}$$

$$B_\lambda (x, y, z, t) = C_\lambda \cos (kx - \omega t + \beta_\lambda). \tag{5.87}$$

これらは，マクスウェル方程式を満たさなければならない．まず，$\boldsymbol{E}$ と $\boldsymbol{B}$ の発散を計算する．これらはゼロでなければならない．

$$0 = \nabla \cdot \boldsymbol{E} = -A_x k \sin (kx - \omega t + \alpha_x), \tag{5.88}$$

$$0 = \nabla \cdot \boldsymbol{B} = -C_x k \sin (kx - \omega t + \beta_x). \tag{5.89}$$

これより，$A_x = C_x = 0$, すなわち，電場，磁場の進行方向の成分はゼロでなければならないことがわかる．すなわち，電磁波は縦波ではなく横波である．次に電場の回転が磁場の時間変化に等しくなければならないが，それぞれを計算すると，まず，y 成分より，

$$(\nabla \times \boldsymbol{E})_y = \frac{\partial}{\partial z} E_x - \frac{\partial}{\partial x} E_z = k A_z \sin (kx - \omega t + \alpha_z), \tag{5.90}$$

$$-\frac{\partial B_y}{\partial t} = -\omega C_y \sin (kx - \omega t + \beta_y). \tag{5.91}$$

これより，$k A_z = -\omega C_y$, $\alpha_z = \beta_y$ がわかる．次に z 成分より，

$$(\nabla \times \boldsymbol{E})_z = \frac{\partial}{\partial x} E_y - \frac{\partial}{\partial y} E_x = -k A_y \sin (kx - \omega t + \alpha_y), \tag{5.92}$$

$$-\frac{\partial B_z}{\partial t} = -\omega C_z \sin (kx - \omega t + \beta_z). \tag{5.93}$$

これから，$k A_y = \omega C_z$, $\alpha_y = \beta_z$ である．以上から，

$$\boldsymbol{E}(\boldsymbol{r}, t) = (0, A_y, 0) \cos (kx - \omega t + \alpha_y)$$
$$+ (0, 0, A_z) \cos (kx - \omega t + \alpha_z), \tag{5.94}$$

$$\boldsymbol{B}(\boldsymbol{r}, t) = \left(0, 0, \frac{A_y}{c}\right) \cos (kx - \omega t + \alpha_y)$$
$$+ \left(0, \frac{-A_z}{c}, 0\right) \cos (kx - \omega t + \alpha_z), \tag{5.95}$$

である．まとめると，平面波として進行する電磁場においては，

1. $\boldsymbol{E}$ と $\boldsymbol{B}$ は必ず伴う．
2. $\boldsymbol{B}$ の大きさは $\boldsymbol{E}$ の $1/c$ である．
3. $\boldsymbol{E}$ と $\boldsymbol{B}$ は進行方向に垂直な成分しかもたない．すなわち，電磁場は横波である．
4. 進行方向に垂直な方向は2つの自由度がある．振幅 A_y で表される波と，A_z で表される波があって，それぞれ独立である．この自由度は偏光方向 (polarization) の自由度とよばれる．
5. 電場と磁場は直交する．

以上の x 方向への平面波での結果は一般化ができる．それにはやはり成分でなくてベクトルで書けばよい．平面波の進行方向は波数ベクトルで表せるから，

$$kx = \boldsymbol{k} \cdot \boldsymbol{r} \tag{5.96}$$

と置き換える．電場と磁場の直交関係は大きさも考慮して

$$\boldsymbol{k} \times \boldsymbol{E} = \omega \boldsymbol{B} \tag{5.97}$$

と表せる．この結果，$\boldsymbol{k}$ と垂直な偏光方向を表す単位ベクトル $\boldsymbol{e}$ を用いて，電場と磁場は

$$\boldsymbol{E}(\boldsymbol{r},t) = E_0 \boldsymbol{e} \cos(\boldsymbol{k} \cdot \boldsymbol{r} - \omega t + \alpha), \tag{5.98}$$

$$\boldsymbol{B}(\boldsymbol{r},t) = \frac{1}{\omega} \boldsymbol{k} \times \boldsymbol{E}(\boldsymbol{r},t) \tag{5.99}$$

となる．図 5.18 参照．ここで，$\boldsymbol{e} \cdot \boldsymbol{k} = 0$, $\boldsymbol{e} \cdot \boldsymbol{e} = 1$, $\omega^2 = c^2 \boldsymbol{k}^2$ が成り立たなければならない．この式がマクスウェルの方程式を満たすことは，

$$\begin{aligned}
\operatorname{div} \boldsymbol{E} &= \frac{\partial}{\partial x} E_x + \frac{\partial}{\partial y} E_y + \frac{\partial}{\partial z} E_z \\
&= E_0 (-e_x k_x - e_y k_y - e_z k_z) \sin(\boldsymbol{k} \cdot \boldsymbol{r} - \omega t + \alpha) \\
&= -E_0 \boldsymbol{e} \cdot \boldsymbol{k} \sin(\boldsymbol{k} \cdot \boldsymbol{r} - \omega t + \alpha) \\
&= 0,
\end{aligned} \tag{5.100}$$

148　第 5 章　3 次元の波動

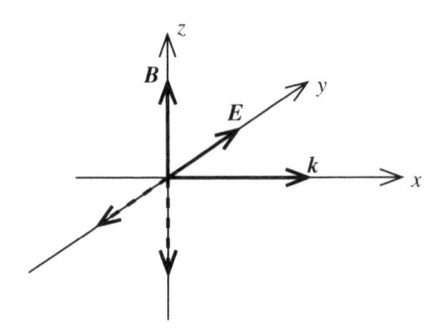

図 5.18　電磁波．x 方向に進む電磁波では，電場と磁場は x 軸に垂直で yz 面にある．電場 $\boldsymbol{E}$ が y 軸方向であれば，磁場 $\boldsymbol{B}$ は z 軸方向で振動する．ある瞬間の電場と磁場ベクトルの向きを実線で，半周期後の向きを破線で示す．

$$\operatorname{rot}\boldsymbol{E} = -E_0\left(\boldsymbol{k}\times\boldsymbol{e}\right)\sin\left(\boldsymbol{k}\cdot\boldsymbol{r}-\omega t+\alpha\right),$$
$$-\frac{\partial \boldsymbol{B}}{\partial t} = -\frac{1}{\omega}\boldsymbol{k}\times(\omega E_0 \boldsymbol{e})\sin\left(\boldsymbol{k}\cdot\boldsymbol{r}-\omega t+\alpha\right), \quad (5.101)$$

より，

$$\operatorname{rot}\boldsymbol{E} = -\frac{\partial \boldsymbol{B}}{\partial t},$$

というように，簡単に確かめることができる．

5.7　エネルギーの流れ

単位体積あたりの電磁場のエネルギー u は

$$u = \frac{1}{2}\varepsilon_0 \boldsymbol{E}^2 + \frac{1}{2\mu_0}\boldsymbol{B}^2 \qquad (5.102)$$

である．電磁波では，電場と磁場のエネルギーは同じ大きさになっていて，$u = \varepsilon_0 E^2$ と書ける．閉曲面 S 中の電磁場のエネルギー U の変化を調べて，電磁波に伴うエネルギーの流れを考察しよう．そのために

$$U = \int_V u \mathrm{d}V \qquad (5.103)$$

の時間微分を計算する．積分範囲は S で囲まれた体積 V である．

5.7 エネルギーの流れ

$$\begin{aligned}
\frac{\mathrm{d}U}{\mathrm{d}t} &= \frac{\mathrm{d}}{\mathrm{d}t}\int_V u\mathrm{d}V = \int_V \frac{\partial u}{\partial t}\mathrm{d}V = \int_V \left(\varepsilon_0 \boldsymbol{E}\frac{\partial \boldsymbol{E}}{\partial t} + \frac{1}{\mu_0}\boldsymbol{B}\frac{\partial \boldsymbol{B}}{\partial t}\right)\mathrm{d}V \\
&= \int_V \left[\frac{1}{\mu_0}\boldsymbol{E}\cdot(\nabla\times\boldsymbol{B}) - \frac{1}{\mu_0}\boldsymbol{B}\cdot(\nabla\times\boldsymbol{E})\right]\mathrm{d}V \\
&= -\frac{1}{\mu_0}\int_V \nabla\cdot(\boldsymbol{E}\times\boldsymbol{B})\mathrm{d}V \\
&= -\int_S \frac{1}{\mu_0}(\boldsymbol{E}\times\boldsymbol{B})\cdot\boldsymbol{n}\mathrm{d}S.
\end{aligned} \tag{5.104}$$

最後の変形はガウス (Gauss) の定理を用いた（付録 I 参照）．$\boldsymbol{n}$ は微小面要素 $\mathrm{d}S$ の外向き法線ベクトル (normal vector) である．このように，ある体積内のエネルギーの時間変化は，その体積の表面での積分で表される．これは何を意味するのであろうか？ ここで，電磁気学で習う電荷保存則を思い出してみよう．ある体積中の電荷の時間変化は，その体積から出る電流によって決まる．すなわち，電流密度 $\boldsymbol{j}$ を用いて

$$\frac{\mathrm{d}Q}{\mathrm{d}t} = -\int_S \boldsymbol{j}\cdot\boldsymbol{n}\mathrm{d}S = -\int_S j_n\mathrm{d}S \tag{5.105}$$

で表される．この式と見比べると，エネルギーの時間変化の式は，表面の単位面積，単位時間あたり $(1/\mu_0)(\boldsymbol{E}\times\boldsymbol{B})$ でエネルギーが流れ出ることを表していることがわかる．

$$\boldsymbol{S} \equiv \frac{1}{\mu_0}\boldsymbol{E}\times\boldsymbol{B} \tag{5.106}$$

で定義されるベクトル $\boldsymbol{S}$ はポインティング・ベクトル (Poynting vector) とよばれ，エネルギーの流れの密度を表す．

平面波の場合は磁場が式 (5.99) で表されることを用いて，

$$\begin{aligned}
\boldsymbol{S} &= \frac{1}{\mu_0}\boldsymbol{E}\times\frac{1}{\omega}(\boldsymbol{k}\times\boldsymbol{E}) = \frac{\boldsymbol{k}}{\mu_0\omega}E^2 \\
&= c\varepsilon_0 E^2 \frac{\boldsymbol{k}}{k} \\
&= cu\frac{\boldsymbol{k}}{k}.
\end{aligned} \tag{5.107}$$

ただし，$u = \varepsilon_0 E^2$ を使った．これはまさに速度 c で単位体積あたりのエネルギー u が $\boldsymbol{k}$ の方向に動いていくことを示している．電流密度が，単位体

積あたりの伝導電子数を n, 電子の電荷を e として, $\boldsymbol{j} = ne\boldsymbol{v}$ と表されることと同じである.

5.8 電磁波の反射と屈折

5.8.1 物質中の電磁場

物質中の電磁場は, ミクロには, 正の電荷の原子核と, 負の電荷の電子による電荷密度と電流密度の存在下でのマクスウェルの方程式 (5.71) によって記述される. しかし, 音波のときと同様に, 原子間距離より十分に大きな距離で平均された電磁場を考えるときには, 電荷密度は平均値を用い, 電流密度に対しては伝導電子 (conduction electron) によるものだけを考えればよい. また, 原子やイオンの電気的および磁気的な分極の効果は誘電率 ε や, 透磁率 μ の変化として取り入れることができる. 空気や, 水, ガラスのような絶縁体の場合には, 伝導電子は存在しないので, このような媒質中の電磁場は, 真空中のマクスウェルの方程式で, 真空の誘電率 ε_0 を物質中の誘電率 ε で置き換え, 真空の透磁率 μ_0 を物質中の透磁率 μ で置き換えた方程式によって記述される. この結果, 波動方程式も ε_0 と μ_0 を ε と μ で置き換えたものとなる. したがって, 絶縁体中の電磁場の速度は $c' = 1/\sqrt{\varepsilon\mu}$ である. c' は通常 c より小さく, その比 $c/c' \equiv n$ をその物質の真空に対する**屈折率** (refractive index) とよぶ. 屈折率は振動数によって異なり, このためにプリズムで白色光が分光できたり, 雨粒によって空に虹がかかったりする. 具体的な値としては, 20°C の水の場合には波長の長い赤い光に対しては 1.33, 波長の短い紫色の光に対しては 1.34 である. なお, ガラスの場合には鉛の含有量など材質によって異なり, この結果, 1.46 から 2.0 の範囲のガラスが作られている.

5.8.2 境界条件

2 種類の媒質の境目における電磁波の反射と屈折について調べよう. ここで考える媒質は絶縁体または真空に限ることにする. 境界面を xy 面とし

5.8 電磁波の反射と屈折

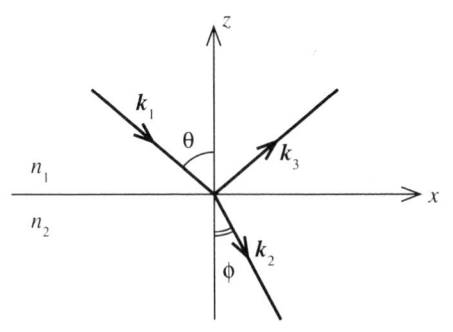

図 **5.19** 電磁波の反射と屈折．$z = 0$ の面で屈折率 n_1 と n_2 の物質が接しているとき，波数 k_1 の入射波により，波数 k_2 の屈折波と波数 k_3 の反射波が生ずる．

て，$z > 0$ が誘電率 ε_1，透磁率 μ_1，屈折率 n_1 の媒質，$z < 0$ がそれぞれ $\varepsilon_2, \mu_2, n_2$ の媒質としよう．一方が真空の場合には，その屈折率は 1 である．入射波は波数ベクトル $\bm{k}_1$ の平面波で，図 5.19 のように $z > 0$ の領域から斜めに $z < 0$ の領域に入射するとする．すなわち $\bm{k}_1$ の z 成分は負である．$\bm{k}_1$ と境界面の法線方向である z 軸のなす角度 θ を入射角，反射波の波数ベクトル $\bm{k}_3$ と z 軸のなす角を反射角，透過波の波数ベクトル $\bm{k}_2$ と z 軸のなす角度 ϕ を屈折角という．ここで，xy 軸の方向を $\bm{k}_1$ の y 成分がゼロになるように選ぶことにする．すなわち，$\bm{k}_1 = (k_{1x}, 0, k_{1z})$ は xz 面に平行なベクトルである．入射波の偏光方向を $\bm{e}_1$ とする．$\bm{e}_1$ と $\bm{k}_1$ は直交している．入射波の電場と磁場は振幅を E_1 として，次のように表される．

$$\bm{E}_1(\bm{r}, t) = E_1 \bm{e}_1 \cos(\bm{k}_1 \cdot \bm{r} - \omega_1 t + \alpha), \tag{5.108}$$

$$\bm{B}_1(\bm{r}, t) = \frac{E_1}{\omega_1} \bm{k}_1 \times \bm{e}_1 \cos(\bm{k}_1 \cdot \bm{r} - \omega_1 t + \alpha). \tag{5.109}$$

この入射波に伴って生じる透過波（屈折波）の電場を，

$$\bm{E}_2(\bm{r}, t) = E_2 \bm{e}_2 \cos(\bm{k}_2 \cdot \bm{r} - \omega_2 t + \beta), \tag{5.110}$$

反射波の電場を

$$\bm{E}_3(\bm{r}, t) = E_3 \bm{e}_3 \cos(\bm{k}_3 \cdot \bm{r} - \omega_3 t + \gamma) \tag{5.111}$$

と表し，これらの式に現れる量を境界条件を用いて，入射波の量を用いて決

めていこう．

境界条件は積分形のマクスウェルの方程式から導き出されるが，それらは，次の 4 つの条件となる．

1. 電場の境界面に平行な成分（xy 成分）が連続
2. 電場の z 成分にそれぞれの媒質での誘電率を掛けたもの（電束密度 $\boldsymbol{D}_i \equiv \varepsilon_i \boldsymbol{E}_i$ の z 成分）が連続
3. 磁場の z 成分が連続
4. 磁場の xy 成分を透磁率で割ったもの（$\boldsymbol{H}_i \equiv \boldsymbol{B}_i/\mu_i$ の xy 成分）が連続

偏光の境界面に平行な成分を $\boldsymbol{e}_{1\|}$ などと書くと，第 1 の条件から

$$E_1 \boldsymbol{e}_{1\|} \cos(k_{1x}x - \omega_1 t + \alpha) + E_3 \boldsymbol{e}_{3\|} \cos(k_{3x}x + k_{3y}y - \omega_3 t + \gamma)$$
$$= E_2 \boldsymbol{e}_{2\|} \cos(k_{2x}x + k_{2y}y - \omega_2 t + \beta) \tag{5.112}$$

となるが，この式が任意の x, y, t で成り立つためには，3 つの波の位相がすべて等しくなければならないから，波数ベクトルと角振動数について

$$k_{1x} = k_{2x} = k_{3x}, \tag{5.113}$$

$$k_{1y} = k_{2y} = k_{3y} = 0, \tag{5.114}$$

$$\omega_1 = \omega_2 = \omega_3, \tag{5.115}$$

$$\alpha = \beta = \gamma, \tag{5.116}$$

が求まる．波数ベクトルの大きさと振動数の関係は

$$\omega_1 = \omega_3 = \frac{ck_1}{n_1} = \frac{ck_3}{n_1}$$

であるから，媒質 1 での波数ベクトル $\boldsymbol{k}_1$ と $\boldsymbol{k}_3$ の大きさは等しく，未定だった z 成分は $k_{3z} = -k_{1z}$ でなければならない．したがって，反射角と入射角は等しいと結論される．一方

$$\omega_1 = \omega_2 = \frac{ck_2}{n_2}$$

より，$k_2 = (n_2/n_1)k_1$ である．この式と，$\sin\theta = k_{1x}/k_1$, $\sin\phi = k_{2x}/k_2$ から，入射角と屈折角の関係式

$$\sin\phi = \frac{k_{2x}}{k_2} = \frac{k_{1x}}{k_2} = \frac{n_1}{n_2}\sin\theta \tag{5.117}$$

が得られる．この式は**スネルの法則** (Snell's law) として知られている．$n_2 > n_1$ の場合にはこの式を満たす ϕ は常に存在するが，$n_2 < n_1$ の場合には，ϕ が求まるためには $\sin\theta \leq n_2/n_1$ でなければならない．角度 $\theta_c \equiv \arcsin(n_2/n_1)$ を全反射の**臨界角** (critical angle) と呼ぶ．入射角が臨界角より大きい場合には，媒質 2 を進んでいく屈折波は存在せず，入射波は理想的な鏡での反射のように完全に反射される．この現象を**全反射** (total reflection) という．

全反射が起こる場合には媒質 2 を進む波は存在しないが，これは媒質 2 には電場も磁場も存在しないということではない．これらの場は境界条件を満たすために不可欠である．それでは媒質 2 での電磁場はどのようなものであろうか？ $k_2 = (n_2/n_1)k_1$ と $k_{2x} = k_{1x} = k_1\sin\theta$ を用いて k_{2z} を計算すると以下のようになる．

$$\begin{aligned} k_{2z}^2 &= \left(\frac{n_2}{n_1}\right)^2 k_1^2 - k_{2x}^2 \\ &= \left[\left(\frac{n_2}{n_1}\right)^2 - \sin^2\theta\right] k_1^2. \end{aligned} \tag{5.118}$$

したがって全反射が起こる場合には

$$k_{2z} = \pm i\sqrt{\sin^2\theta - \left(\frac{n_2}{n_1}\right)^2} k_1 \tag{5.119}$$

と k_{2z} は純虚数になる．この場合，式 (5.110) は

$$\begin{aligned} \boldsymbol{E}_2(\boldsymbol{r},t) &= E_2\boldsymbol{e}_2\cos(\boldsymbol{k}_2\cdot\boldsymbol{r} - \omega_2 t + \beta) \\ &= E_2\boldsymbol{e}_2\mathrm{Re}\left(e^{i(\boldsymbol{k}_2\cdot\boldsymbol{r} - \omega_2 t + \beta)}\right) \\ &= E_2\boldsymbol{e}_2\exp\left[\sqrt{\sin^2\theta - \left(\frac{n_2}{n_1}\right)^2} k_1 z\right]\cos(k_{2x}x - \omega_2 t + \beta) \end{aligned} \tag{5.120}$$

となるから[9],電場とそれに伴う磁場は z が負で大きくなるにつれて指数関数的に減少していくことがわかる.

媒質 2 が媒質 1 中の薄膜である場合,すなわち,媒質 2 は $-d \leq z \leq 0$ の領域のみに存在し,$z < -d$ に再び媒質 1 がある場合には,媒質 2 で指数関数的に減少した電磁波は $z < -d$ の媒質 1 中を再び平面波として進行することができる.すなわち,臨界角以上の入射角でも波の一部は媒質 2 を通過して進行することができる.これは量子力学でトンネル効果として知られている現象の一種である.

5.8.3 透過と反射(その 1):電場が境界面に平行な場合

次に境界条件を用いて E_1, E_2, E_3 の比を求めよう.入射波の偏光方向 $\bm{e}_1$ は $\bm{k}_1$ に垂直な任意の方向をとれるが,これを,y 方向の偏光と,xz 面内の偏光に分解し,それぞれについて計算すると,後の結果がすっきりする.まず,$\bm{e}_1 = (0, 1, 0)$ の場合を考察しよう.磁場の振動方向は $\bm{k}_1 \times \bm{e}_1 = (-k_{1z}, 0, k_{1x})$ である.境界条件は各成分ごとの式だから,入射波がゼロである E_x, E_z, B_y は反射波と屈折波にも存在しないとしてよい.したがって,$\bm{e}_2 = \bm{e}_3 = (0, 1, 0)$ であり,電場の境界条件は y 成分から

$$E_1 + E_3 = E_2 \tag{5.121}$$

である.磁場は

$$B_1(\bm{r}, t) = \frac{E_1}{\omega_1}(-k_{1z}, 0, k_{1x}) \cos(\bm{k}_1 \cdot \bm{r} - \omega_1 t + \alpha), \tag{5.122}$$

$$B_2(\bm{r}, t) = \frac{E_2}{\omega_1}(-k_{2z}, 0, k_{1x}) \cos(\bm{k}_2 \cdot \bm{r} - \omega_1 t + \alpha), \tag{5.123}$$

$$B_3(\bm{r}, t) = \frac{E_3}{\omega_1}(k_{1z}, 0, k_{1x}) \cos(\bm{k}_3 \cdot \bm{r} - \omega_1 t + \alpha), \tag{5.124}$$

であるから,磁場の x 成分の条件より

$$\frac{k_{1z}E_1}{\mu_1 \omega_1} - \frac{k_{1z}E_3}{\mu_1 \omega_1} = \frac{k_{2z}E_2}{\mu_2 \omega_1}, \tag{5.125}$$

---

[9] 式 (5.119) の複号は,物理的考察より,境界から遠ざかるときに波が減衰するように選ばなければならない.

磁場の z 成分の条件より

$$\frac{k_{1x}E_1}{\omega_1} + \frac{k_{1x}E_3}{\omega_1} = \frac{k_{1x}E_2}{\omega_1}, \tag{5.126}$$

が得られる．最後の式は電場の条件，式 (5.121) と同じものである．これらの式を解いて，

$$E_2 = \frac{2\mu_2 k_{1z}}{\mu_2 k_{1z} + \mu_1 k_{2z}} E_1,$$
$$E_3 = \frac{\mu_2 k_{1z} - \mu_1 k_{2z}}{\mu_2 k_{1z} + \mu_1 k_{2z}} E_1, \tag{5.127}$$

が得られる．さらに，$k_{1z} = -k_1\cos\theta$, $k_{2z} = -k_2\cos\phi = -k_1(\sin\theta/\sin\phi)\cos\phi$ を用いて変形すると

$$E_2 = \frac{2\mu_2 \tan\phi}{\mu_1 \tan\theta + \mu_2 \tan\phi} E_1,$$
$$E_3 = -\frac{\mu_1 \tan\theta - \mu_2 \tan\phi}{\mu_1 \tan\theta + \mu_2 \tan\phi} E_1, \tag{5.128}$$

が得られる．

ここで，この反射・屈折でのエネルギーの流れを調べておこう．今の場合は平面波であるから，エネルギーの流れの密度を表すポインティング・ベクトルの大きさは式 (5.107) より入射波，屈折波，反射波それぞれに対して

$$S_1 = \frac{1}{\omega_1} k_1 \mu_1 E_1^2,$$
$$S_2 = \frac{1}{\omega_1} k_2 \mu_2 E_2^2,$$
$$S_3 = \frac{1}{\omega_1} k_1 \mu_1 E_3^2, \tag{5.129}$$

である．2 つの媒質の境界面の微小面積要素 dS に入射するエネルギーは，単位時間あたり $S_1 \cos\theta dS$ であり，これが，この面からの反射波のエネルギー $S_3 \cos\theta dS$ と屈折波のエネルギー $S_2 \cos\phi dS$ になる．したがって，

$$S_1 \cos\theta dS = S_2 \cos\phi dS + S_3 \cos\theta dS \tag{5.130}$$

が満たされるはずだが，この式は式 (5.127) を代入すれば成り立つことは簡

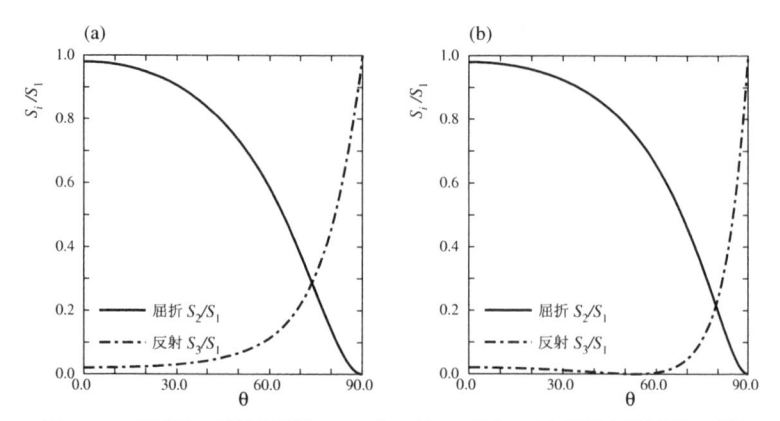

図 **5.20** 電磁波の反射と屈折でのエネルギーの流れ．(a) 電場が境界面に平行な場合．(b) 磁場が境界面に平行な場合．ここでは，媒質 1 を空気，媒質 2 を水として，$\mu_1 = \mu_2 = \mu_0$, $n_2/n_1 = 1.33$ を用いた．

単に示すことができる．図 5.20(a) に S_2/S_1 と S_3/S_1 を示す．

問 5.7 式 (5.130) が満たされることを示せ．

5.8.4 透過と反射（その 2）：磁場が境界面に平行な場合

次に，$e_1 = (\cos\theta, 0, \sin\theta)$ の場合を求めよう．磁場の振動方向は $k_1 \times e_1 \propto (0, -1, 0)$ である．やはり，反射波と屈折波には電場の y 成分と，磁場の xz 成分はないはずだから，$e_2 = (\cos\phi, 0, \sin\phi)$, $e_3 = (\cos\theta, 0, -\sin\theta)$ でなければならない．電場の x 成分の条件は

$$E_1 \cos\theta + E_3 \cos\theta = E_2 \cos\phi, \tag{5.131}$$

z 成分の条件は

$$\varepsilon_1 E_1 \sin\theta - \varepsilon_1 E_3 \sin\theta = \varepsilon_2 E_2 \sin\phi \tag{5.132}$$

である．磁場の y 成分の条件は電場の z 成分の式と同じものになる．これより E_2, E_3 を求めると，

$$E_2 = \frac{2\varepsilon_1 \sin\theta \cos\theta}{\varepsilon_1 \sin\theta \cos\phi + \varepsilon_2 \cos\theta \sin\phi} E_1, \tag{5.133}$$

$$E_3 = \frac{\varepsilon_1 \sin\theta \cos\phi - \varepsilon_2 \cos\theta \sin\phi}{\varepsilon_1 \sin\theta \cos\phi + \varepsilon_2 \cos\theta \sin\phi} E_1, \tag{5.134}$$

が得られる．$\varepsilon_1 = n_1^2/(\mu_1 c^2)$ などと $(n_1/n_2) = \sin\phi/\sin\theta$ を用いると次のようにも書くことができる．

$$E_2 = \frac{4\mu_2 \cos\theta \sin\phi}{\mu_1 \sin 2\theta + \mu_2 \sin 2\phi} E_1, \tag{5.135}$$

$$E_3 = -\frac{\mu_1 \sin 2\theta - \mu_2 \sin 2\phi}{\mu_1 \sin 2\theta + \mu_2 \sin 2\phi} E_1. \tag{5.136}$$

ここで調べた磁場が境界面に平行な場合でも，エネルギーの流れについては式 (5.130) が成り立つことは簡単な計算で示すことができる．図 5.20(b) にこの場合の S_2/S_1 と S_3/S_1 を示す．

5.8.5 偏光角

式 (5.136) が示すように，磁場が境界面に平行な入射波では，反射波は $\mu_1 \sin 2\theta = \mu_2 \sin 2\phi$ のときに消えてしまう．普通の物質では $\mu_1 \simeq \mu_2 \simeq \mu_0$ であり，この条件は $\theta + \phi = \pi/2$ で満たされる．この角度を偏光角 (polarizing angle, Brewster angle) とよぶ．

一般に式 (5.108), (5.109) で表される単色の電磁場の偏光方向は，進行方向に垂直な面内で任意の方向をとることができるが，その場合でも，この面内に任意の直交軸を選び，電磁波をこの 2 つの軸方向の偏光の和に分解することができる．この分解の 1 つの軸を境界面に平行に選べば，偏光角での反射で，電場がこの軸に平行な成分をもつ偏光のみが反射する．ところで，太陽や通常の光源からの光は，式 (5.108), (5.109) で表されるような，同じ偏光方向の波が無限に続くようなものではない．波は有限の長さをもっていて，次章で考察する波束というものになっており，ある特定の振動数の波だけを観測しても，それはさまざまな偏光方向の波束が次から次へとやってくるというものになっている．したがって，そのような光では平均すれば，2 つの偏光方向に分解したときの光のエネルギーの流れは同じ大きさに

なっている．このような光は偏光していない光とよばれるが，2つの偏光方向でのエネルギー流の大きさが違う場合は少なくとも部分的には偏光した光である．この場合，2つの偏光方向でのエネルギー流の大きさを $S^{(a)}$, $S^{(b)}$ とすると，偏光度 V が次式で定義される．

$$V \equiv \frac{|S^{(a)} - S^{(b)}|}{S^{(a)} + S^{(b)}}. \quad (5.137)$$

V は 0 と 1 の間の値をとるが，$V = 1$ の場合は完全偏光である．

これまでの結果を用いると，偏光度 0 の入射光の反射後の偏光度を計算することができる．電場が境界面に平行な偏光と，磁場が境界面に平行な偏光の 2 つに分解した場合の偏光度の入射角依存性を図 5.21 に示す．偏光角 $\theta \simeq 53°$ で偏光度は 1 になっている．この角度では反射波は $e_1 = (0, 1, 0)$ に完全に偏光している．

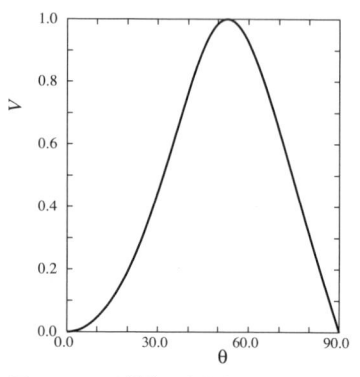

図 **5.21** 反射後の自然光の偏光度．入射光の偏光度を 0 としたときの反射波の偏光度の入射角依存性を示す．透磁率，屈折率については $\mu_1 = \mu_2 = \mu_0$, $n_2/n_1 = 1.33$ を用いた．

5.9 音と色の話：目と耳の働き

　光と音は大部分の人にとって，安全で快適で楽しい生活を送っていくのに欠かせないものである．光は電磁波の一種であり，真空中でも伝わることのできる横波である．一方，音は物質中のみを伝わることができる波であり，空気や水のような流体中では縦波として伝播する．われわれがこれらの波を用いて周囲の情報を得る場合，波の強さだけではなく，振動数からも重要な情報を得ている．光の場合には振動数の違いは色の違いとして認識され，音の場合には振動数の違いは音の高さの違いとして認識される．光の場合には異なる振動数の波を重ね合わせると違う色の光としてとらえられるが，音の場合には振動数の違う音の重ね合わせは音色の違いとなり，言葉の場合には母音の違いとして認識される．この意味では音の方が情報が多いわけだが，

波から得られるこのような情報量の違いは目と耳という観測装置の違いによって生じている．この節では，このように人が光や音をとらえるのにどのような機構を用いているのかを，振動数の観測という点に焦点をあてて見ていこう．

5.9.1 光

光の場合，もちろん目で物を見る場合には光が来る方向の観測は大変重要である．しかし，これは基本的にはカメラと同じことで，レンズの役を果たす角膜 (cornea) と水晶体 (crystalline lens)，フィルムに相当する網膜 (retina) を用いて，光の来る方向を感知している．このときの分解能については第 6 章で考察することになるが，ここでは，ある方向から来て，網膜上の 1 点に集められた光がどのような振動数の光であるかをわれわれはどのようにして知るのかを見ていこう．光は電磁波の一種であるが，電磁波のうち，目で感じることのできる光を可視光とよぶ．これは波長では $0.38\,\mu m \leq \lambda \leq 0.78\,\mu m$ の範囲の電磁波であるが，この範囲に限られるのは，目の水晶体と網膜の間を満たしている硝子体 (vitreous humor) という器官はほとんど水からできており，水は可視光以外の光はほとんど通さないことによる．単色波の場合には，可視光の長波長の端は赤で，短波長の端は紫と感じられる．その間の波長の光は，虹を見ればわかるように，赤橙黄緑青藍紫という順番で連続的に変化する色として観測される．可視光の振動数は $f = c/\lambda$ より，$7.9 \times 10^{14}\,\mathrm{Hz} > f > 3.8 \times 10^{14}\,\mathrm{Hz}$ の範囲となるが，この振動数は人間には早すぎて振動として観測することは不可能である．

それではどのようにして振動数の違いがわかるのだろうか？ ここで登場するのが，網膜上の各点に用意されている 3 種類の錘体 (cone) とよばれる器官と桿体 (rod) とよばれる器官である．このうち桿体は光の強さのみを測定する器官であって，同じ強さの可視光があたった場合には，そこから神経細胞に伝えられる信号に振動数による差はない．一方，3 種類の錘体の方はそれぞれ分担する振動数の範囲があり，出てくる信号に違いがある．同じ強さの単色光に対する 3 種類の錘体からの信号の強さを図 5.22 に示す．この図からわかることは，ある波長の光が網膜に来たときに，網膜から脳への

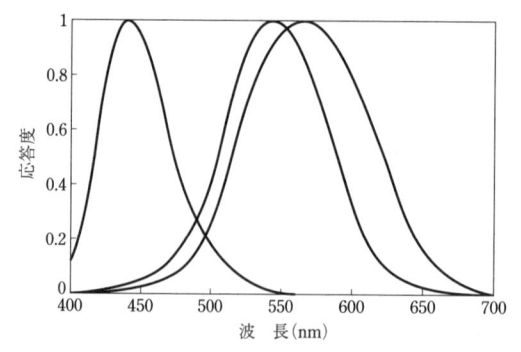

図 5.22 錐体からの信号の光の波長依存性．3 種類の錐体は異なる波長依存性をもつ．このことにより，色を区別することができる．

　信号は 3 つの錐体からの信号の組み合わせとして送られ，この 3 種類の信号の相互の比によって脳は光の振動数，すなわち色を知るということである．いくつもの振動数の波を重ね合わせた光に対しても，網膜からの信号は 3 つの錐体からの 3 通りの信号に限られる．したがって，この 3 通りの信号の比が等しい光はすべて同じ色の光と認識されることになる．このため，任意の色の光は三原色とよばれる 3 種類の色の光を混ぜることによって作ることができるのである．

　ところで，物体の色は，その物体にあたった光のうち反射された光がどのような振動数の光の重ね合わせであるかによっている．このため，あてる光が白色光であるかどうかで物の色が変わるのは当然であるが，人間にとっては，同じ白色光であっても太陽光，蛍光灯の光，白熱電球の光はそれぞれさまざまな振動数の光の混ざり具合に違いがある．振動数の関数として，光の強さを示したものをスペクトル (spectrum) とよぶ．つまり，これらの光はスペクトルに違いがあるのである．このスペクトルの違いは脳内で補償されて，どの光のもとでも白い紙は白く見えるのであるが，ある光源のもとで同じ色に見える物であっても，それらからの反射光が違うスペクトルをもつ場合には，光源が違えば色が違って見える．このことは日常経験することであろう．

　人間は 3 種類の錐体をもつので，三原色を使ってテレビや写真で実際の色を正しく表すことができる．しかし，生物がすべて 3 つの錐体をもつわ

けではない．例えば犬には錐体が2種類しかないので，犬用にテレビを作るとすれば，二原色でよいはずである．逆に魚では種類によって4種類の錐体をもつものがあり，鳥は5つや6つの種類の錐体をもつ，四原色，五原色，六原色の生物である．これらがどのような色を見ているのか，人間には想像がつかないことである．

5.9.2 音

次に耳による音の感知について見ていこう．同じ高さの音であっても音色の違いがある．オーケストラのそれぞれの楽器はその音を聞くだけで楽器が特定できるし，「あいうえお」の母音の違いも音色の違いにほかならない．このように違う音色の音をシンクロスコープなどを用いて波形を見ると，図5.23 に示すように，それぞれ異なった波形をしていることがわかる．このように違う波形の音は違う音色の音として感知できているのだが，人間が聞くことのできる音の振動数は約 20 Hz から 20,000 Hz の間とされており，非

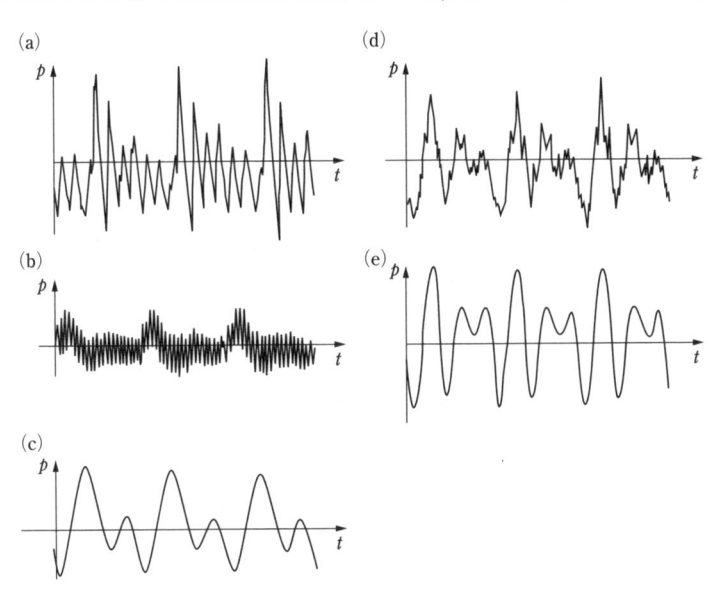

図 **5.23** 母音の振動波形．(a) あ (b) い (c) う (d) え (e) お，の振動波形をそれぞれ3周期分示す．振動波形にはある程度の個人差がある．これらの波形は著者のものである．

常に低い方の音を別にすれば，波形の違いそのものを観測できるほどわれわれの神経の時間分解能は高くない．実はこのような波形の違いを知るのにわれわれは耳の中で音をフーリエ分解して，フーリエ成分の違いから波形の違いを認識しているのである．

音のフーリエ分解に使われる器官は，内耳にある蝸牛管 (cochlea) という器官である．図 5.24 に示すように，これはカタツムリの殻のような形をした器官であり，螺旋をほどくと，円錐のような形になる．円錐の中にはこれを 2 分するように基底膜 (basilar membrane) とよばれる膜が張られている．円錐の太い方の端にも膜が張られているが，この膜は基底膜により 2 つに区切られ，卵円窓 (oval window)，正円窓 (round window) とよばれる．鼓膜 (ear drum) の振動は小さな 3 つの小さな骨（耳小骨）を用いててこの原理によって増幅されてこの卵円窓を振動させる．この振動は，蝸牛管中の液体と基底膜を伝わっていくが，円錐という形のため，振幅は一定ではなく，音の振動数によって決まった場所で振幅は最大となる．高い音の場合には入り口近くで最大となり，低い音では，先端の近くで振幅が最大となる．基底膜は網膜とよく似た組織で作られていて，その場所での振動の振幅を，神経を通して脳に伝えるようにできている．このようにして，純音の場合には振幅が最大の場所からその音の高さがわかるし，多くの倍音を含んだ音の場合にはそれぞれの倍音に対応した場所で振幅が極大になるので，フーリエ成分の大きさがわかるのである．

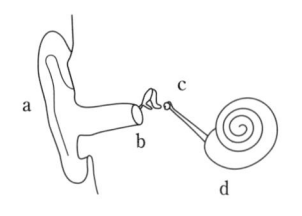

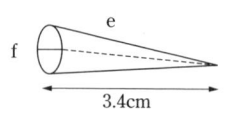

図 5.24 耳の構造と蝸牛管．a：耳翼，b：鼓膜，c：耳小骨，d：蝸牛管，e：引き延ばして模式化した蝸牛管，f：基底膜．

結局，目は網膜の各点で色を知らないといけないので，色についての情報はたった 3 つの値によっておおざっぱな情報を得ているのに対して，耳は網膜と同等の機能をもつ基底膜上の位置と振動数を対応づけることにより，波形のフーリエ成分について，ほとんど完璧な情報を得ているということになる．

第6章 波の干渉

波は重ね合わせることができるが，そのとき起こる現象を総称して干渉 (interference) という．この章では波の干渉によって起こるいくつかの現象を説明する．まず初めに，有限長の波が，波の重ね合わせによって作られることを示す．干渉で余分な場所の波が消えてしまうので，有限の長さの波ができるのである．逆に，単色波でも有限の長さにしてしまうと，必然的に違う波数の波を含むことになる．このため，有限長の波では波の長さに反比例する波数の広がりが生じる．この反比例関係は波の進行方向に限らずに起こる．平面波の波面は無限に広がった平面であるが，この広がりを制限すると，広がりに反比例して，斜め方向の波数ベクトルの波が混ざることになる．これが回折という現象である．回折はフーリエ変換という見方で考えられることもこの章で学ぶ．

6.1 波束と群速度

有限の長さの波は狭い範囲の波数の波の重ね合わせで作られる．そのように作った波が進む速さは，一般には元の波とは別の速度をもつ．これらのことを初めに図解を用いて直感的に理解し，次に数式を用いた議論を行って理解を深める．話を簡単にするために，この節では再び1次元の波に限って議論を進めることにする．

6.1.1 図解による直感的な説明

弦を伝わる波，平面波の音波，平面波の電磁波などは，1次元の波として

表せる．進行方向に x 軸をとり，弦の変位，空気の変位，電磁場の成分の1つなどを $\xi(x,t)$ と書くことにしよう．このとき，もっとも簡単な波は

$$\begin{aligned}\xi(x,t) &= A\cos(kx - \omega_k t) \\ &= A\mathrm{Re}\left(\mathrm{e}^{\mathrm{i}(kx-\omega_k t)}\right)\end{aligned} \tag{6.1}$$

である．これは単一の波数 k をもち，単一の振動数 ω_k で振動する単色波であって，空間的には $-\infty < x < \infty$ のすべての領域に存在する波である．時間的にも無限の過去から未来永劫振動しつづける波であり，現実にはこのような波は存在しない．現実に存在する波は有限の時空に限られているはずだが，そのような波は，単色波の重ね合わせで作られているはずである．実際，x 軸の正の方向に進む波は $t = 0$ で x のみの関数，$\xi(x,0)$ で表せる．この $\xi(x,0)$ はどのようなものであっても，フーリエ積分で表せることはすでに第4章で明らかにした．

$$\xi(x,0) = \mathrm{Re}\left[\frac{1}{\sqrt{2\pi}}\int \mathrm{d}k\, g(k)\, \mathrm{e}^{\mathrm{i}kx}\right]. \tag{6.2}$$

この波の時間発展は，次式のように単色波の重ね合わせで与えられる．

$$\xi(x,t) = \mathrm{Re}\left[\frac{1}{\sqrt{2\pi}}\int \mathrm{d}k\, g(k)\, \mathrm{e}^{\mathrm{i}(kx-\omega_k t)}\right]. \tag{6.3}$$

実際，この式は $t = 0$ で式 (6.2) に一致するし，波動方程式を満たす単色波の重ね合わせであるから，波動方程式も満たしている．もちろん，x 軸の負の方向に進む波はないことにしているから，右向きの単色波の和のみで表したのである．

(1) 波束の長さ

このような一般の波では，あらゆる波数の波が重ね合わされている場合もある．そうではなくて，狭い範囲の波数のみの和からできている波は特に**波束** (wave packet) とよばれる．これから波束の性質を調べていこう．まず，直感的に理解するために，フーリエ積分の代わりに波数 k_0 を中心とする N 個の単色波の和を考えよう．和をとる波数の値は図6.1のように k_0 を中心に等間隔であるとしよう．

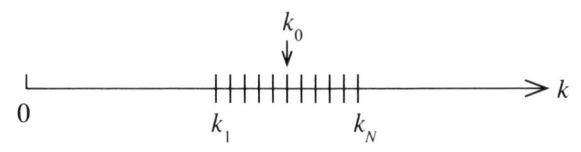

図 **6.1** k の和. k_0 を中心に k_1 から k_N まで, N 個の波数の波を足し合わせる.

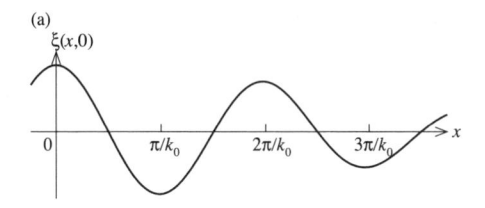

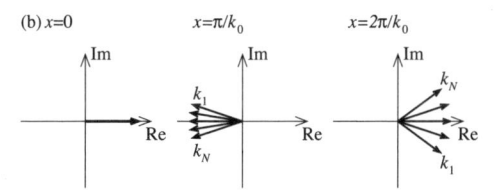

図 **6.2** 重ね合わせた波の振る舞い. (a) 時刻 $t=0$ での波の x 依存性. $|x|$ が大きくなると振幅は小さくなる. (b) 代表的な3つの場所, $x=0$, $x=\pi/k_0$, $x=2\pi/k_0$ で波が足し合わされる様子. 個々の波は複素平面上のベクトルで表されている.

$$\xi(x,t) = \mathrm{Re}\left(\sum_{n=1}^{N} A_n \mathrm{e}^{\mathrm{i}(k_n x - \omega_n t)}\right). \tag{6.4}$$

簡単化のため個々の波の振幅はすべて等しく, $A_n = 1$ であるとしよう. $t=0$ として, 波の x 依存性を図示すると図 6.2(a) のようになる. (b) には代表的な3つの位置 $x=0$, $x=\pi/k_0$, $x=2\pi/k_0$ で和をとる前の個々の単色波が複素平面上でどのようになっているかを示した. 矢印は個々の波を表す $\mathrm{e}^{\mathrm{i}(k_n x - \omega_n t)}$ を複素平面上のベクトルとして表示したものである. 式 (6.4) での波の和とは, この複素平面上のベクトル和にほかならない. $x=0$ ではすべての単色波は正の実軸方向を向いており, すべてのベクトルは重なり合っている. 重ね合わせた波の振幅は大きい. 有限の $x(>0)$ では

個々の波を表すベクトルは反時計回りに複素平面上を回転する．$x = \pi/k_0$, $x = 2\pi/k_0$ では波はほぼ負または正の実軸方向を向いているが，波数が異なるため，完全には一致せず，ベクトル和は $x = 0$ のときよりも小さくなる．当然のことだが，このような位相のばらつきは x が大きくなるほど大きくなる．複素平面上の円周を陸上競技のトラックと考えると，個々の波は少しずつ違う速さでトラックを周回する選手たちと考えることができる[1]．

トラック競走ではそのうち周回遅れの選手が出てくる．今の場合は $(k_N - k_1)x = 2\pi$ のところがそれに相当する．このとき，個々の単色波は円周上に均等に分布し，重ね合わせた波の振幅はゼロになる．$x \gg 2\pi/(k_N - k_1)$ では個々の波が円周上ですべて一致することはなく，重ね合わせた波の振幅は小さい．$x \gg 2\pi/(k_N - k_1)$ での個々の波の一例を図 6.3 に示す．このようにして，足し合わせる波数の範囲が有限の範囲，$\Delta k \equiv k_N - k_1$，にある波は有限長の波になることがわかった．より広い範囲での波の座標依存性を図 6.4 に示す．今の例では波の長さ Δx と Δk には $\Delta x \Delta k \simeq 2\pi$ の関係がある．

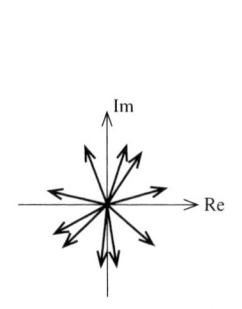

図 **6.3** $x \gg 2\pi/(k_N - k_1)$ のところでの波の足し合わされ方．N 個の波の位相はバラバラであり，和は小さくなる．

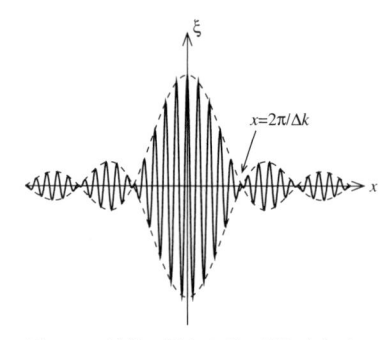

図 **6.4** 波数の異なる波の足し合わせで有限長の波が得られる．

---

[1] トラック競技では時間発展を考えることになるが，今の場合は波の位相の回転をもたらすものは位置座標 x である．この点を混同しないように注意してほしい．

(2) 群速度

次に $t \neq 0$ のときを考えよう.個々の単色波の速度は $v_n = \omega_n/k_n$ であるが,これが一定値 v に等しければ,個々の波は $\mathrm{e}^{\mathrm{i}k_n(x-vt)}$ と書けるから,波は明らかに全体として v で走る.

しかし,第 5 章で考察した水の表面波のように,$v(k) = \omega(k)/k$ が一定でない場合には面白いことが起こる.このような個々の波の速度が異なる波の振る舞いを見るために,まず $x=0$ での時間変化を見てみよう.$\xi(0,t) = \mathrm{Re}\left(\sum_{n=1}^{N} \mathrm{e}^{-\mathrm{i}\omega_n t}\right)$ であり,ω_n はそれぞれ異なる.今度は個々の波は複素平面上の半径 1 の円周上を時計回りに動いていき,図 6.5 に示すように,やはり時間が経つにつれ,波の位相はばらけてくる.このため,重ね合わせた波は時間とともに小さくなっていく.

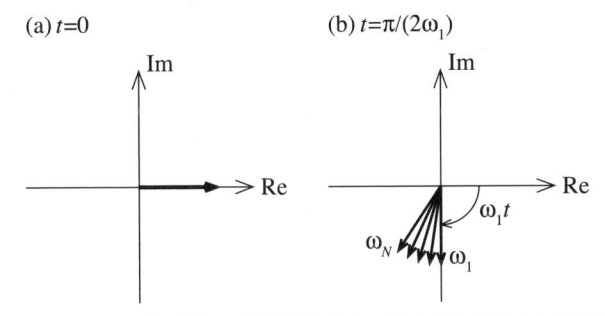

図 **6.5** $x = 0$ での波の位相の時間発展.個々の波は異なる角速度で円周上を時計回りに回転する.

次に,$x=0$, $t>0$ でばらけていた波が別の地点でどうなっているかを見てみよう.すなわち,ある時刻 $t>0$ での $\xi(x,t) = \mathrm{Re}\left(\sum_{n=1}^{N} \mathrm{e}^{\mathrm{i}(k_n x - \omega_n t)}\right)$ の x 依存性を見よう.x が大きくなるにつれて,個々の波を示す矢印は反時計回りに回転するが,このとき,遅れていた位相は大きな波数 k をもつので,図 6.6 に示すように,徐々に前の矢印に追いついてきて,適当な距離では,ばらけていたのが戻ってくる.それでは,位相はいつそろうであろうか? それはすべての構成波の位相 $k_n x - \omega_n t$ が n によらなくなったときである.k_n の k_0 からのずれを Δk_n と書こう.

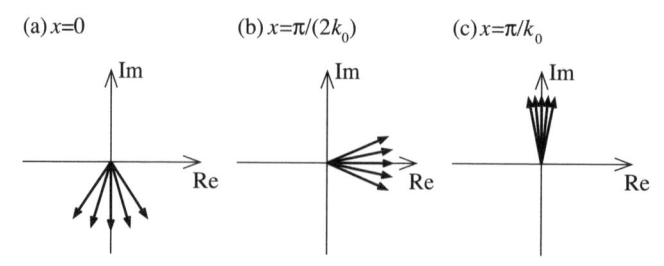

(a) $x=0$　　(b) $x=\pi/(2k_0)$　　(c) $x=\pi/k_0$

図 6.6 $t>0$ での個々の波の位相の x 依存性．x の増大とともに個々の波の位相は反時計回りに回転し，ばらけていた位相がそろってくる．

$$k_n = k_0 + \Delta k_n. \tag{6.5}$$

波束の場合 $|\Delta k_n| \ll k_0$ であるから，ω_n は次のように近似できる．

$$\omega_n = \omega_0 + \frac{d\omega}{dk}\Delta k_n. \tag{6.6}$$

これより

$$k_n x - \omega_n t = (k_0 x - \omega_0 t) + \Delta k_n \left(x - \frac{d\omega}{dk}t\right). \tag{6.7}$$

したがって，$x - (d\omega/dk)t = 0$ で位相は n によらなくなり，これが波束の振幅が一番大きいところになる．この式からわかるように，波の中心は

$$v_g = \frac{d\omega}{dk} \tag{6.8}$$

で移動する．この移動速度を**群速度** (group velocity) とよぶ．一方，個々の単色波の進む速さ

$$v_p = \frac{\omega_0}{k_0} \tag{6.9}$$

を**位相速度** (phase velocity) とよぶ．位相速度は後で見るように，波束の位相が一定の場所が進む速度である．すなわち，例えば $\xi = 0$ の点が進む速さが位相速度である．群速度と位相速度に違いがあることは，実際の例を目で見てみないとわかりにくいかもしれない．そのような例として，船の舳先の両側にできる波などがあるので，機会があったら見てみるとよいだろう．図 6.7 に群速度と一緒に動く座標系で見たときの波の時間変化の様子を示

す．この例では $v_p > v_g$ としてある．波は時間の経過とともに，実線，破線，一点鎖線で示すように変化する．すなわち，波の山は波束の後方から前方に移動しながら成長し，波束の中央で最大値を取ったあと徐々に減少して波束の前縁で消滅する．この様子は床屋の前にあるねじり棒に似ていないだろうか？

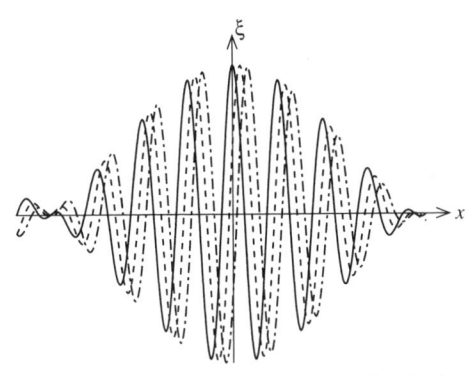

図 **6.7** 波束の進行．波束とともに群速度で進む座標系で見ると，波の位相速度が群速度よりも大きい場合には，波は時間とともに図のように実線，破線，一点鎖線と時間発展をする．

6.1.2 数式による取り扱い

波束の運動について，今度は数式を使って調べていこう．

(1) 数式による取り扱い（その 1）：2 つの進行波の合成

まず，簡単な例として $k \pm (1/2)\Delta k, \omega \pm (1/2)\Delta\omega$ の 2 つの波の合成を調べよう．これは，以前調べた"うなり"と同じである．波の変位 $\xi(x,t)$ をいつもの通り複素数の関数の実数部として考える．

$$\xi(x,t) = \mathrm{Re}\left[\zeta(x,t)\right].$$

このとき $\zeta(x,t)$ は次のようになる．

$$\begin{aligned}
\zeta(x,t) &= ae^{i\left(k+\frac{1}{2}\Delta k\right)x - i\left(\omega+\frac{1}{2}\Delta\omega\right)t} + ae^{i\left(k-\frac{1}{2}\Delta k\right)x - i\left(\omega-\frac{1}{2}\Delta\omega\right)t} \\
&= ae^{i(kx-\omega t)}\left(e^{i\left(\frac{1}{2}\Delta kx - \frac{1}{2}\Delta\omega t\right)} + e^{-i\left(\frac{1}{2}\Delta kx - \frac{1}{2}\Delta\omega t\right)}\right) \\
&= 2a\cos\left(\frac{\Delta k}{2}x - \frac{\Delta\omega}{2}t\right)e^{i(kx-\omega t)}, \quad (6.10)
\end{aligned}$$

ここで,

$$2a\cos\left(\frac{\Delta k}{2}x - \frac{\Delta\omega}{2}t\right) \quad (6.11)$$

は, $\Delta\omega$ も Δk も小さいので, 時間的にも, 空間的にもゆっくり変化する量である. したがってこの部分は振幅と見ることができる. 波はこの振幅で押さえられたところで $e^{i(kx-\omega t)}$ による速い振動を行う. 振幅はこの波の包絡関数 (envelope function) になっている. この振幅の進行速度は

$$v_{\text{g}} = \frac{\Delta\omega}{\Delta k} = \frac{d\omega}{dk} \quad (6.12)$$

である. 波のゼロ点や, 極大値, 極小値の場所は $e^{i(kx-\omega t)}$ の位相で決まるので, 位相速度 $v_{\text{p}} = \omega/k$ で進むことに注意しよう. 波の様子を図 6.8 に示す.

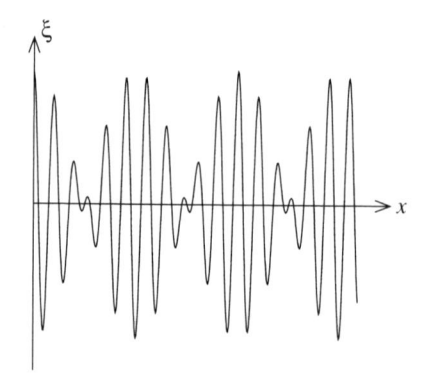

図 **6.8** 2つの波の合成. 波数がわずかに異なる波を足し合わせると, 空間的なうなりが生じる.

(2) 数式による取り扱い（その2）: N 個の進行波の合成

図での説明のときに $k_1 < k < k_N$ の範囲の N 個の波を同じ振幅で足し合わせた．このときの結果を数学的に導き出すために，N が十分に大きいとして，和を積分で置き換えた次の波束を調べよう．

$$\xi(x,t) = \text{Re}\left[\zeta(x,t)\right],$$
$$\zeta(x,t) = \int_{k_0-\frac{\Delta k}{2}}^{k_0+\frac{\Delta k}{2}} e^{i[kx-\omega(k)t]}dk. \tag{6.13}$$

この k 積分は $t=0$ では容易に実行できるが，$t \neq 0$ では $\omega(k)$ の具体的な形が決まらないと実行できない．ここでは，波束を考えているので，Δk が十分に小さいとして，

$$\omega(k) \simeq \omega(k_0) + (k-k_0)v_\text{g} \tag{6.14}$$

と Δk の 1 次までの近似を用いて，積分を行うことにしよう．ここで，$v_\text{g} = d\omega(k)/dk$ は $k=k_0$ での群速度である．

$$\begin{aligned}
\zeta(x,t) &= \int_{k_0-\frac{\Delta k}{2}}^{k_0+\frac{\Delta k}{2}} e^{i[kx-\omega(k_0)t-(k-k_0)v_\text{g}t]}dk \\
&= \int_{k_0-\frac{\Delta k}{2}}^{k_0+\frac{\Delta k}{2}} e^{ik(x-v_\text{g}t)}e^{i[k_0v_\text{g}-\omega(k_0)]t}dk \\
&= \frac{1}{i(x-v_\text{g}t)}\left(e^{i\frac{\Delta k}{2}(x-v_\text{g}t)} - e^{-i\frac{\Delta k}{2}(x-v_\text{g}t)}\right)e^{ik_0(x-v_\text{g}t)+i[k_0v_\text{g}-\omega(k_0)]t} \\
&= 2\frac{\sin\left[\frac{1}{2}\Delta k(x-v_\text{g}t)\right]}{x-v_\text{g}t}e^{i[k_0x-\omega(k_0)t]}. \tag{6.15}
\end{aligned}$$

これより

$$\xi(x,t) = 2\frac{\sin\left[\frac{1}{2}\Delta k(x-v_\text{g}t)\right]}{x-v_\text{g}t}\cos[k_0x-\omega(k_0)t] \tag{6.16}$$

が得られる．群速度 v_g で進む包絡関数 $2\sin[(1/2)\Delta k(x-v_\text{g}t)]/(x-v_\text{g}t)$ に囲まれた内側を $\cos[k_0x-\omega(k_0)t]$ で表される波が位相速度 $v_\text{p} = \omega(k_0)/k_0$ で進行する様子が数式で再現できた．$t=0$ での包絡関数の様子を図 6.9(b) に示す．中央のピークは $x = \pm 2\pi/\Delta k$ でゼロになるので，波束の長さは $\Delta x = 4\pi/\Delta k$ 程度である．$t \neq 0$ ではこの包絡関数のピークは $x = v_\text{g}t$ に移

(a) のグラフ: $g(k)$ vs k、$k_0-\Delta k$ から $k_0+\Delta k$ まで高さ 1 の矩形。

(b) のグラフ: $2\sin(\Delta kx/2)/x$、$x=0$ で最大値 Δk、$x=2\pi/\Delta k$ で初めてゼロ。

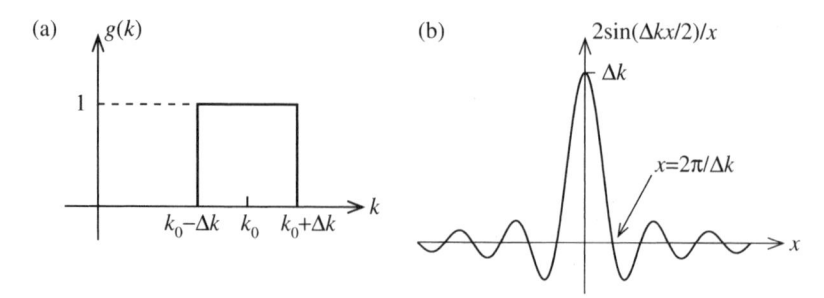

図 6.9 (a) に示すように，$k_0 - \Delta k$ から $k_0 + \Delta k$ までの波数の波を同じ振幅で足し合わせると，$t=0$ での包絡関数は (b) に示すようになる．$x=0$ で最大値 Δk となり，$x = 2\pi/\Delta k$ で初めてゼロになる．

動する．包絡関数は式 (4.65) で出てきた関数と同じものである．したがって，$\Delta k \to \infty$ の極限では $2\pi\delta(x - v_{\mathrm{g}}t)$ になることに注意しよう．

(3) 数式による取り扱い（その 3）：ガウス型の波束

別の形の波束の例として

$$\zeta(x,t) = \frac{a}{\sqrt{\pi}} \int_{-\infty}^{\infty} e^{-a^2(k-k_0)^2} e^{i[kx-\omega(k)t]} dk \tag{6.17}$$

という波を調べよう．これも k_0 を中心にした波の和であるが，重ね合わせる波の振幅は一定ではなく，ガウス分布に従って，波数が k_0 から離れるにつれて，徐々に小さくなるようにしたものである．この波束は今からわかるように，波束の包絡関数もガウス分布関数になるという特徴をもつとともに，幅の狭い波束をもっとも効率よく作るものでもある．

まず $t=0$ での波束の性質を見ておこう．$t=0$ とすると，

$$\zeta(x,0) = \frac{a}{\sqrt{\pi}} \int_{-\infty}^{\infty} e^{-a^2(k-k_0)^2} e^{ikx} dk \tag{6.18}$$

である．これをフーリエ積分の関係式

$$f(x) = \frac{1}{\sqrt{2\pi}} \int_{-\infty}^{\infty} g(k) e^{ikx} dk,$$

$$g(k) = \frac{1}{\sqrt{2\pi}} \int_{-\infty}^{\infty} f(x) e^{-ikx} dx, \tag{6.19}$$

と見比べると，$f(x) \leftrightarrow \zeta(x,0)$, $g(k) = \sqrt{2}ae^{-a^2(k-k_0)^2}$ と対応づけられることがわかる．すなわち，$t=0$ での波は $g(k)$ のフーリエ変換の形をしている．一般の時刻での波はこの $g(k)$ を重みとして，単色波を足し合わせたものである．$g(k)$ を図6.10に示す．

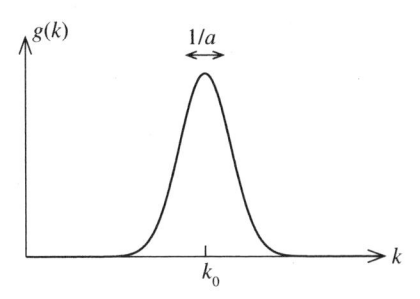

図 6.10 $g(k)$．この関数を重みとして，波数 k の波を足し合わせる．

$g(k)$ に含まれるパラメタ a を変えることによって，波束は形を変える．まず $a \to \infty$ の場合を見ておこう．図を見ると，この関数は $a \to \infty$ で δ 関数的に振る舞うことがわかるだろう．すなわち，このとき幅は狭くなり，高さは増大する．実際，ガウス積分の公式

$$\int_{-\infty}^{\infty} dk e^{-a^2(k-k_0)^2} = \int_{-\infty}^{\infty} dk e^{-a^2 k^2} = \frac{\sqrt{\pi}}{a} \tag{6.20}$$

を用いると

$$\int_{-\infty}^{\infty} dk g(k) = \sqrt{2}a \int_{-\infty}^{\infty} dk e^{-a^2(k-k_0)^2} = \sqrt{2\pi} \tag{6.21}$$

であるから，

$$\lim_{a \to \infty} g(k) = \sqrt{2\pi} \delta(k-k_0) \tag{6.22}$$

であることがわかる．このとき波束は

$$\zeta(x,t) = \int_{-\infty}^{\infty} \delta(k-k_0) e^{i[kx-\omega(k)t]} dk = e^{i[k_0 x - \omega(k_0)t]} \tag{6.23}$$

と，単色波になる．

それでは，いよいよ a が有限のときの計算に入ろう．

の計算を行うのに，やはり，振動数については k_0 の回りで展開し，$k - k_0$ の 1 次の項まで残す．

$$\omega(k) \simeq \omega(k_0) + (k - k_0) v_{\mathrm{g}}, \tag{6.25}$$

$$v_{\mathrm{g}} = \left. \frac{\mathrm{d}\omega(k)}{\mathrm{d}k} \right|_{k=k_0}. \tag{6.26}$$

これより

$$\begin{aligned}
\zeta(x,t) &= \frac{a}{\sqrt{\pi}} \int_{-\infty}^{\infty} \mathrm{d}k \, \mathrm{e}^{-a^2(k-k_0)^2 + \mathrm{i}[kx - \omega(k_0)t - (k-k_0)v_{\mathrm{g}}t]} \\
&= \frac{a}{\sqrt{\pi}} \int_{-\infty}^{\infty} \mathrm{d}k \, \mathrm{e}^{-a^2 k^2 + \mathrm{i}[(k+k_0)x - \omega(k_0)t - k v_{\mathrm{g}}t]} \\
&= \frac{a}{\sqrt{\pi}} \mathrm{e}^{\mathrm{i}[k_0 x - \omega(k_0) t]} \int_{-\infty}^{\infty} \mathrm{d}k \, \mathrm{e}^{-a^2 k^2 + \mathrm{i}k(x - v_{\mathrm{g}} t)}.
\end{aligned} \tag{6.27}$$

ただし，k 積分の範囲が無限大であることを利用して，1 行目から 2 行目に移るときに $k \to k + k_0$ の変数変換を行った．ここで，ガウス分布関数に関する公式

$$\int_{-\infty}^{\infty} \mathrm{d}k \, \mathrm{e}^{-a^2 k^2 + \mathrm{i}bk} = \frac{\sqrt{\pi}}{a} \exp\left(-\frac{1}{4a^2} b^2\right) \tag{6.28}$$

を用いると，

$$\zeta(x,t) = \exp\left[-\frac{1}{4a^2}(x - v_{\mathrm{g}} t)^2\right] \mathrm{e}^{\mathrm{i}[k_0 x - \omega(k_0) t]} \tag{6.29}$$

が得られる．ある時刻における $\xi(x,t) = \mathrm{Re}\,[\zeta(x,t)]$ の様子を図 6.11 に示す．この結果もこれまでの例と同様の波束の振る舞いを示していて，次のような特徴をもつ．

1. 包絡関数 $\exp[-(1/4a^2)(x - v_{\mathrm{g}} t)^2]$ の部分はゆっくり変化する振幅と見ることができ，波束は有限の長さをもっている．
2. 波束の中心は v_{g} で進む．
3. 包絡関数に囲まれた中で波は波数 k_0，振動数 $\omega(k_0)$ で変化している．
4. $a \to \infty$ のとき，波束の長さは無限大になり，単色波となる．このと

き $g(k) = \sqrt{2\pi}\delta(k - k_0)$ である.

5. 逆に $a \to 0$ のときは波束は短くなり，パルス的な波を表すようになる．このときは，$g(k)$ の幅は無限に広がることになる．短いパルスを作るには広い振動数，波数の波を足し合わせることが必要なのである．

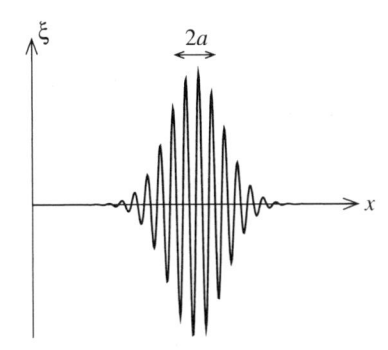

図 6.11 ガウス関数の重みを付けて足し合わせた波束の実空間での様子．

問 6.1 公式 (6.28) を以下の手順で証明せよ．

$$\int_{-\infty}^{\infty} dk \, e^{-a^2 k^2 + ibk} \tag{6.30}$$

において e^{ibk} の部分をテイラー展開する．

$$e^{ibk} = \sum_{n=0}^{\infty} \frac{1}{n!} (ibk)^n. \tag{6.31}$$

展開の各項を公式

$$\int_{-\infty}^{\infty} dx \, x^{2n} e^{-a^2 x^2} = \frac{(2n-1)!!}{2^n} \frac{\sqrt{\pi}}{a^{2n+1}} \tag{6.32}$$

を用いて積分し，その結果得られる級数を足しあげる．なお，この証明法では b が実数であることは利用されていない．b が純虚数である場合にはテイラー展開をせずに同じ結果が得られることに注意せよ．

6.2 不確定性原理

6.2.1 波束の広がりの反比例関係

前節で議論したように、短い波束は広い範囲の波数の波の重ね合わせで実現することができる。この場合、波がある特定の波数をもっているということはできない。ある範囲の波数をもっているとしかいいようがないのである。また、波は本来ある一点にのみ存在するものではないから、波の位置についても、ある範囲に存在するとしか、いいようがない。この波の空間的な広がりと波数の広がりは反比例の関係にあり、量子力学での**不確定性原理** (uncertainty principle) と関連がある。この節では、この関係をもう少し定量的に調べてみよう。

前節で考察した、ガウス分布の重みを付けて重ね合わせた波を考えよう。

$$\begin{aligned}\xi(x,t) &= \frac{a}{\sqrt{\pi}} \int_{-\infty}^{\infty} e^{-a^2(k-k_0)^2} e^{i[kx-\omega(k)t]} dk \\ &= e^{-\frac{1}{4a^2}(x-v_g t)^2} e^{i[k_0 x - \omega(k_0)t]}.\end{aligned} \quad (6.33)$$

この波の広がりを、エネルギーの空間分布を用いて評価しよう。エネルギーは振幅の2乗に比例するから、エネルギー密度最大の点は $x = v_g t$ である。この点の回りでのエネルギーの広がりの大きさ Δx を評価するのに分布の標準偏差 (standard deviation) を用いよう。すなわち、中心からの距離の2乗 $(x - v_g t)^2$ にその点でのエネルギーの割合をかけて平均した量 $(\Delta x)^2$ を次式の1行目で定義する。この積分を実行すると2行目のように a^2 が得られる。

$$\begin{aligned}(\Delta x)^2 &\equiv \frac{\int_{-\infty}^{\infty} (x-v_g t)^2 \left(e^{-\frac{1}{4a^2}(x-v_g t)^2}\right)^2 dx}{\int_{-\infty}^{\infty} \left(e^{-\frac{1}{4a^2}(x-v_g t)^2}\right)^2 dx} \\ &= a^2.\end{aligned} \quad (6.34)$$

このようにガウス分布型の波束では標準偏差 Δx は a に等しく、この量が

波束の長さの目安を与えることになる.

同様に,この波束を構成する波数 k の波の振幅が $\mathrm{e}^{-a^2(k-k_0)^2}$ に比例し,エネルギーは $\mathrm{e}^{-2a^2(k-k_0)^2}$ に比例することを用いて,波数の分布の標準偏差 Δk を次式で定義して,計算する.

$$(\Delta k)^2 \equiv \frac{\displaystyle\int_{-\infty}^{\infty} (k-k_0)^2 \, \mathrm{e}^{-2a^2(k-k_0)^2} \mathrm{d}x}{\displaystyle\int_{-\infty}^{\infty} \mathrm{e}^{-2a^2(k-k_0)^2} \mathrm{d}k}$$
$$= \frac{1}{4a^2}. \tag{6.35}$$

このように,波数の不確定さは $\Delta k = 1/2a$ で与えられる.これより空間的な広がりと,波数の広がりの間の関係式

$$\Delta x \Delta k = \frac{1}{2} \tag{6.36}$$

が得られた.

同じことを時間で考えてみよう.今の波束の長さを Δx とすると,この波束がある点を通過するのに要する時間は $\Delta t = \Delta x / v_\mathrm{g}$ である.これは波が光の場合には,光って見える時間,音の場合には,音が聞こえている時間である.この波は振動数

$$\omega\left(k_0 - \frac{\Delta k}{2}\right) \sim \omega\left(k_0 + \frac{\Delta k}{2}\right) \tag{6.37}$$

の波の和,すなわち,

$$\omega(k_0) - \frac{1}{2}\Delta k v_\mathrm{g} \leq \omega \leq \omega(k_0) + \frac{1}{2}\Delta k v_\mathrm{g} \tag{6.38}$$

の範囲の振動数の波の重ね合わせであり,振動数の広がりは

$$\Delta \omega = \Delta k v_\mathrm{g} \tag{6.39}$$

である.これより,波の持続時間と振動数の広がりの間の関係式

$$\Delta \omega \Delta t = \frac{1}{2} \tag{6.40}$$

が得られた.

ここで空間および時間に関して2つの関係式を得ることができたが，実はここで調べたガウス分布関数で表される波束は標準偏差で定義された Δx と Δk による $\Delta x \Delta k$ や，$\Delta \omega \Delta t$ を最小にするものであることが知られている．すなわち一般の波束での標準偏差による関係式は

$$\Delta x \Delta k \geq \frac{1}{2} \qquad (6.41)$$

である．ちなみに，極端な例として，単色波を長さ L で鋭く切断した

$$\xi(x,t) = \begin{cases} 0 & (x < v_{\mathrm{g}} t - \frac{L}{2}), \\ \mathrm{Re}\left(A e^{\mathrm{i}(k_0 x - \omega_0 t)}\right) & (v_{\mathrm{g}} t - \frac{L}{2} \leq x \leq v_{\mathrm{g}} t + \frac{L}{2}), \\ 0 & (x > v_{\mathrm{g}} t + \frac{L}{2}) \end{cases} \qquad (6.42)$$

の場合には Δx はもちろん有限であるが，波数の標準偏差 Δk は無限大になってしまう．この結果は波束の前後での切断が無限に鋭かったためであり，前後で緩やかにゼロになる場合には Δk は有限になる．

6.2.2 量子力学の不確定性原理

ここまで見てきたように，波には空間的な広がりがあり，波数にも広がりがある．一方，ニュートン力学での質点は無限小の大きさで，位置と速度がきちんと決まるものとして取り扱われるので，波と質点はまったく別のものであると認識するのは自然なことである．電磁波は別として，弦や空気など，波の媒質は無限に近い数の質点の集合でもあった．ところが，一見理想的な質点と考えられる電子などの素粒子の性質を調べていくうちに，質点であると考えては実験事実を説明することができず，波としての性質も兼ね備えたものとして考えなければならないということが，しだいに明らかになった．この粒子と波との二面性を記述するために，20世紀の初頭に，ニュートン力学に代わる**量子力学**が建設された．量子力学では，運動量 p をもつ粒子は波数 $k = p/\hbar$ の波としても振る舞うことになり，この運動量と波数の関係式は**ド・ブロイの関係式** (de Brogli relation) とよばれている．ここで $\hbar \equiv h/2\pi \simeq 1.05 \times 10^{-34}\mathrm{J \cdot s}$ は**プランク定数** (Planck constant) を 2π で割ったものである．この粒子に伴う波を直接観測することはできない．観測

できるのは粒子の位置や，運動量であり，波の強さはその確率を与えるのである．同じ長さ Δx の波束に対して何回も観測を行うと，粒子の位置の測定値は平均値の回りで Δx のばらつきをもち，運動量の測定値も $\Delta p = \hbar \Delta k$ のばらつきをもつ．波の性質により，この 2 つのばらつき（不確定さ）の間には次の関係がある．

$$\Delta x \Delta p \geq \frac{\hbar}{2}. \tag{6.43}$$

これがハイゼンベルク (Heisenberg) が提唱した不確定性原理である．

問 6.2 (1) 式 (6.42) で与えられる波束に対して，Δx を式 (6.34), (6.35) にならって計算せよ．

(2) 同じく式 (6.42) で与えられる波束をフーリエ変換して波数 k の波の重ね合わせで表し，式 (6.35) にならって Δk を計算すると無限大となることを確かめよ．

6.3 回折

光は直進するので，物体の影は明確にできる．一方，音は障害物を回り込むので，音源が見えない場所でも音を聞くことができる．この違いは光と音が違う種類の波であるためではなく，単に波長が違うためである．波は種類によらず，波長と同程度以下の狭い隙間（スリット）や穴を通過したあとで，進行方向が広がるという現象を示す．この現象を**回折** (diffraction) とよぶ．われわれの身の回りの物体は音の波長と同程度であるが，光の波長よりは圧倒的に大きいために，光の回折は簡単には観測できないのである．この節では波の回折を考察し，回折の原因と，大きな回折が起こる条件を明らかにする．

6.3.1 1 つのスリットによる回折

図 6.12 に示すように，3 次元空間を x 軸方向に進む平面波が，$x = 0$ にあるスリットを通ったあと，どのように広がるかを調べよう．$x < 0$ での波

は平面波であり，次式で表されるとする．

$$\xi(\boldsymbol{r},t) = \text{Re}\left(Ae^{i(kx-\omega t)}\right) = A\cos(kx-\omega t). \tag{6.44}$$

この式で，波数 k，角振動数 ω と波の速さ c には $ck = \omega$ の関係がある．yz 平面上のスクリーンには z 軸に沿って幅 a の穴（スリット）が開けられていて，波はこのスリットのみを通過できる．この問題をまず図解により調べ，次に数式を用いて厳密な議論を行おう．

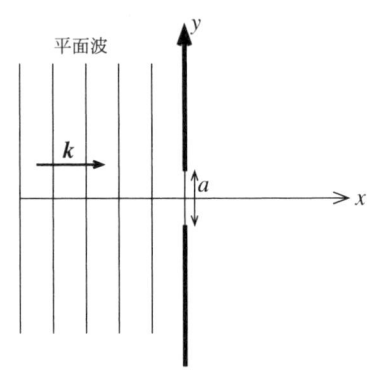

図 6.12 スリットによる回折．yz 面（紙面に垂直）におかれたスクリーンに幅 a のスリットを開ける．$x<0$ から平面波が入射すると，スリット通過後に波は回折により広がる．

(1) 図解による広がりの見積もり

図解による方法の出発点は，波長に比べて十分に小さいスリットを通った波は $x>0$ のあらゆる方向に広がっていくということである．この事実は後で数式を用いて示すことになるが，直感的にも理解できることである．すなわち，スリットのところでは，波は $\xi(0,t) = A\cos\omega t$ に従って振動し，あたかもその場所に点状の源（光源，音源など）があるように見える．この場所から波が球面波または円形の波として広がっていくというのは理解しやすいであろう．

スリット幅が有限の場合には，スリットを N 個に分割し，それぞれを十分に小さなスリットとみなす．$x>0$ での波は，これら小スリットからの波の重ね合わせで表せる．重ね合わせの結果，波の干渉が起こり，方向によっ

ては波の振幅がゼロになり，波の広がりに制限が付くことになる．

それでは，原点から距離 $r(\gg a)$ の点 P= $(r\cos\theta, r\sin\theta, 0)$ に到達する波を調べよう．この点での波の振幅は各小スリットからの波の重ね合わせで与えられる．各小スリットを通った波の経路は長さが異なるので，波の位相は経路ごとに異なり，干渉が起こることになる．スリット中央（原点）を通った波の点 P での位相は距離が r であるから，$kr - \omega t$ である．一方，図 6.13 に示すように，点 A を通る波と，点 B を通る波の経路の差は角度 ∠BAC= θ より $a\sin\theta$ であるから，位相の違いは $ka\sin\theta$ であり，スリットの中央を通る波の位相に比べて，点 A を通る波の位相は $(-ka/2)\sin\theta$，点 B を通る波の位相は $(ka/2)\sin\theta$ だけ異なる．すなわち，スリットを $N \gg 1$ 個に分割したときには n 番目の波の位相差 ϕ_n は

$$\phi_n = \left(\frac{n}{N} - \frac{1}{2}\right) ka\sin\theta \quad (1 \leq n \leq N) \tag{6.45}$$

であり，重ね合わせた波は，係数を別にして

$$\mathrm{Re}\left(\sum_{n=1}^{N} e^{i(kr-\omega t) + i\phi_n}\right) = \mathrm{Re}\left(e^{i(kr-\omega t)} \sum_{n=1}^{N} e^{i\phi_n}\right) \tag{6.46}$$

で表され，振幅は $\left|\sum_{n=1}^{N} e^{i\phi_n}\right|$ に比例する．

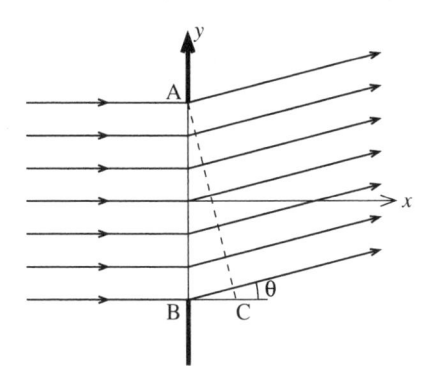

図 **6.13** スリットを通り，原点から距離 $r(\gg a)$ の点 P= $(r\cos\theta, r\sin\theta, 0)$ に向かう波は各小スリットからの波が重ね合わされたものである．$r \gg a$ であるので，各スリットからの波はほぼ平行に点 P に向かう．θ 方向に垂直に描いた破線 AC を通過後点 P までの距離はすべての波で等しいとみなせるので，経路の差はスリットの位置 AB を通過してから線 AC を通過するまでの距離で与えられる．

この和が θ とともにどのように変化するかを図示しよう．図 6.14(a) に示すように，$\theta = 0$ では $\phi_n = 0$ であり，すべての波は同位相で足し合わされ，波は強い．$\sin\theta = \pi/(ka)$ では N 個の波の位相は $-\pi/2$ から $\pi/2$ の間に均等に分布し，足し合わせた波は $\theta = 0$ に比べて，かなり小さくなる．さらに角度が増加し，$\sin\theta = 2\pi/(ka)$ では図 6.14(c) に示すように $-\pi$ から π まで均等に分布し，和は消えてしまう．この $\sin\theta$ の増加による波の変化は 6.1 節で考察した波束の x 依存性ととてもよく似ている．6.1 節では重ね合わせる波の波数が違うために x の増加とともに位相がばらけたのだが，ここでは，$\sin\theta$ の増加により，経路の長さが変化するために，位相がばらけたのである．以上の考察により，幅 a のスリットを通過した波はほぼ $-2\pi/(ka) < \sin\theta < 2\pi/(ka)$ の範囲に広がることがわかった．波の波長は $\lambda = 2\pi/k$ であるから，この式は $-\lambda/a < \sin\theta < \lambda/a$ と書くこともできる．

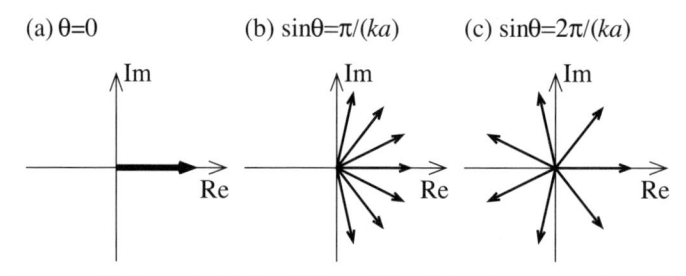

(a) θ=0　　　(b) sinθ=π/(ka)　　　(c) sinθ=2π/(ka)

図 **6.14** 重ね合わせる前の波の様子．n 番目の波とスリットの中心を通る波との位相差を ϕ_n として，代表的な θ に対する $e^{i\phi_n}$ を示す．ここでは図示の都合上 $N = 7$ として，$n = 1$ から 7 までの 7 つの $e^{i\phi_n}$ が示されている．重ね合わせた波の強さは，これらの複素数の和の絶対値に比例する．(a) $\theta = 0$, (b) $\sin\theta = \pi/(ka)$, (c) $\sin\theta = 2\pi/(ka)$ である．

(2) 数式による取り扱い

次に数式を用いた厳密な計算を行おう．式 (6.44) で表される平面波が入射したとき，スリットを通過した直後の波は次式で与えられる．

$$\xi(\boldsymbol{r},t) = \begin{cases} 0 & (y < -\frac{a}{2}) \\ \mathrm{Re}\left(A\mathrm{e}^{\mathrm{i}(kx-\omega t)}\right) & (-\frac{a}{2} \leq y \leq \frac{a}{2}) \\ 0 & (y > \frac{a}{2}) \end{cases}$$
$$\equiv f(y)\mathrm{Re}\left(A\mathrm{e}^{\mathrm{i}(kx-\omega t)}\right). \tag{6.47}$$

この式で x は記されてはいるが，この式が成り立つのは x が無限小の正の値の場合だけである．ここで導入した $f(y)$ はスリットの開口部のみで有限値 1 をとる関数だが，これをフーリエ積分を用いて表そう．

$$f(y) = \begin{cases} 0 & (y < -\frac{a}{2}) \\ 1 & (-\frac{a}{2} \leq y \leq \frac{a}{2}) \\ 0 & (y > \frac{a}{2}) \end{cases}$$
$$= \frac{1}{\sqrt{2\pi}} \int_{-\infty}^{\infty} \mathrm{d}k_y\, g(k_y)\, \mathrm{e}^{\mathrm{i}k_y y}. \tag{6.48}$$

このとき $g(k_y)$ は次のようになる．

$$\begin{aligned} g(k_y) &= \frac{1}{\sqrt{2\pi}} \int_{-\infty}^{\infty} f(y)\, \mathrm{e}^{-\mathrm{i}k_y y}\mathrm{d}y \\ &= \frac{1}{\sqrt{2\pi}} \int_{-\frac{a}{2}}^{\frac{a}{2}} \mathrm{e}^{-\mathrm{i}k_y y}\mathrm{d}y \\ &= \frac{1}{\sqrt{2\pi}} \frac{\mathrm{e}^{-\mathrm{i}\frac{a}{2}k_y} - \mathrm{e}^{\mathrm{i}\frac{a}{2}k_y}}{-\mathrm{i}k_y} \\ &= \sqrt{\frac{2}{\pi}} \frac{\sin\left(\frac{a}{2}k_y\right)}{k_y}. \end{aligned} \tag{6.49}$$

この結果 $f(y)$ は

$$f(y) = \frac{1}{\pi} \int_{-\infty}^{\infty} \mathrm{d}k_y \frac{\sin\left(\frac{a}{2}k_y\right)}{k_y} \mathrm{e}^{\mathrm{i}k_y y} \tag{6.50}$$

と表される．この式を用いるとスリット通過直後の波は次の式で表されることになる．

$$\xi(\boldsymbol{r},t) = \frac{1}{\pi}\mathrm{Re}\left[\int_{-\infty}^{\infty} \mathrm{d}k_y \frac{\sin\left(\frac{a}{2}k_y\right)}{k_y} A\mathrm{e}^{\mathrm{i}(kx+k_y y - \omega t)}\bigg|_{x=0}\right]. \tag{6.51}$$

この結果は，次のように解釈できる．スクリーンの手前では，波は yz 方向には無限遠まで広がっていて，y 方向，z 方向の波数はそれぞれ $k_y = 0$,

$k_z = 0$ に確定しており，波数ベクトルは $\bm{k} = (k_x, 0, 0)$ であった．しかし，スリットを通過することにより，通過直後の波の y 方向の広がりは幅 a の範囲に限定されてしまった．このため，波束の反比例関係により y 方向の波数に広がりが生じ，波は有限の大きさの k_y をもつ波の重ね合わせで表されることとなった．波の進行方向は波数ベクトルの方向であるから，有限の k_y の波はスリット通過後は斜めに進んでいくこととなり，これが回折現象にほかならない．

式 (6.51) はスリット通過直後の波を表している．次にわれわれが行うべきことは，$x > 0$ での波の式を求めることである．波が満たすべき条件は，

(1) $x = 0$ での波が式 (6.51) に一致すること（境界条件）
(2) $x > 0$ で波動方程式を満たすこと

の2点である．このためには，波を次のように表せばよい．

$$\xi(\bm{r}, t) = \frac{1}{\pi} \mathrm{Re} \left[\int_{-\infty}^{\infty} dk_y \frac{\sin\left(\frac{a}{2} k_y\right)}{k_y} A e^{i(k_x x + k_y y - \omega t)} \right]. \quad (6.52)$$

式 (6.51) との違いは，指数関数の肩で kx を $k_x x$ に変えたことである．すなわち，波数ベクトルは $\bm{k} = (k, k_y, 0)$ でなくて，$(k_x, k_y, 0)$ にしなければならない．x 方向の波数 k_x を $c^2 (k_x^2 + k_y^2) = c^2 k^2 = \omega^2$ を満たすように決めれば，波動方程式が満たされる．$x = 0$ での振る舞いはこの変更で影響を受けないから，変更後の式が境界条件を満たすことは明らかである．k_x を具体的に書くと，

$$k_x = \begin{cases} \sqrt{k^2 - k_y^2} & (|k_y| < k), \\ i\sqrt{k_y^2 - k^2} & (|k_y| > k) \end{cases} \quad (6.53)$$

である．積分の $|k_y| < k$ の領域は回折波には平面波が重ね合わせられていることを示している．入射波とのつながりから，k_x は正にとらなければならない．残りの $|k_y| > k$ の領域では k_x は純虚数になっている．この成分は $x > 0$ で $e^{-\sqrt{k_y^2 - k^2}\, x}$ に従って指数関数的に減衰するスクリーン近傍のみに存在する波である．ここで k_x の符号を逆にして，$k_x = -i\sqrt{k_y^2 - k^2}$ とすると，$x > 0$ で増大する波になってしまい，これは物理的に許されない．このように，回折波は平面波と減衰する波の和によって $x > 0$ の全領

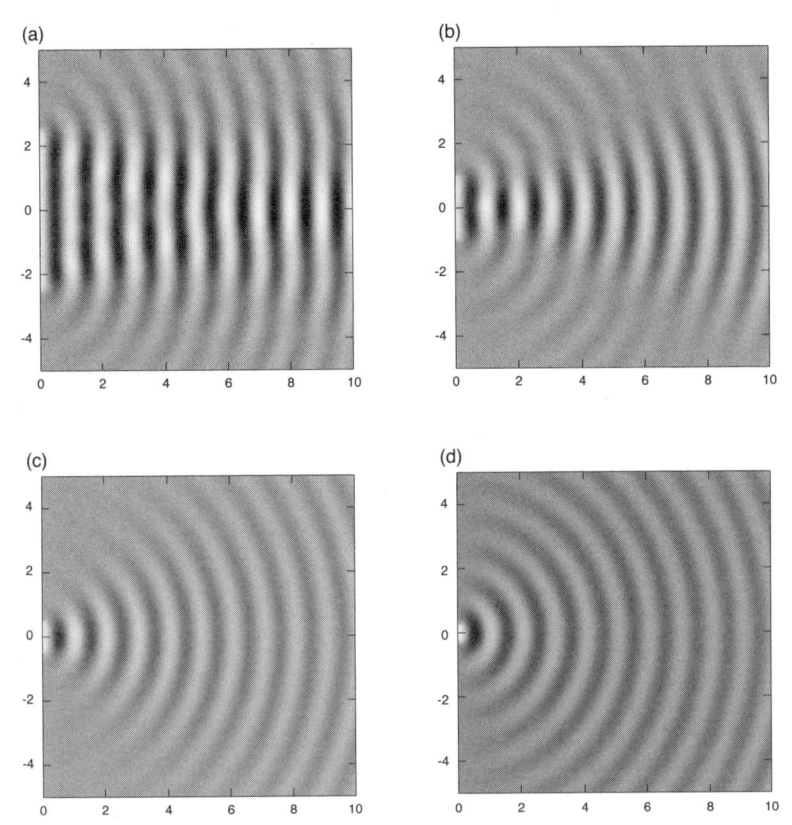

図 6.15 回折による波の広がり．波長を $\lambda = 2\pi/k$ として，$0 \leq x \leq 10\lambda$, $-5\lambda \leq y \leq 5\lambda$ の領域，$t = 0$ での波の様子 $\xi(\boldsymbol{r}, 0)$ を示す．$\xi(\boldsymbol{r}, t)$ は -1 と 1 の間の値をとる．-1 の場所は黒，$+1$ の場所は白として，中間の値の場所はその間の濃さの灰色で示してある．スリットの幅は (a) $a = 5\lambda$, (b) $a = 2\lambda$, (c) $a = \lambda$, (d) $a = 0.5\lambda$ である．

域で正しく記述されるのである．この式に従って回折波を計算した結果を図 6.15 に示す．これらの図では波長を $\lambda = 2\pi/k$ として，$0 \leq x \leq 10\lambda$, $-5\lambda \leq y \leq 5\lambda$ の領域での波の様子が示されている．(a)-(d) にはそれぞれ $a = 5\lambda$, $a = 2\lambda$, $a = \lambda$, $a = 0.5\lambda$ の場合が示されている．スリット幅が広い (a) では波はほぼ直進するのに対し，スリット幅が波長より狭い (d) では波の広がりは大きいことがわかる．

次に，スリットより十分遠方での波の広がりを見積もろう．図 6.16 に示すように，x 軸から θ 方向へ進む波は y 方向の波数が $k_y = k\sin\theta$ であるものである．この k_y をもつ平面波の振幅は式 (6.52) より

$$\frac{\sin\left(\frac{a}{2}k_y\right)}{k_y} \tag{6.54}$$

に比例し，これを θ を用いて表すと

$$A(\theta) \equiv \frac{\sin\left(\frac{a}{2}k\sin\theta\right)}{k\sin\theta} \tag{6.55}$$

となる．振幅の 2 乗の $\sin\theta$ 依存性を図 6.17 に示す．振幅が初めて 0 になるのは，$ka\sin\theta = 2\pi$，すなわち，$a\sin\theta = \lambda$ のときだが，この方向の波が消えることはすでに図解で見たとおりである．このときの角度を，波の広がりの目安とすることができる．この結果から，初めに予想したように，$a < \lambda$ の場合には，波は $x > 0$ のすべての方向に広がることがわかるし，逆に $a \gg \lambda$ の場合には波はほとんど広がらず，ほぼ直進することがわかった．

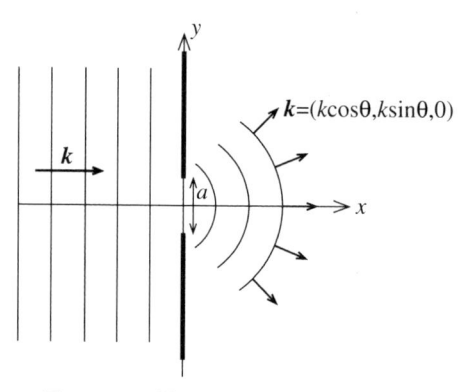

図 6.16 回折による波の広がり．x 軸から θ 方向に進む波は y 方向の波数が $k_y = k\sin\theta$ であるものである．

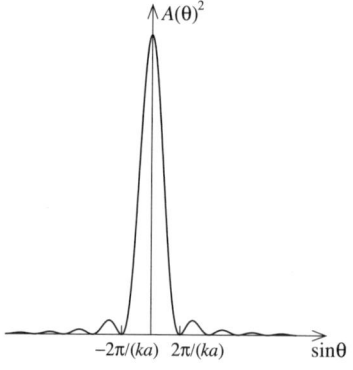

図 6.17 回折による波の広がりの角度依存性．式 (6.55) の $A(\theta)^2$ の角度依存性を示す．$A(\theta)^2$ は $ka\sin\theta$ が 2π の整数倍になるときにゼロとなる．

問 6.3 図解による方法では重ね合わせた波が式 (6.46) で表されることを用いた．この式を $N \to \infty$ の場合に計算すると，式 (6.55) と同じ結果が得

られることを示せ.

6.3.2 目と望遠鏡の分解能

人間の目や望遠鏡の対物レンズ, 反射鏡は大きさが限られている. 物を見るときに, 口径によって限られた領域の光を用いるために, 回折が起こり, 1 点から出た光も広がった像を作ることになる. このため, 非常に近接した 2 点の像は重なり合ってしまって 1 つの点に見えることになる. どの程度離れた 2 点を 2 点として観測できるかを表すのが**分解能** (resolution) という量である.

ここで, x 軸に平行な波数ベクトル $\boldsymbol{k} = (k, 0, 0)$ をもつ平面波とともに, 同じ振動数で, 同じ強さの平面波が角度 θ' でスクリーンに入射する場合を見てみよう. θ' の平面波の波数ベクトルは $\boldsymbol{k}' = (k\cos\theta', k\sin\theta', 0)$ である. 光の場合には違う光源からの光は干渉しないと考えてよい. そのため, $x > 0$ で θ 方向に進む波の強さは, 双方の光の強さを単に足し合わせて $I(\theta; \theta') = A(\theta)^2 + A(\theta - \theta')^2$ で与えられる. 光は波であるから, 本当は干渉を起こすのだが, 実際には 2 つの光が干渉しないように見えるのは次のような事情による. レーザー光ではない普通の光は長さ数メートルの波束の集まりでできており, 波束ごとに初期位相が異なる. このため, 干渉によって生じる山や谷の位置は 10^{-8} 秒程度の速さでランダムに変化し, 目を含む通常の観測装置では, これらの平均が観測されることになる. この平均値が強さの和になることは容易に示すことができる.

分解能が問題になる場合にはスリット幅 a は波長より十分に大きいはずなので, 強さの和 I は $\theta \ll 1$ の範囲で調べればよいから,

$$I(\theta; \theta') \simeq \left[\frac{\sin(\frac{1}{2}ak\theta)}{k\theta}\right]^2 + \left\{\frac{\sin[\frac{1}{2}ak(\theta-\theta')]}{k(\theta-\theta')}\right\}^2 \qquad (6.56)$$

となる. $I(\theta; \theta')$ をいくつかの θ' に対して, θ の関数としてプロットしたものを図 6.18 に示す. この図で, $ka\theta' = (\pi/2)n$ ($n = 0, 1, 2, \cdots, 8$) であり, n の値は縦軸の右上に記してある. この図からわかるように, θ' が小さい場合には 2 つの波による回折波は $\theta = 0$ 近傍の 1 つのピークとなっていて, 分離できない. ピークが分離し始めるのは $n \geq 4$, すなわち, $ka\theta' \geq 2\pi$ の

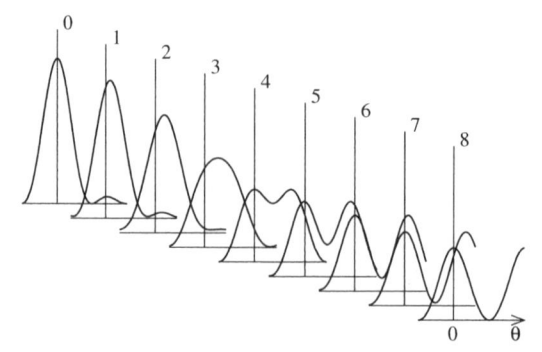

図 **6.18** 幅 a のスリットに波数ベクトルの角度が θ' だけ違う 2 つの同じ波数 k, 同じ強さの波が入射するときの回折波の角度依存性. 横軸は x 軸からの角度 θ であり, $ka\theta' = (\pi/2)n\,(n=0,1,\cdots,8)$ の場合を示す. n の値を縦軸の右上に記す. 回折波が 2 つの波に分離するのは $ka\theta' \geq 2\pi$ の場合である.

場合である.このことから,方向が θ' 離れた 2 点を分離して観測する,つまり分解能 θ' を得るためには少なくともスリットの幅は $a \geq 2\pi/(k\theta') = \lambda/\theta'$ である必要があることがわかる.図からわかるように,ピークは徐々に分離するので,どの角度で分離できるかは測定法に依存するであろう.口径 D の望遠鏡での分解能は $1.2\lambda/D$ と定義されているが,係数 1.2 にはこだわらずに,人間の目とすばる望遠鏡を例にして分解能について考察していこう.

(1) 目

図 **6.19** ランドルト環.

人間の視力はよい人で 1.5,近視や遠視の人でも眼鏡やコンタクトレンズを用いて 1.2 程度に矯正するのが普通である.この視力と,目の分解能の関係を調べてみよう.視力の測定には文字も使われるが,一般的には図 6.19 に示すランドルト (Landolt) 環とよばれる輪の切れ目の方向を判断する方式が用いられる.5m 離れた場所のランドルト環の長さ 1.5mm の切れ目を見分けられる場合に視力は 1.0 であるが,これは,5m 先の 1.5mm の長さは視角が 1 分角 $=(1/60)$ 度になることによっていて,見分けられる視角が a 分角であれば,

視力は $1/a$ というのが視力の定義である．

人間の目にはカメラの絞りに相当する虹彩 (iris) というものがあり，明るさに応じてレンズの開口部にあたる瞳孔 (pupil) の大きさを変えている．明るい場所では，瞳孔の大きさは直径 3 mm 程度になっている．これをスリットの幅 a とし，代表的な光の波長として $\lambda = 500\,\mathrm{nm}$ を用いると，瞳孔を通った光の広がりは $\theta \simeq \lambda/a = 500\,\mathrm{nm}/3\,\mathrm{mm} = 1.7 \times 10^{-4}\,\mathrm{rad}$ となる．1 度角は 0.01745 rad，1 度は 60 分であるから，光の広がりは 0.57 分角であり，視角がこれより小さい 2 点の分解は困難である．光の波長には幅があるし，瞳孔の広がりも明るさによって変わるが，視力 1.5 というのは人間の目の分解能の上限に近い値であることがわかる．

(2) 望遠鏡

すばる望遠鏡は 8.2 m の有効口径をもつ反射望遠鏡で標高 4,200 m のハワイ島マウナケア (Mauna Kea) 山頂に設置されている．公称の分解能は 0.2 秒角といわれている．60 秒角が 1 分角であるから 0.2 秒角 $= 9.7 \times 10^{-7}\,\mathrm{rad}$ ということになり，方向にして，$9.7 \times 10^{-7}\,\mathrm{rad}$ 離れた 2 点を分解できることを意味している．一方，スリットを通った光の広がりの理論値 $\sin\theta = \lambda/a$ に対して $a = 8.2\,\mathrm{m}$，$\lambda = 500\,\mathrm{nm}$ を用いると，$\theta = 500\,\mathrm{nm}/8.2\,\mathrm{m} = 6 \times 10^{-8}\,\mathrm{rad}$ が得られるので，公称値の分解能は約 1 桁理論値より悪いことになる．実は，大気には密度の揺らぎがあり，屈折率は一様ではない．この結果，大気は質の悪いレンズとして働くので，地上の望遠鏡の分解能は理論値より小さくなるのである．大気のゆらぎの典型的な波長は 20 cm 程度といわれている．実際，星を肉眼で見るときに，風の強い日など特に激しくまたたくのは大気の屈折率が変動するためである．すばる望遠鏡が大気が薄く，安定しているマウナケア山頂に設置されているのはこの影響をなるべく少なくするためであるが，それでも影響を受けているのである．なお，すばる望遠鏡では，波面補償光学装置というものを用いて，大気の揺らぎを補正し，0.06 秒角 $= 2.9 \times 10^{-7}\,\mathrm{rad}$ の分解能まで高めることも可能であるという．

それではこの分解能でどのようなものが見えるのだろうか？ $2.9 \times 10^{-7}\,\mathrm{rad}$ の分解能だと，もし，5 m 先の物を見るとすると，$1.5\,\mu\mathrm{m}$ 離れた

2点が分解できるわけだが，もちろんこのように近い物を見るわけではない．宇宙で大きさを見たい物の1つは，星の大きさであろう．太陽以外の恒星で，一番立体角が大きいのはオリオン (Orion) 座の首星，左上に赤く輝き，赤星，平家星ともよばれるベテルギウス (Betelgeuse) である．この星は赤色超巨星 (red supergiant) とよばれる種類の星で，古くなった星が膨れ上がり，太陽系でいえば地球の公転軌道の9倍程度の大きさにまで膨張した星である．ベテルギウスまでの距離は500光年で，比較的太陽系に近いので，視角は0.06秒角になる．これはすばる望遠鏡で大きさを確認するにはきわどい大きさであるといえる．それではベテルギウスの大きさはどのようにして知ることができるのであろうか？ それには2つの望遠鏡をある程度離して設置し，2つの望遠鏡の光を干渉させる光学干渉計 (optical interferometer) というものを用いるのである．この方法では例えば $d = 500\,\mathrm{m}$ 離した望遠鏡で $\lambda = 500\,\mathrm{nm}$ の光を観測すれば，分解能 $\lambda/d = 10^{-9}\,\mathrm{rad}$ が得られるのである．分解能がこのようになることは，距離 d 離れた2つのスリットを通った光の様子を考察することによって知ることができるのだが，これに関しては，多数のスリットを等間隔で並べたもの，すなわち回折格子についての考察を6.4節で行うさいに説明する．

問 6.4 偵察衛星は高度 490 km の軌道から地上の 1 m の大きさの物を見分けることができるという．使われているカメラのレンズの口径を推測せよ．

6.3.3 ホイヘンスの原理

波長に比べて小さいスリットを通った波は回折により広がっていくことを見た．有限幅のスリットの場合には小スリットに分割し，各スリットからの波の重ね合わせで波の伝播を定性的に理解することができることも見た．この議論ではスリットの幅に制限は付けていないから，いくらでも大きなスリットを考えてもよい．ただし，各小スリットでの位相がすべてそろっていることは強調はしなかったが重要なことである．位相がそろっていないときには，等位相面である波面上に小スリットを並べればよいのだが，この考えを拡張していくと，最終的には位相が一定である1つの波面全体を微小な

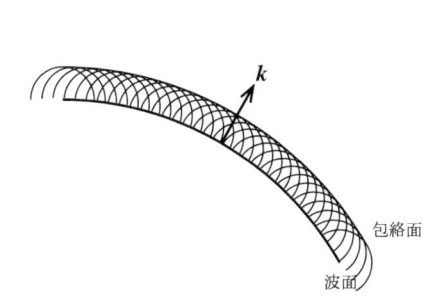

図 6.20 ホイヘンスの原理．波面上の各点から球面波が発生し，それらの波の包絡面が次の波面となる．k は波の進行方向を示す．

面に分割するという考えに到達する．この場合，波面は平面である必要はない．分割した微小面を小スリットだとみなせば，もともとスリットなどが存在しない空間での波の伝播を，波面の各点からの球面波の重ね合わせで考えることができるであろう．このような考え方はニュートン力学やマクスウェル電磁気学が現れる前に波の伝播を理解するためにホイヘンス (Huygens) によって提唱された**ホイヘンスの原理**と基本的に同じものである．ホイヘンスの原理とは図 6.20 に示すように，ある瞬間の波面の各点から球面波（素元波とよばれることがある）が発生し，それらの波の包絡面が次の波面となるというものである．始めの波面上では位相は定義によってすべて等しい．包絡面上では元の波面上の近くの点からの球面波の位相は等しい．したがって，包絡面は等位相面となり，次の瞬間の波面となるのである．この原理は定量的な議論に向いているとはいえないが，定性的な議論には有効である．また，反射・屈折の場合にはスネルの法則を正しく導くことができる．

6.3.4 障害物での回折

スリットでの回折に関連して，スリットとスクリーンの場所を入れ替えた，幅 a の障害物による回折を考えることができる．図 6.21 に示すように，原点に y 方向の幅が a である障害物があるとする．x 軸の負の方向から式 (6.44) で表される $\bm{k} = (k, 0, 0)$ の平面波が入射し，$x > 0$ での波が $\tilde{\xi}(\bm{r}, t)$ であるとしよう．この波と，式 (6.52) のスリットを通過した波を重ね合わせるとどうなるだろうか？ これはスリットも障害物もないときの波を $x = 0$ の面上で仮想的に $|y| < a/2$ と $|y| \geq a/2$ の 2 つの波に分け，しかる後に

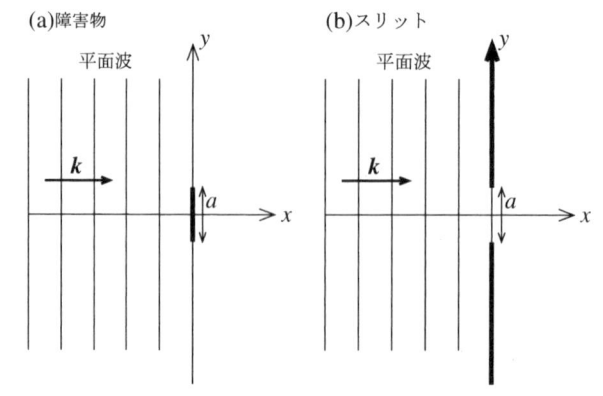

図 **6.21** 障害物での回折. (a) に示すように y 軸上 $-a/2 < y < a/2$ に波を遮る障害物がある場合にも回折が生じる. このときの波の広がりは (b) に示す $-a/2 < y < a/2$ が開口部であるスリットでの回折波の広がりと等しい.

重ね合わせたものと同じものであるから,当然元の平面波が再現されるはずである.したがって,障害物によって生成される回折波と,スリットによる回折波は重ね合わせて消えるものでなければならない.つまり,これらは同振幅で,逆位相の波ということになる.結局,幅 a の障害物による回折での波の広がりは同じ幅のスリットによる波の広がりと等しいと結論できる.

6.4 回折格子

6.4.1 N 本のスリットでの回折

回折格子 (diffraction grating) というのは N 本のスリットを等間隔で並べたもので,分光に用いられる.前節同様スリットの位置は $x = 0$ の面上として,図 6.22 に示すように,y 方向に等間隔に並んでいるものとしよう.すなわち,開口部は

$$nd - \frac{a}{2} \leq y \leq nd + \frac{a}{2} \quad (n = 0, 1, 2, \cdots, N-1) \tag{6.57}$$

とする.

波も前節と同様に $x < 0$ では平面波であり,

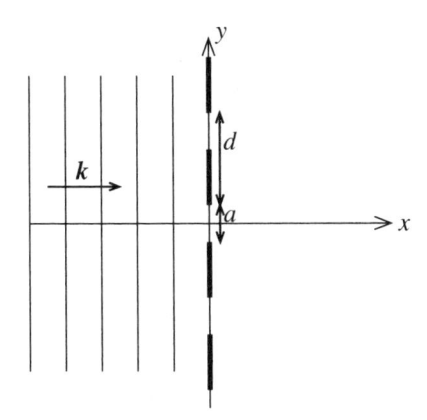

図 **6.22** 回折格子．幅 a のスリットを間隔 d で N 本並べたもの．

$$\xi(\boldsymbol{r}, t) = \mathrm{Re}\left(A\mathrm{e}^{\mathrm{i}(kx-\omega t)}\right) \tag{6.58}$$

とする．回折格子を通過直後の $x = 0$ では

$$\xi(\boldsymbol{r}, t) = \begin{cases} \mathrm{Re}\left(A\mathrm{e}^{\mathrm{i}(kx-\omega t)}\right) & \left(nd - \frac{a}{2} \leq y \leq nd + \frac{a}{2}\right), \\ 0 & \left(nd + \frac{a}{2} \leq y \leq (n+1)d - \frac{a}{2}\right) \end{cases}$$
$$\equiv f(y)\,\mathrm{Re}\left(A\mathrm{e}^{-\mathrm{i}\omega t}\right) \tag{6.59}$$

である．図解による理解は後回しにして，ただちに数式を用いた考察に入ろう．前節と同様に $f(y)$ をフーリエ積分で表せば，通過後の波を平面波の和で表せることになる．

$$\begin{aligned} f(y) &= \begin{cases} 1 & \left(nd - \frac{a}{2} \leq y \leq nd + \frac{a}{2}\right), \\ 0 & \left(nd + \frac{a}{2} \leq y \leq (n+1)d - \frac{a}{2}\right) \end{cases} \\ &= \frac{1}{\sqrt{2\pi}} \int_{-\infty}^{\infty} \mathrm{d}k_y\, g(k_y)\, \mathrm{e}^{\mathrm{i}k_y y} \end{aligned} \tag{6.60}$$

と書いて，$g(k_y)$ を求めていく．

$$g(k_y) = \frac{1}{\sqrt{2\pi}} \int_{-\infty}^{\infty} f(y) e^{-ik_y y} dy$$

$$= \frac{1}{\sqrt{2\pi}} \sum_{n=0}^{N-1} \int_{nd-\frac{a}{2}}^{nd+\frac{a}{2}} e^{-ik_y y} dy$$

$$= \frac{1}{\sqrt{2\pi}} \sum_{n=0}^{N-1} e^{-ink_y d} \int_{-\frac{a}{2}}^{\frac{a}{2}} e^{-ik_y y} dy$$

$$= \sqrt{\frac{2}{\pi}} \frac{\sin\left(\frac{a}{2}k_y\right)}{k_y} \frac{1-e^{-iNk_y d}}{1-e^{-ik_y d}}$$

$$= \sqrt{\frac{2}{\pi}} \frac{\sin\left(\frac{a}{2}k_y\right)}{k_y} \frac{\sin\left(\frac{Nd}{2}k_y\right)}{\sin\left(\frac{d}{2}k_y\right)} e^{-\frac{1}{2}i(N-1)k_y d}. \quad (6.61)$$

こうして得られた $g(k_y)$ を用いて $x>0$ の波は次のようになる．

$$\xi(\boldsymbol{r},t) = \frac{1}{\sqrt{2\pi}} \int_{-\infty}^{\infty} dk_y\, g(k_y) \operatorname{Re}\left(A e^{i(k_x x + k_y y - \omega t)}\right). \quad (6.62)$$

ここで，前と同様に k_x は $c^2(k_x^2 + k_y^2) = \omega^2$ より決められる．

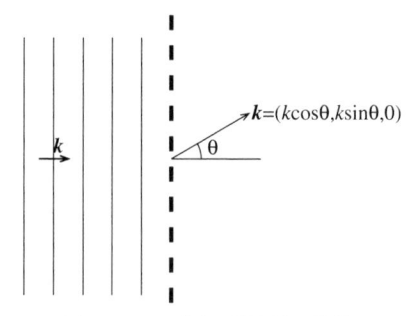

図 **6.23** θ 方向に進む波の波数．

図 6.23 に示すように，回折格子通過後に θ 方向に進む波は $k_y = k\sin\theta$ の波であり，波の強さは $|g(k_y)|^2$ に比例する．これを次のように表そう．

$$|g(k_y)|^2 = \frac{2}{\pi} \frac{\sin^2\left(\frac{1}{2}ka\sin\theta\right)}{k^2 \sin^2\theta} \frac{\sin^2\left(\frac{1}{2}Nkd\sin\theta\right)}{\sin^2\left(\frac{1}{2}kd\sin\theta\right)}$$

$$\equiv \frac{2}{\pi} A(\theta)^2\, L(\theta)^2. \quad (6.63)$$

ここで，

6.4 回折格子 195

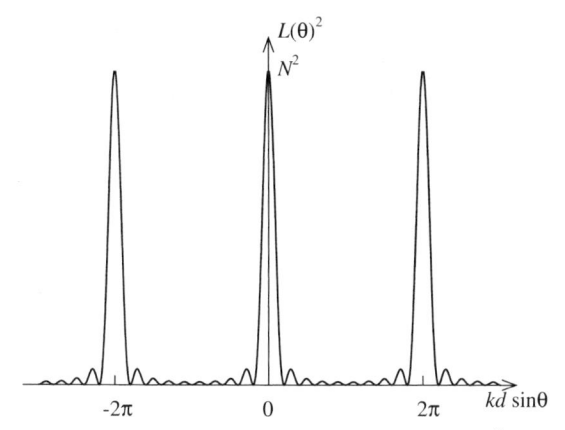

図 **6.24** 回折格子を通過後 θ 方向に進む波の強さを表す $L(\theta)^2$ の角度依存性. $N = 10$ の場合.

$$A(\theta) = \frac{\sin\left(\frac{1}{2}ka\sin\theta\right)}{k\sin\theta}$$

は1つのスリットの回折にも現れた項 (式 (6.55)) で,個々のスリットの効果を表す.一方,

$$L(\theta) \equiv \frac{\sin\left(\frac{1}{2}Nkd\sin\theta\right)}{\sin\left(\frac{1}{2}kd\sin\theta\right)} \quad (6.64)$$

はスリットがたくさんある効果,すなわち,スリット間の干渉効果を表す.図 6.24 に $L(\theta)^2$ の θ 依存性を示す.直進する場合,すなわち $\theta = 0$ にピークがあるのは,すべてのスリットからの波が同じ位相をもつからである.この他,$L(\theta)^2$ は分母がゼロになるとき,すなわち n を整数として $kd\sin\theta = 2n\pi$ のときに同じ大きさ N^2 のピークをもつ.これらのピークの角度は **n 次の回折角**とよばれる.n 次の回折角では図 6.25 に示すように,隣り合ったスリットからの波の位相差が $2n\pi$ になる.回折角は波長が長い方が大きい.すなわち,赤い光

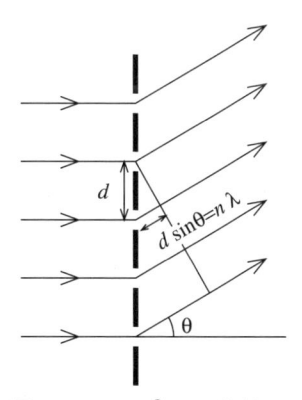

図 **6.25** $L(\theta)^2$ の n 番目のピークの方向では隣り合うスリットからの光の光路差は $n\lambda$ であり,位相差は $2n\pi$ である.この結果,すべてのスリットからの光の位相がそろう.

の方が，紫の光よりも大きな θ でピークとなる．このため，回折格子は分光に使えるのである．

$L(\theta)^2$ はこのような N^2 の大きさのピークの間で $N-1$ 回ゼロになり，ゼロ点の間には小さなピークがある．小ピークの大きさは回折角から離れるにつれて急速に小さくなる．$\theta = 0$ の大ピークの次にある小ピークの位置は $\sin\theta = 3\pi/(Nkd)$ で，ここでの $L(\theta)^2$ の値は

$$L\left[\sin^{-1}\left(\frac{3\pi}{Nkd}\right)\right]^2 = \frac{1}{\sin^2\left(\frac{3\pi}{2N}\right)} \simeq \frac{4}{9\pi^2}N^2$$
$$= 0.045 N^2 \tag{6.65}$$

であり，それほど小さくはない．しかし，このピークの位置 $\theta \simeq 3\pi/(Nkd)$ は，N が大きい場合にはほとんど0次の回折角 $\theta = 0$ と重なっている．小ピークの大きさは回折角からの変位の2乗に反比例して小さくなるので，例えば $\theta \simeq 30\pi/(Nkd)$ 付近の小ピークの大きさは $0.00045N^2$ という小さなものになっている．

光学で用いられる回折格子は1mmあたり500から1,000程度のスリットが並べられている．したがって，例えば1mmあたり1,000スリットの回折格子の大きさが3cmの場合，$N = 30{,}000$ ということになる．このように大きな N では $L(\theta)^2$ はほとんど δ 関数が等間隔に並んだものに思えるだろう．実際，$N \to \infty$ ではピークは δ 関数が等間隔に並んだものに移行する．N が無限大であるためには，スリットを y 方向に無限に並べなければならない．このとき，式 (6.60) の $f(y)$ は周期関数となるので，フーリエ積分はフーリエ級数で表されることになる．L^2 が δ 関数を並べたものになるのはこのためである．

問 6.5 N が無限大で $f(y)$ が周期関数となるとき，許される k_y の値はどのようなものか調べよ．

6.4.2 $N = 2$ の場合

最後に N が小さい極限として，$N = 2$ の場合を考察しよう．このとき，

$$L(\theta) = 2\cos\left(\frac{1}{2}kd\sin\theta\right) \tag{6.66}$$

となるので，2つのスリットを通った光をスクリーンで受けると，明るさは周期的に変化することになる．このような，干渉による明暗の変化を**干渉縞** (fringe) とよぶ．この結果は入射光が平面波の場合であるが，点光源からの球面波の場合でも，干渉縞が得られることは明らかであろう．干渉縞のもっとも明るいところは，2つのスリットからの光の位相差が 2π の整数倍のところであり，もっとも暗いところは位相差が π の奇数倍のところである．

入射光が平面波の場合を考えよう．進行方向が x 軸から ϕ だけずれているとする．すなわち，入射光の波数ベクトルが $\boldsymbol{k} = (k\cos\phi, k\sin\phi, 0)$ の場合である．このとき出射光の波数ベクトルが同じ $\boldsymbol{k} = (k\cos\phi, k\sin\phi, 0)$ である光は2つのスリット間で位相のずれはないから，干渉縞の明るい方向である．このため，$\boldsymbol{k} = 0$ の平面波と同時に同じ強度で $\boldsymbol{k} = (k\cos\phi, k\sin\phi, 0)$ の平面波が入射し，ϕ がちょうどはじめの平面波の干渉縞がもっとも暗くなる方向 $\phi = \arcsin[\pi/(kd)]$ であれば，干渉縞は見えなくなってしまう．光源が有限の大きさをもち，スリットから見たその広がりが角度にして $\arcsin[\pi/(kd)]$ 程度であれば，やはり干渉縞は明瞭には見えなくなる．このことを用いれば，d を変化させて干渉縞を観測することにより，光源の大きさが測定できる．前節で触れたベテルギウスなどの星の直径はスリットの代わりに2つの望遠鏡を用いた光学干渉計によって測定できるのである．この場合，望遠鏡間の距離はわざわざ変える必要はない．地球の自転による星との相対的な位置の変化によって同様の効果が得られるのである．

付録

A 本書で必要な数学

ここでは，本書で重要な役割を果たすテイラー展開とオイラーの公式をまとめておく．

A.1 テイラー展開

物理で現れる関数は通常滑らかな連続関数であり，何回でも微分可能である．このような関数は次のように多項式で近似することができる．

$$f(x) = f(x_0) + \sum_{n=1}^{\infty} a_n (x-x_0)^n . \tag{A.1}$$

ここで，x_0 は任意である．係数 a_n は両辺を x で n 回微分し，$x = x_0$ を代入することにより

$$a_n = \frac{f^{(n)}(x_0)}{n!} \tag{A.2}$$

であることがわかる．右辺の級数が収束すれば，$f(x)$ は右辺で正しく与えられる．この $f(x)$ の級数表示を $f(x)$ の x_0 でのテイラー展開 (Taylor expansion) という．物理では $x \simeq x_0$ の場合には初めの少数項のみで $f(x)$ が十分によく近似されることが利用される．

テイラー展開の例として，$x = 0$ での指数関数 e^x の展開を示す．

$$\mathrm{e}^x = \sum_{n=0}^{\infty} \frac{1}{n!} x^n . \tag{A.3}$$

この級数は任意の x に対して収束する．これをこの級数の収束半径は無限大であるという．

A.2 オイラーの公式

虚数の引き数の指数関数は，以下のように三角関数で書き直すことができる．

$$\mathrm{e}^{\pm \mathrm{i}\theta} = \cos\theta \pm \mathrm{i}\sin\theta . \tag{A.4}$$

これをオイラーの公式とよぶ．この公式は両辺をテイラー展開し，実数部と虚数部を

分けることで容易に証明できる．

この式により，任意の複素数は絶対値と偏角を用いて以下のように表すことができる．

$$z = x + \mathrm{i}y = |z|\exp(\mathrm{i}\theta).\tag{A.5}$$

ここで，

$$|z| = \sqrt{x^2 + y^2}\tag{A.6}$$

は z の絶対値，

$$\cos\theta = \frac{x}{|z|}, \quad \sin\theta = \frac{y}{|z|}\tag{A.7}$$

で定義される θ は z の偏角である．

問 A.1 （1）$\exp(\mathrm{i}\theta)$, $\exp(\mathrm{i}\phi)$, $\exp(\mathrm{i}\theta) \times \exp(\mathrm{i}\phi)$ を複素平面上に図示せよ．θ と ϕ は適当に選べ．

（2）$\exp(\mathrm{i}\theta) \times \exp(\mathrm{i}\phi) = \exp[\mathrm{i}(\theta + \phi)]$ が成り立つ．両辺にオイラーの公式を適用して，正弦関数と余弦関数の加法定理を導き出せ．

A.3 双曲線関数

引き数が純虚数の指数関数はオイラーの公式によって三角関数で表されるが，引き数が純虚数の三角関数を**双曲線関数** (hyperbolic function) といい，$\sinh x$, $\cosh x$ などと書き表す．これらは次式で定義される．

$$\sinh x = \frac{\mathrm{e}^x - \mathrm{e}^{-x}}{2} = -\mathrm{i}\sin(\mathrm{i}x),\tag{A.8}$$

$$\cosh x = \frac{\mathrm{e}^x + \mathrm{e}^{-x}}{2} = \cos(\mathrm{i}x),\tag{A.9}$$

$$\tanh x = \frac{\mathrm{e}^x - \mathrm{e}^{-x}}{\mathrm{e}^x + \mathrm{e}^{-x}} = -\mathrm{i}\tan(\mathrm{i}x).\tag{A.10}$$

双曲線関数というよび方は $\cosh^2 x - \sinh^2 x = 1$ を満たすことによる．

B 連立方程式 (3.13) の行列表示

式 (3.13) を行列で書くと

$$\begin{pmatrix} 2\kappa & -\kappa & 0 & 0 & \cdots \\ -\kappa & 2\kappa & -\kappa & 0 & \cdots \\ 0 & -\kappa & 2\kappa & -\kappa & \cdots \\ 0 & 0 & -\kappa & 2\kappa & \cdots \\ \vdots & \vdots & \vdots & \vdots & \end{pmatrix} \begin{pmatrix} \eta_1 \\ \eta_2 \\ \eta_3 \\ \eta_4 \\ \vdots \end{pmatrix} = m\omega^2 \begin{pmatrix} \eta_1 \\ \eta_2 \\ \eta_3 \\ \eta_4 \\ \vdots \end{pmatrix} \quad (\text{B.1})$$

である.左辺は N 行 N 列の実対称行列 A

$$A = \begin{pmatrix} 2\kappa & -\kappa & 0 & 0 & \cdots \\ -\kappa & 2\kappa & -\kappa & 0 & \cdots \\ 0 & -\kappa & 2\kappa & -\kappa & \cdots \\ 0 & 0 & -\kappa & 2\kappa & \cdots \\ \vdots & \vdots & \vdots & \vdots & \end{pmatrix} \quad (\text{B.2})$$

と N 次元のベクトル $\boldsymbol{x} = {}^t(\eta_1, \eta_2, \cdots)$ の積であり[1]、これが元のベクトルに比例するというのが方程式の示すところである.

バネが1本1本違う場合にも、作用反作用則により、方程式に現れる行列 A は実対称行列になる.いずれにせよ、ある行列に、あるベクトルを掛けた結果が、元のベクトルに比例する場合、そのベクトルをその行列の**固有ベクトル** (eigenvector) といい、比例係数は**固有値** (eigenvalue) とよばれる.実対称行列の固有値は実数であることが容易に証明できる.

固有値 $m\omega^2$ は、次の行列式がゼロになるという条件から求められる.

$$\det(A - m\omega^2 E) = 0. \quad (\text{B.3})$$

ここで E は対角成分がすべて1の対角行列である.この方程式は固有値の N 次代数方程式だから、固有値は N 個あり、それぞれに対して1つずつの固有ベクトルが伴う.

実対称行列は、**直交行列** (orthogonal matrix) O を用いて対角化できる.すなわち、

$$ {}^t O A O = \mathrm{diag}(m\omega_1^2, m\omega_2^2, m\omega_3^2, m\omega_4^2, \cdots). \quad (\text{B.4})$$

ここで、$\mathrm{diag}(a_1, a_2, a_3, \cdots)$ は ii 成分が $a_i (i = 1, 2, \cdots)$ である対角行列である.

---

[1] 記号 t は転置行列にすること、すなわちベクトルの場合には行ベクトルを列ベクトルにすることを表す.

直交行列 O の i 番目の列を取り出したものは i 番目の固有ベクトルである. 直交行列は ${}^tOO = E$ を満たすので, 固有ベクトルはすべて規格直交化されることがわかる. このため, A を対角化する直交行列 O を求めることができれば, 固有値と固有ベクトルが同時に求められる. バネが 1 本 1 本違ったり, 少し離れた質点間にもバネが結ばれている場合などでは, 本文で行ったような方法では固有ベクトルを求めることはできないし, N が 4 以上では行列式の計算も実際上不可能である. このような場合でもコンピュータを用いれば, N が 1 万程度でも容易に対角化を行い, 数値的に固有値, 固有ベクトルを求めることができる.

C 弦を伝わる横波の方程式の導出

弦の平衡位置に沿って x 軸を設定し, x の位置にあった弦の y 方向への変位を $\xi(x,t)$ とする. ある瞬間の弦の変位は図 C.1 のようであろう. ここで, 弦の一部分, x から $x+\mathrm{d}x$ の領域の運動を考えよう. この部分の質量は弦の線密度を ρ として, $\rho\mathrm{d}x$ である. 弦の張力を T とし, 弦の接線が x 軸となす角度を $\theta(x,t)$ とすると, この部分に働く力の y 成分は, 右側の境界からは

$$T\sin\theta(x+\mathrm{d}x,t) \simeq T\tan\theta(x+\mathrm{d}x,t) = T\frac{\partial\xi(x+\mathrm{d}x,t)}{\partial x} \tag{C.1}$$

であり, 左側の境界からは

$$-T\sin\theta(x,t) \simeq -T\tan\theta(x,t) = -T\frac{\partial\xi(x,t)}{\partial x} \tag{C.2}$$

である. 合力の y 成分は

$$T\left(\frac{\partial\xi(x+\mathrm{d}x,t)}{\partial x} - \frac{\partial\xi(x,t)}{\partial x}\right) \simeq T\mathrm{d}x\frac{\partial^2\xi(x,t)}{\partial x^2}. \tag{C.3}$$

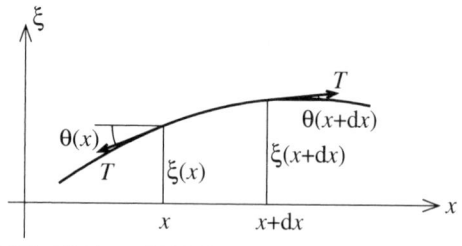

図 C.1 弦を伝わる横波での変位と力. x と $x+\mathrm{d}x$ の間の弦は左右の弦から張力 T を受けて運動する. 運動に寄与するのは力の y 成分であり, 弦が x 軸となす角度が $\theta(x)$ であればその成分は $T\sin\theta$ である.

これより，この部分の運動方程式は次式になる．

$$\rho dx \frac{\partial^2 \xi(x,t)}{\partial t^2} = T dx \frac{\partial^2 \xi(x,t)}{\partial x^2} . \tag{C.4}$$

$v^2 = T/\rho$ であるから，この方程式は波動方程式 (3.99) に等しい．

D ヴァイオリンの弦の運動

ヴァイオリンは弓で弦を弾くことにより音を出す．弦の運動は弓からの力を受け続ける強制振動であり，初期条件を与えたあとでは力が働かないピアノやハープの弦とは運動の様子が異なっている．ここでは，ヴァイオリンの弦がどのように運動するかを説明しよう．

1.5 節の強制振動で述べたように，強制振動を調べるときは，周期的な力による定常状態での運動を問題にすることが普通である．しかし，弓と弦の間の力は摩擦力であり，あとで見るようにその働きは単純ではない．そこでここでは，弓の弾き初めに何が起こるのか？ 定常状態での弦の運動はどのようなものか？ という 2 つのことについて説明していこう．

D.1 弾き初めの弦の運動

弓で弦を弾くとき，初め静止していた弦には，弓により一定の力が加えられる．長さ L の弦が $0 \leq x \leq L$ に張られているとし，弓により弦上の微小領域 $x_0 \leq x_0 + \Delta x$ に一定の大きさの力 F が加えられる場合を考えよう．弦の線密度を ρ，弦の横波の変位を $\xi(x,t)$，横波の速さを v とすると，運動方程式は次のようになる．

$$\rho \Delta x \frac{\partial^2 \xi(x,t)}{\partial t^2} = \rho v^2 \frac{\partial^2 \xi(x,t)}{\partial x^2} \Delta x + \theta(x - x_0)\theta(x_0 + \Delta x - x)F . \tag{D.1}$$

ただし $\theta(x)$ は $x \geq 0$ で 1, $x < 0$ で 0 となる関数でヘヴィサイド (Heaviside) の関数と呼ばれるものである．したがって，右辺第 2 項は区間 $x_0 \leq x \leq x_0 + \Delta x$ のみで値をもち，この区間のみに力が働くことを記述している．この運動方程式を解くために，変位 $\xi(x,t)$ を基準座標 $Q_j(t)$ で表そう．式 (3.110)

$$\xi(x,t) = \sum_{l=1}^{\infty} e_l(x) Q_l(t) \tag{D.2}$$

を代入し，両辺を $\rho \Delta x$ で割ると，

$$\sum_{l=1}^{\infty} e_l(x) \ddot{Q}_l(t) = -v^2 \sum_{l=1}^{\infty} k_l^2 e_l(x) Q_l(t) + \frac{F}{\rho \Delta x} \theta(x - x_0) \theta(x_0 + \Delta x - x) \tag{D.3}$$

が得られる．この式の両辺に $e_j(x)$ を掛けて x で積分すると，固有関数の規格直交

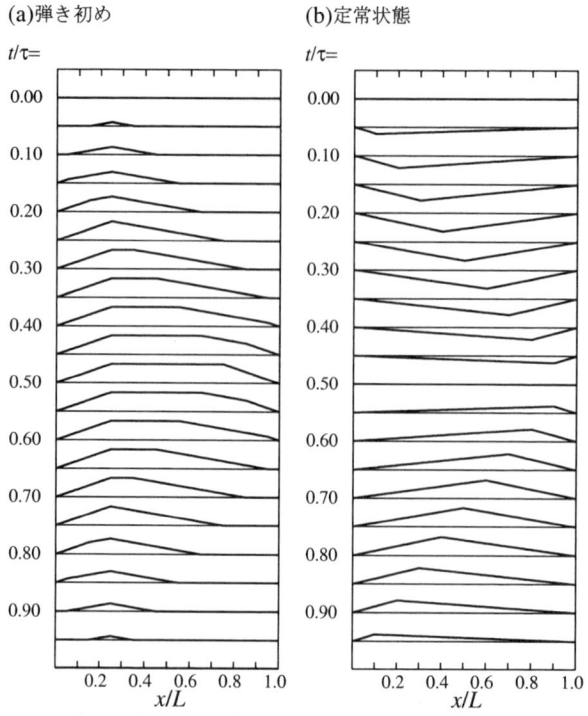

図 D.1 (a) 弦の一点 x_0 に一定の力を加え続けるときの，一周期 $\tau = 2L/v$ 間の各瞬間における弦の様子．$x_0 = L/4$ としての計算結果．加えられた力による影響は弦の折れ目として速度 v で左右に広がり，両端で反射する．(b) 定常状態での一周期 $\tau = 2L/v$ 間の各瞬間における弦の様子．弦は 1 カ所のみで折れ曲がり，折れ曲がり点は弦上の音速 v で往復運動を行う．

性，式 (3.109) と

$$\int_0^L \theta(x-x_0)\theta(x_0+\Delta x-x)e_j(x) \simeq e_j(x_0)\Delta x \tag{D.4}$$

を用いて，

$$\ddot{Q}_j(t) = -\omega_j^2 Q_j(t) + \frac{F}{\rho}e_j(x_0) \tag{D.5}$$

が得られる．ここで $\omega_j = vk_j$ である[(2)]．この式は一定の力が加わった場合の単振動の式であるから，Q_j は $(F/\rho\omega_j^2)e_j(x_0)$ を中心とする単振動をすることになる．初期条件は $t=0$ で $\xi(x,t)=0$, $\partial\xi(x,t)/\partial t = 0$ より，$Q_j(0)=0$, $\dot{Q}_j(0)=0$ で

---

(2) この式と式 (3.94) を比較してみよ．

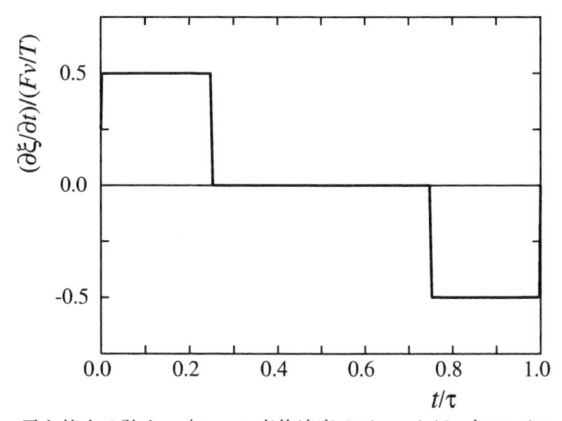

図 **D.2** 弓と接する弦上の点 x_0 の変位速度 $\partial \xi(x_0, t)/\partial t$ を Fv/T で割ったものを示す．$x_0 = L/4$ とした．

あるから，解は次のようになる．

$$Q_j(t) = \frac{F}{\rho \omega_j^2} e_j(x_0) \left[1 - \cos(\omega_j t)\right]. \tag{D.6}$$

変位 $\xi(x, t)$ に戻すと，

$$\xi(x, t) = \sum_{j=1}^{\infty} \frac{2F}{L\rho \omega_j^2} \sin(k_j x_0) \sin(k_j x) \left[1 - \cos(\omega_j t)\right] \tag{D.7}$$

である．このときの弦の運動の様子を図 D.1(a) に示す．

　弓による一定の力が加わった弦の運動は以上のように求められたが，この運動は弾き初めのごく初期の様子を示すに過ぎない．弾き初めは弓と弦が滑らずに接点が固着 (stick) し，大きな静止摩擦力が加わるが，途中で弓と弦は滑り初め，弱い動摩擦力が働くことになるからである．弓が接する点 x_0 での弦の変位速度 $\partial \xi(x_0, t)/\partial t$ を上の解に基づいて図示すると図 D.2 のようになる．点 x_0 での弦は，$t = 0$ から左に進んだ弦の折れ曲がりが反射して戻ってくる $t_1 = 2x_0/v$ まで，一定の速度 $u = Fv/2T$ で上方に変位していく．ただし，$T = \rho v^2$ は弦の張力である．t_1 で弦の変位は止まり，この点の速度はゼロとなる．この瞬間に弓と弦は滑り初め，動摩擦力による弱い力しか弦には働かなくなるのである．したがって，t_1 以降の弦の運動は図示したのとは異なったものになる．

問 **D.1** 弦の無限小の区間は無限小の質量をもつので，運動中でも力のつり合いが成り立つはずである．点 x_0 における力 F と弦の張力のつり合いを考えることにより，$0 \leq t \leq t_1$ での x_0 の変位速度が $u = Fv/2T$ であることを示せ．

D.2 定常状態での弦の運動

弦上で弓を一定の速度で動かし続けると，すぐに弦の運動は定常状態に達する．このとき弓と弦は固着と滑りを交互に繰り返し，周期的な力が弦に加わることとなる．すなわち，一周期中で，弦は弓と固着し，静止摩擦力を受けて弓の速度で移動する状態と，弓とは独立に運動する状態を繰り返す．このような周期的に固着と滑りを繰り返す運動は，固着・滑り運動 (stick-slip motion) とよばれるものである．このときの弦の振動の様子はヘルムホルツ (Helmholtz) によって調べられ，ヘルムホルツ波と呼ばれている．ここではこの様子を説明しよう．

図 D.1(b) は一周期の間の各瞬間における弦の様子を示している．また，図 D.3 はこれらを重ねて書いたものである．弦は 1 つの折れ曲がり点と両端を直線で結んだ形をしている．折れ曲がり点は放物線

$$\xi = \pm\frac{4A}{L^2}(L-x)x \tag{D.8}$$

上を弦上の音速 $\pm v$ で走り回っている．ここで A は弦の中点で実現する最大振幅の値である．したがって，$t=0$ で $x=0$ を出発した折れ曲がり点の位置は次のように表される．

$$(x,\xi) = \begin{cases} \left(vt, -\dfrac{4A}{L^2}(L-vt)vt\right) & \left(0 \leq t \leq \dfrac{\tau}{2}\right), \\ \left(L-vt, \dfrac{4A}{L^2}(L-vt)vt\right) & \left(\dfrac{\tau}{2} \leq t \leq \tau\right). \end{cases} \tag{D.9}$$

弦がこのような運動をする場合，弦上の点 x_0 の変位速度 $\partial\xi(x_0,t)/\partial t$ は折れ曲が

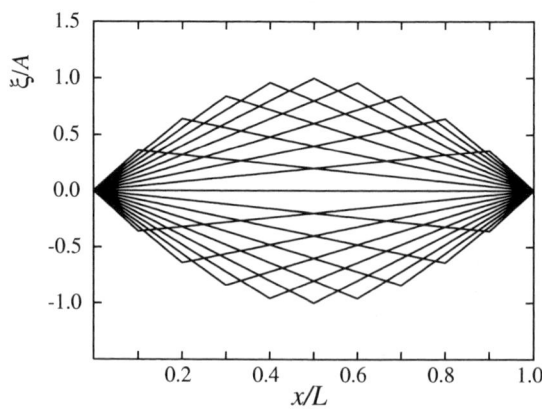

図 **D.3** 図 D.1(b) の弦の様子を重ねて書いたもの．折れ曲がり点は放物線上を動く．

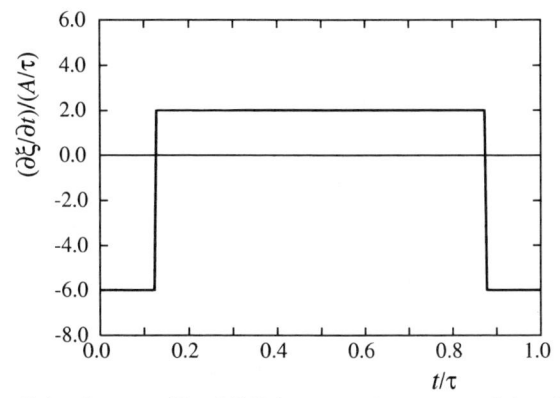

図 **D.4** 弦上の点 x_0 での弦の変位速度．ここでは $x_0 = L/4$ として計算した．この場合，速度は $-6A/\tau$ と，$2A/\tau$ の 2 つの値のみをとる．2 つの値の入れ替わりは，点 x_0 を弦の折れ曲がり点が通過するときに起こる．

り点の位置によって決まる．$x_0 < L/2$ として，$u \equiv 8Ax_0/\tau L$ とおくと，変位速度は次のようになる．

$$\frac{\partial}{\partial t}\xi(x_0, t) = \begin{cases} -\left(\dfrac{L}{x_0} - 1\right)u & \left(0 < t < \dfrac{x_0}{2L}\tau\right), \\ u & \left(\dfrac{x_0}{2L}\tau < t < \tau - \dfrac{x_0}{2L}\tau\right), \\ -\left(\dfrac{L}{x_0} - 1\right)u & \left(\tau - \dfrac{x_0}{2L}\tau < t < \tau\right). \end{cases} \quad (D.10)$$

すなわち，折れ曲がり点が $x = 0$ を出発して x_0 に達するまでは負の大きな速度をもつが，折れ曲がり点が x_0 を通過して，右端で反射し，再び x_0 に戻るまでは比較的小さな正の速度 u をもつのである．この様子を図示すると図 D.4 のようになる．

このような弦の定常的な運動は弓からの力によって維持される．弓との接点である x_0 の点が速度 u で上昇するときには弓と弦は固着している[3]．したがって，u は弓を動かす速さである．折れ曲がり点が x_0 を通過して，x_0 の変位速度が大きな負の値になると弓と弦は滑り，弱い動摩擦力が働く状態に移る．このように折れ曲がり点の通過によって弓と弦とは固着と滑りを繰り返し，周期的な力が弦に加えられるのである．

弓の速さ u と弦の最大振幅 A は $A = (\tau L/8x_0)u = (L/8fx_0)u$ で結び付いている．ここで $f = 1/\tau$ はヴァイオリンから発せられる音の基本振動数である．このこ

---

[3] ここでの議論では，弓の運動方向を弦の変位と速度の正の方向に選んでいる．弓の運動方向が逆のときにも，弓と弦の固着は一周期の過半で実現し，弦の変位速度の大きさは滑りのときよりも小さい．

とから，弓を速く動かすと，弦の振幅は大きくなり，大きな音が出ること，x_0 が小さい，すなわち駒の近くを弾くときには弓の速さが同じでも大きな音になることがわかる．また，弓が弦を押さえる力については，適当な範囲があることが推測できる．すなわち，固着が起きるのに十分な力で押さえなければならないが，同時に弦と弓の速度が違ったときに滑りが起こるように強すぎない力が要求されるというわけである．

最後に定常状態での弦の運動を基準振動に分解したときの式を記しておこう．$k_j = (\pi/L)j, \omega_j = vk_j$ を用いて

$$\xi(x,t) = -A \sum_{j=1}^{\infty} \frac{32}{(\omega_j \tau)^2} \sin(k_j x) \sin(\omega_j t) \tag{D.11}$$

である．高調波成分は n^2 に反比例して減少していく．非常に単純な式であることと，式 (D.7) や，ハープの場合の式 (4.49) と似ていることに注意しよう．

E 空気中の音波が断熱過程である理由

空気中を音波が伝わるとき，空気が圧縮される場所と，膨張する場所が半波長 $\lambda/2$ の間隔で交互に並ぶ．圧縮されたところでは温度 T が上昇し，膨張時には T は低下する．この温度差は熱伝導で平衡に向かおうとする．この熱平衡化に要する時間と，波が半波長進行して温度が逆になる時間のどちらが早いかによって，音波が断熱過程として伝播するか，等温過程として伝播するかが決まる．ここではこの時間を見積もって，可聴域の音波は断熱過程とみなしてよいことを示そう．

音波の波動方程式は

$$\frac{\partial^2 \xi}{\partial t^2} = v^2 \frac{\partial^2 \xi}{\partial x^2}, \quad \omega^2 = v^2 k^2 \tag{E.1}$$

であり，波数 k の波の周期 τ は

$$\tau = \frac{2\pi}{\omega} = \frac{2\pi}{vk} = \frac{1}{v}\lambda \tag{E.2}$$

で与えられる．一方，熱の拡散方程式は

$$\frac{\partial T}{\partial t} = a \frac{\partial^2 T}{\partial x^2} \tag{E.3}$$

で与えられる．ここで a は熱拡散係数である．温度の緩和に要する時間を見積もるために，波数 k の温度の波があるときに何が起こるか見てみよう．温度を平均温度 T_0 とそれからのずれ ΔT の和として，$T = T_0 + \Delta T$ と表し，ΔT として $\Delta T \propto e^{-t/\tau_d + ikx}$ とおく．すると，

$$\frac{1}{\tau_{\mathrm{d}}} = ak^2 \tag{E.4}$$

が成り立てば拡散方程式の解になることがわかる．ここで τ_{d} は温度差が $1/e$ になるまでの時間であり，温度差の緩和時間（時定数）である．これを波長を用いて表すと次のようになる．

$$\tau_{\mathrm{d}} = \frac{1}{ak^2} = \frac{\lambda^2}{(2\pi)^2 a}. \tag{E.5}$$

この結果，断熱過程か等温過程かを決めるには，τ と τ_{d} の大小関係を比べればよいということになった．断熱過程となるのは熱の緩和が遅い場合で

$$\tau = \frac{\lambda}{v} \ll \frac{\lambda^2}{(2\pi)^2 a} = \tau_{\mathrm{d}}, \tag{E.6}$$

すなわち λ が大で，ω が小の場合である．逆に等温過程となるのは

$$\frac{\lambda}{v} \gg \frac{\lambda^2}{(2\pi)^2 a}, \tag{E.7}$$

すなわち，λ が小で，ω が大の場合である．

ここで，具体的な数値を用いて，この比較を行ってみよう．空気の熱拡散係数は $a = \kappa/C_{\mathrm{p}}\rho$ と与えられる．ここで κ は熱伝導率で，空気の大部分を占める窒素の場合には $\kappa \simeq 2.4 \times 10^{-2}$ W/(m·K) である．C_{p} は定圧比熱であり，$C_{\mathrm{p}} \simeq 7/2R = 10^3$ J/(kg·K)．空気の密度は $\rho \simeq 28\,\mathrm{g}/22.4\,\ell = 1.25\,\mathrm{kg/m^3}$．これらを代入して，

$$a = \frac{2.4 \times 10^{-2}}{10^3 \times 1.25} \frac{\mathrm{W}}{\mathrm{m\cdot K}} \frac{\mathrm{kg\cdot K}}{\mathrm{J}} \frac{\mathrm{m^3}}{\mathrm{kg}} = 1.9 \times 10^{-5}\,\mathrm{m^2/s}. \tag{E.8}$$

さらに空中の音速 $v = 340\,\mathrm{m/s}$ を用いると，$\tau = \tau_{\mathrm{d}}$ となるときの波長 λ_{c} として $\lambda_{\mathrm{c}} = (2\pi)^2 a/v = 2.2 \times 10^{-6}\,\mathrm{m}$ が求まる．このときの周波数は $f_{\mathrm{c}} = v/\lambda_{\mathrm{c}} = 1.5 \times 10^8\,\mathrm{Hz}$ となるから，可聴域では断熱過程でよいことになるのである．

F 3次元空間での音波の波動方程式

F.1 波動方程式の導出

ここでは，微小体積に対する運動方程式より，波動方程式を導き出す．図 F.1 に示すように位置ベクトル $\boldsymbol{r}$ の回りの体積 $V = \mathrm{d}x\mathrm{d}y\mathrm{d}z$ の微小領域中の空気を考えよう．音波による空気の変位 $\boldsymbol{\xi}(\boldsymbol{r}, t)$ があるとき，ここにあった空気が占める体積は変化を受ける．この領域が伸縮自在の仮想的な膜で包まれているとして，膜の位置の変化を調べよう．

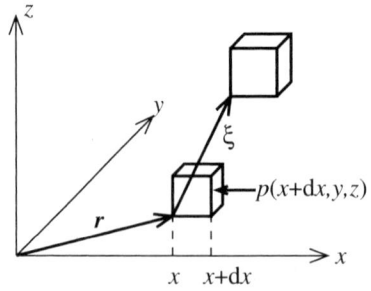

図 **F.1** 微小体積の変形と周囲からの圧力.

$(x+\mathrm{d}x, y, z)$ にあった x 軸に垂直な面の膜は時刻 t には $(x+\mathrm{d}x+\xi_x(x+\mathrm{d}x,t), y, z)$ に移動し，(x,y,z) にあった x 軸に垂直な面の膜は $(x+\xi_x(x,t), y, z)$ に移動する．したがって，微小体積の x 方向の差し渡しは $\mathrm{d}x$ から，

$$\mathrm{d}x + \xi_x(x+\mathrm{d}x, y, z, t) - \xi_x(x, y, z, t) \simeq \mathrm{d}x\left[1 + \frac{\partial \xi_x(x,y,z,t)}{\partial x}\right] \tag{F.1}$$

に変化する．y 方向，z 方向も同様に計算すると，時刻 t での体積は

$$\begin{aligned} V + \mathrm{d}V &= V\left[1 + \frac{\partial \xi_x(\boldsymbol{r},t)}{\partial x}\right]\left[1 + \frac{\partial \xi_y(\boldsymbol{r},t)}{\partial y}\right]\left[1 + \frac{\partial \xi_z(\boldsymbol{r},t)}{\partial z}\right] \\ &\simeq V\left[1 + \frac{\partial \xi_x(\boldsymbol{r},t)}{\partial x} + \frac{\partial \xi_y(\boldsymbol{r},t)}{\partial y} + \frac{\partial \xi_z(\boldsymbol{r},t)}{\partial z}\right] \\ &= V\{1 + \mathrm{div}[\boldsymbol{\xi}(\boldsymbol{r},t)]\} \end{aligned} \tag{F.2}$$

である．ただし，微小領域を考えているので，$\mathrm{d}x$ などについては最低次の項のみを残した．体積弾性率の定義式より，この場所の圧力の変化分は

$$p(\boldsymbol{r},t) = -K\frac{\mathrm{d}V}{V} = -K\mathrm{div}\,\boldsymbol{\xi} \tag{F.3}$$

となる．

次に微小領域に働く力を考えよう．圧力は面に垂直に働くから，x 軸方向の力は x 軸に垂直な面からのみ及ぼされる．x にある面は左側にある面から x 軸の正の方向に力 $F_x = p(x,y,z,t)\mathrm{d}y\mathrm{d}z$ を受け，$x+\mathrm{d}x$ にある面は右側にある面から x 軸の負の方向に力 $F_x = p(x+\mathrm{d}x, y, z, t)\mathrm{d}y\mathrm{d}z$ を受ける．合力は

$$\begin{aligned} F_x &= -[p(x+\mathrm{d}x, y, z, t) - p(x, y, z, t)]\mathrm{d}y\mathrm{d}z \\ &\simeq -\frac{\partial p(x,y,z,t)}{\partial x}\mathrm{d}x\mathrm{d}y\mathrm{d}z \end{aligned} \tag{F.4}$$

となる．微小体積の質量は密度を ρ として $\rho\mathrm{d}x\mathrm{d}y\mathrm{d}z$ だから，x 方向の運動方程式は

$$\rho\frac{\partial^2}{\partial t^2}\xi_x(x,y,z,t) = -\frac{\partial p(x,y,z,t)}{\partial x} \tag{F.5}$$

である．右辺は $\mathrm{grad}\,p$ の x 成分だから，3成分まとめてベクトルで書けば，

$$\rho\frac{\partial^2}{\partial t^2}\boldsymbol{\xi}(\boldsymbol{r},t) = -\mathrm{grad}[p(\boldsymbol{r},t)] = K\mathrm{grad}(\mathrm{div}\,\boldsymbol{\xi})\,. \tag{F.6}$$

これは第5章で求めた波動方程式 (5.37) に等しい．音速は $v = \sqrt{K/\rho}$ である．

圧力変化に対する方程式は両辺の div を計算することにより，

$$-\rho\frac{\partial^2}{\partial t^2}\frac{1}{K}p(\boldsymbol{r},t) = -\mathrm{div}\{\mathrm{grad}[p(\boldsymbol{r},t)]\} \tag{F.7}$$

と求めることができる．なお，div grad はラプラシアン Δ に等しいので，この式は

$$\frac{\partial^2}{\partial t^2}p(\boldsymbol{r},t) = v^2\Delta p(\boldsymbol{r},t) \tag{F.8}$$

と式 (5.30) の形に書くことができる．

F.2 音波が縦波であること

空気中での音波の変位ベクトル $\boldsymbol{\xi}(\boldsymbol{r},t)$ はその場所での音波の進行方向を向いているので，音波は縦波である．このことを示そう．空気の変位は微小体積に働く圧力の面による差によってもたらされるが，各点での圧力は働く面の方向によらないスカラー量であり，微小体積への力は式 (F.6) に記したように圧力の勾配で与えられている．ところで，付録 I の式 (I.5) に示すように，任意の場の勾配の回転はゼロである．したがって，式 (F.6) の右辺の回転はゼロ：

$$-\mathrm{rot}\{\mathrm{grad}[p(\boldsymbol{r},t)]\} = 0 \tag{F.9}$$

であり，左辺の回転もゼロになる．

$$\rho\,\mathrm{rot}\left[\frac{\partial^2}{\partial t^2}\boldsymbol{\xi}(\boldsymbol{r},t)\right] = \rho\frac{\partial^2}{\partial t^2}\mathrm{rot}[\boldsymbol{\xi}(\boldsymbol{r},t)] = 0\,. \tag{F.10}$$

ここで，時間微分と回転の順番は入れ替えられることを用いた．音波は時間的に振動するものなので，時間での2階微分がゼロであるということは，微分する前からゼロであることを意味している．これより

$$\mathrm{rot}[\boldsymbol{\xi}(\boldsymbol{r},t)] = 0 \tag{F.11}$$

が結論されるが，この式は音波が縦波であることを数式で表すものである．このことを理解するために，$\boldsymbol{\xi}_0$ 方向に振動する波数ベクトル $\boldsymbol{k}$ の平面波の音波を考えよう．このとき $\boldsymbol{\xi}(\boldsymbol{r},t)$ は次のようになる．

212　付録

$$\boldsymbol{\xi}(\boldsymbol{r},t) = \boldsymbol{\xi}_0 \cos(\boldsymbol{k}\cdot\boldsymbol{r} - \omega t). \tag{F.12}$$

この変位の回転を計算する．

$$\begin{aligned}\mathrm{rot}\,[\boldsymbol{\xi}(\boldsymbol{r},t)] &= \mathrm{rot}\,[\boldsymbol{\xi}_0 \cos(\boldsymbol{k}\cdot\boldsymbol{r} - \omega t)]\\ &= -\boldsymbol{k}\times\boldsymbol{\xi}_0 \sin(\boldsymbol{k}\cdot\boldsymbol{r} - \omega t).\end{aligned} \tag{F.13}$$

この式がゼロになるためには $\boldsymbol{k}\times\boldsymbol{\xi}_0 = 0$ が必要であるが，これは $\boldsymbol{\xi}_0$ と $\boldsymbol{k}$ が平行であること，すなわち，音波が縦波であることを意味している．

さて，$\mathrm{rot}\,[\boldsymbol{\xi}(\boldsymbol{r},t)] = 0$ の場合，付録 I の式 (I.7) より，$\mathrm{grad}\{\mathrm{div}[\boldsymbol{\xi}(\boldsymbol{r},t)]\} = \Delta\boldsymbol{\xi}(\boldsymbol{r},t)$ が成り立つ．したがって，$\boldsymbol{\xi}(\boldsymbol{r},t)$ に対する波動方程式 (F.6) は

$$\frac{\partial^2}{\partial t^2}\boldsymbol{\xi}(\boldsymbol{r},t) = v^2 \Delta\boldsymbol{\xi}(\boldsymbol{r},t) \tag{F.14}$$

とも書くことができる．

G　円錐管楽器の共鳴振動数

オーボエの共鳴振動数について 5.4.5 項では歌口が円錐の頂点にあるとして解析した．しかし，実際の楽器は図 G.1 に示すような，円錐の頂点付近を取り去った形をしている．ここでは，そのような場合の基準振動数について考察しよう．円錐の頂点を原点として，歌口の位置を $r = \varepsilon$，楽器の先端を $r = L$ とする．この場合，境界条件は，式 (5.54) は変わらず，式 (5.55) では ε を有限とすればよい．基本振動数や，低次の高調波では kL は π または，その数倍程度の量になるはずだから，$k\varepsilon \ll 1$ と考えられる．この場合 $\alpha + \beta$ も 1 より十分に小さいと考えられるので，式 (5.55) で，$k\varepsilon$ と $\alpha + \beta$ を含む項は次のように展開することができる．

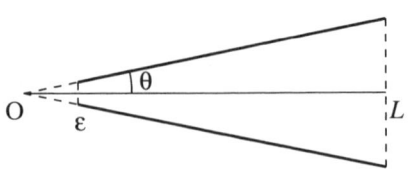

図 **G.1**　円錐管楽器の中心線を含む面での断面図．オーボエでは $\varepsilon \simeq 10\,\mathrm{cm}$，$L = 75\,\mathrm{cm}$，$\theta = 0.013\,\mathrm{rad}$ である．

$$\frac{1}{k\varepsilon}\cos\left(k\varepsilon+\frac{\alpha+\beta}{2}\right)-\frac{1}{(k\varepsilon)^2}\sin\left(k\varepsilon+\frac{\alpha+\beta}{2}\right)$$
$$\simeq \frac{1}{k\varepsilon}\left[1-\frac{1}{2}\left(k\varepsilon+\frac{\alpha+\beta}{2}\right)^2\right]-\frac{1}{(k\varepsilon)^2}\left[k\varepsilon+\frac{\alpha+\beta}{2}-\frac{1}{6}\left(k\varepsilon+\frac{\alpha+\beta}{2}\right)^3\right]$$
$$\simeq -\frac{1}{(k\varepsilon)^2}\left[\frac{\alpha+\beta}{2}+\frac{1}{3}(k\varepsilon)^3\right]$$
$$= 0. \tag{G.1}$$

したがって,$k\varepsilon$ の最低次で

$$\frac{\alpha+\beta}{2}=-\frac{1}{3}(k\varepsilon)^3 \tag{G.2}$$

であり,$r=L$ での境界条件

$$\sin\left(kL+\frac{\alpha+\beta}{2}\right)=\sin\left[kL-\frac{1}{3}(k\varepsilon)^3\right]=0 \tag{G.3}$$

より n 番目の基準振動の波数は

$$k_n = \frac{n\pi}{L}+\frac{1}{3L}(k_n\varepsilon)^3 \simeq \frac{n\pi}{L}+\frac{1}{3L}\left(\frac{n\pi}{L}\varepsilon\right)^3 \tag{G.4}$$

となる.ここで,$k_n \equiv (n\pi/L_{\text{eff}})$ として有効長 L_{eff} を定義しよう.

$$L_{\text{eff}} = L\left[1+\frac{n^2\pi^2}{3}\left(\frac{\varepsilon}{L}\right)^3\right]^{-1} \tag{G.5}$$

であり,基準振動数はこの長さの両開端の円筒管楽器と同じものになる.

オーボエの場合,リードを含めた全長は $L-\varepsilon = 65\,\text{cm}$ であり,約 5 cm の長さのリードを取り除いた楽器上端の直径は約 4 mm である.また,円錐の開きの角度 θ は約 0.75 度 $\simeq 0.013\,\text{rad}$ であるという.この角度で半径が 2 mm に広がるには約 15 cm の距離を必要とするので,リードの長さ 5 cm を考慮して,$\varepsilon = 10\,\text{cm}$,$L=75\,\text{cm}$ と考えることができる.これより,$n=1$ の基本振動数の場合の有効長は $L_{\text{eff}} \simeq 74\,\text{cm}$ と計算される.音速を $340\,\text{m/s}$ とすると,振動数は 230 Hz となり,ほぼ b♭=233 Hz と等しい.

H 水の表面波

ここでは一般の水深の場合の水の表面波を考察する.水が楕円軌道上を動くことを示し,伝播速度を求める.仮定として用いるのは,水が非圧縮性であること,波がないときの水深 h_0 が場所によらず一定であること,波が微小振動であるということである.第 5 章の水の波での図 5.15 と同様に,波の進行方向に x 軸,鉛直方向に z 軸

をとり，平衡状態での水面を $z = 0$ とする．水底は $z = -h_0$ にある．

水の運動は xz 面に平行であるとする．y 方向には水は動かず，変位の y 依存性もないとする．したがって，水の変位ベクトル $\boldsymbol{\xi}$ を

$$\boldsymbol{\xi}(x,y,z,t) = (\xi(x,z,t), 0, \eta(x,z,t)) , \tag{H.1}$$

と表そう．水中での圧力も y 依存性はないので，$p(x,z,t)$ と記すことにする．この変位と圧力を支配する方程式はニュートンの運動方程式と，非圧縮性の方程式である．前者は微小体積 $dV = dxdydz$ 中の水を考えることにより，次のようになる．水の密度を ρ，重力加速度を g として，まず x 成分は

$$\rho dV \frac{\partial^2 \xi(x,z,t)}{\partial t^2} = [p(x,z,t) - p(x+dx,z,t)]dydz$$
$$= -\frac{\partial p(x,z,t)}{\partial x}dV . \tag{H.2}$$

両辺を dV で割って

$$\rho \frac{\partial^2 \xi(x,z,t)}{\partial t^2} = -\frac{\partial p(x,z,t)}{\partial x} . \tag{H.3}$$

同様に z 成分は

$$\rho \frac{\partial^2 \eta(x,z,t)}{\partial t^2} = -\frac{\partial p(x,z,t)}{\partial z} - \rho g . \tag{H.4}$$

ただし，ここでは微小体積中の水に働く重力が考慮されている．

次に非圧縮性の式であるが，空気中の音波を考えたときのことからわかるように，変位に伴う体積変化は div $\boldsymbol{\xi}$ に比例するので，この式がゼロでなければならない．このことは式 (F.2) で明らかであるし，第 5 章の式 (5.36) で圧縮率がゼロ，すなわち体積弾性率 $K = \infty$ の場合には div $\boldsymbol{\xi} = 0$ でなければならないということからもわかる．この式を今の場合に書き表すと，

$$\frac{\partial \xi(x,z,t)}{\partial x} + \frac{\partial \eta(x,z,t)}{\partial z} = 0, \tag{H.5}$$

である．

これらの微分方程式を解いて表面波を調べるには境界条件が必要である．まず，水底では z 方向の運動はできないので，

$$\eta(x,-h_0,t) = 0 . \tag{H.6}$$

次に水面では圧力は大気圧に等しいので，

$$p(x, \eta(x, 0, t), t) = P_0, \tag{H.7}$$

が満たされなければならない．

解を求めるために，まず，3つの微分方程式から p と η を消去して ξ のみの方程式を求めよう．η を消去するために式 (H.4) の両辺を z で微分して，式 (H.5) を用いる．この結果

$$\rho \frac{\partial^3 \xi}{\partial t^2 \partial x} = \frac{\partial^2 p}{\partial z^2} \tag{H.8}$$

が得られる．次にこの式 (H.8) の両辺を x で微分した後，式 (H.3) を用いて p を消去する．この結果，ξ に対する微分方程式

$$\frac{\partial^2}{\partial t^2} \left(\frac{\partial^2 \xi(x, z, t)}{\partial x^2} + \frac{\partial^2 \xi(x, z, t)}{\partial z^2} \right) = 0 \tag{H.9}$$

が求まる．今求めたいのは時間的空間的に変動する解であるから，時間微分する前の括弧の中の式がゼロでなければならない．すなわち

$$\frac{\partial^2 \xi(x, z, t)}{\partial x^2} + \frac{\partial^2 \xi(x, z, t)}{\partial z^2} = 0. \tag{H.10}$$

この方程式は 3.6.2 項の変数分離法で解くことができる．波数 k，角振動数 ω の進行波型の解は，A_1, A_2, α を任意定数として

$$\xi(x, z, t) = \left(A_1 e^{kz} + A_2 e^{-kz} \right) \cos(kx - \omega t + \alpha) \tag{H.11}$$

である．

このように求められた ξ を式 (H.5) に代入すると，η に対する方程式が得られる．

$$\frac{\partial \eta(x, z, t)}{\partial z} = \left(A_1 e^{kz} + A_2 e^{-kz} \right) k \sin(kx - \omega t + \alpha). \tag{H.12}$$

この式を z で積分して，

$$\eta(x, z, t) = \left(A_1 e^{kz} - A_2 e^{-kz} \right) \sin(kx - \omega t + \alpha) \tag{H.13}$$

が得られる．ここで水底での境界条件，式 (H.6) が満たされるように

$$A_1 e^{-kh_0} = A_2 e^{kh_0} \equiv \frac{A}{2\cosh(kh_0)} \tag{H.14}$$

と，A_1 と A_2 を新しい振幅 A で書き直すと，

$$\xi(x, z, t) = A \frac{\cosh[k(z + h_0)]}{\cosh(kh_0)} \cos(kx - \omega t + \alpha), \tag{H.15}$$

$$\eta(x,z,t) = A\frac{\sinh[k(z+h_0)]}{\cosh(kh_0)}\sin(kx-\omega t+\alpha) \tag{H.16}$$

となる．すなわち，A は水面 $z=0$ での x 方向の変位の振幅である．式 (H.15)，(H.16) は水が楕円軌道に沿って運動することを示している．楕円の長半径（水平方向）は $A\cosh[k(z+h_0)]/\cosh(kh_0)$，短半径（鉛直方向）は $A\sinh[k(z+h_0)]/\cosh(kh_0)$ である．水深が有限な場合，楕円は水面からの深さ $|z|$ が増加するとともに小さくなり，それとともに扁平になっていく．水深 h_0 が無限大の極限では軌道は円になり，円の半径は深さとともに $\mathrm{e}^{-k|z|}$ で減少する．

ここまでで，水の運動はわかったが，波の速さはまだ求められていない．圧力を求めて，水面での境界条件，式 (H.7) を適用すると，速さを決める式が得られる．圧力を求めるために式 (H.4) に η を代入しよう．

$$\frac{\partial p(x,z,t)}{\partial z} = -\rho g + A\rho\omega^2 \frac{\sinh[k(z+h_0)]}{\cosh(kh_0)}\sin(kx-\omega t+\alpha). \tag{H.17}$$

z で積分して

$$p(x,z,t) = -\rho g z + A\rho\frac{\omega^2}{k}\frac{\cosh[k(z+h_0)]}{\cosh(kh_0)}\sin(kx-\omega t+\alpha) + c. \tag{H.18}$$

ここで c は積分定数である．これを式 (H.7) に代入する．

$$\begin{aligned}P_0 &= p(x,\eta(x,0,t),t) \\ &= -\rho g A\tanh(kh_0)\sin(kx-\omega t+\alpha) \\ &\quad + A\rho\frac{\omega^2}{k}\sin(kx-\omega t+\alpha) + c.\end{aligned} \tag{H.19}$$

これより，$c=P_0$ とともに，

$$g\tanh(kh_0) = \frac{\omega^2}{k} \tag{H.20}$$

が満たされなければならないことがわかる．波の速さを v とすると，$\omega = kv$ の関係があるから，

$$v = \sqrt{\frac{g}{k}\tanh(kh_0)} \tag{H.21}$$

が表面波の速さである．浅い水路では $kh_0 \ll 1$ であり，このとき $\tanh(kh_0) \simeq kh_0$ であるから，この式は浅い水路での速さ $v=\sqrt{gh_0}$ も極限として含んでいる．

I　ベクトル場の微分に関する数学定理

電磁気学で習うように，任意のベクトル場 $\boldsymbol{E}(\boldsymbol{r},t)$ に対して，次の数学の定理が成り立つことが知られている．

(1) ガウスの定理

$$\int_S \boldsymbol{E}(\boldsymbol{r},t) \cdot \boldsymbol{n} \mathrm{d}S = \int_V \nabla \cdot \boldsymbol{E}(\boldsymbol{r},t) \mathrm{d}V. \tag{I.1}$$

左辺は閉曲面 S 上での面積分であり，右辺はその閉曲面で囲まれた体積 V での体積積分である．ここで，$\boldsymbol{n}$ は微小面要素 $\mathrm{d}S$ の法線ベクトルであり，外向きを正にとる．電場についてこの式を用いて，右辺に微分形のガウスの法則，$\nabla \cdot \boldsymbol{E} = \rho/\varepsilon_0$ を代入すると積分形のガウスの法則が得られる．

$$\int_S \boldsymbol{E}(\boldsymbol{r},t) \cdot \boldsymbol{n} \mathrm{d}S = \int_V \frac{\rho}{\varepsilon_0} \mathrm{d}V = \frac{Q}{\varepsilon_0}. \tag{I.2}$$

Q は体積 V 中の全電荷である．

(2) ストークス (Stokes) の定理

$$\oint_C \boldsymbol{E} \cdot \mathrm{d}\boldsymbol{l} = \int_S [\nabla \times \boldsymbol{E}(\boldsymbol{r},t)] \cdot \boldsymbol{n} \mathrm{d}S. \tag{I.3}$$

左辺は閉曲線 C に沿った線積分であり，右辺はその閉曲線を縁とする面 S での面積分である．法線ベクトル $\boldsymbol{n}$ の正方向は，$\mathrm{d}\boldsymbol{l}$ の方向で閉曲線を一周する回転方向に右ねじを回したときにねじが進む方向である．電場についてこの式を用いて，右辺に微分形の**電磁誘導** (electromagnetic induction) の法則，$\nabla \times \boldsymbol{E} = -\partial \boldsymbol{B}/\partial t$ を代入すると，積分形の電磁誘導の法則

$$\oint_C \boldsymbol{E} \cdot \mathrm{d}\boldsymbol{l} = -\int_S \frac{\partial \boldsymbol{B}}{\partial t} \cdot \boldsymbol{n} \mathrm{d}S = -\frac{\mathrm{d}}{\mathrm{d}t} \int_S B_n \mathrm{d}S = -\frac{\mathrm{d}}{\mathrm{d}t} \Phi \tag{I.4}$$

が得られる．Φ は面 S を貫く磁束である．

(3) 2 つのナブラを含む式

任意の微分可能な場 $\phi(\boldsymbol{r})$ に対して次の式が成り立つ．

$$\nabla \times [\nabla \phi(\boldsymbol{r})] = \mathrm{rot}\{\mathrm{grad}[\phi(\boldsymbol{r})]\} = 0, \tag{I.5}$$

任意の微分可能なベクトル場 $\boldsymbol{A}(\boldsymbol{r})$ に対して次の式が成り立つ．

$$\nabla \cdot [\nabla \times \boldsymbol{A}(\boldsymbol{r})] = \mathrm{div}\{\mathrm{rot}[\boldsymbol{A}(\boldsymbol{r})]\} = 0, \tag{I.6}$$

$$\nabla \times [\nabla \times \boldsymbol{A}(\boldsymbol{r})] = \nabla\, [\nabla \cdot \boldsymbol{A}(\boldsymbol{r})] - (\nabla \cdot \nabla)\, \boldsymbol{A}(\boldsymbol{r})$$
$$= \mathrm{grad}\{\mathrm{div}[\boldsymbol{A}(\boldsymbol{r})]\} - \Delta \boldsymbol{A}(\boldsymbol{r})\,. \tag{I.7}$$

ここで,
$$\Delta = \nabla \cdot \nabla = \frac{\partial^2}{\partial x^2} + \frac{\partial^2}{\partial y^2} + \frac{\partial^2}{\partial z^2} \tag{I.8}$$
はラプラシアンである.

さらに勉強したい人のために

以下に，読者がこれから勉強を発展させていくために参考となる本をいくつか紹介する．著者が実際に読んだ本に限るので，古い本である場合もあるし，よりよい本が他にあるかもしれないが，ご容赦いただきたい．

1 振動・波動

振動・波動については多くの教科書が書かれている．さらに勉強するということからは逆になるかもしれないが，本書よりも簡潔に，複素数を極力用いずに書かれたよい教科書として，以下の2点をあげる．
- 藤原邦男『振動と波動』サイエンス社，1976
- 小形正男『振動・波動』裳華房，1999

振動・波動のより高度な教科書として
- スレーター–フランク『理論物理学入門(上)』岩波書店，1963
- 戸田盛和『振動論（新物理学シリーズ3）』培風館，1968

をあげよう．前者は絶版かもしれないが，弦の振動のみならず，本書で扱わなかった膜や固体の振動，流体力学なども含まれている．また，後者では振動現象が深く調べられ，非線形振動や量子力学での振動までも含んだ名著である．さらに，非線形波動を扱った本として，
- 和達三樹『非線形波動』岩波書店，2000

をあげておこう．

固体中の波動を議論するのに必要な弾性体についての知識をより詳しく書いた本としては，有名な Landau-Lifshitz の教科書シリーズの1冊である下記の本がある．
- L.D. Landau and E.M. Lifshitz, *Theory of Elasticity*, 3rd edition, Pergamon Press, 1986

なお，棒や膜の基準振動については後述の楽器の物理を扱う本でも勉強することができる．

2　電磁波

電磁波について本書では基本的なことのみ述べたが，より詳しく書かれた本として
- *The Feynman Lectures on Physics*, Vol.2, Addison-Wesley, 1964
- 平川浩正『電磁気学（新物理学シリーズ 2)』，培風館，1968
- ランダウ–リフシッツ『場の古典論』東京図書，1964

をあげておこう．これらの本には，電磁波の伝播についてより詳しく記されているのみならず，電磁波がどのように生ずるのかということまで記されている．このうち3番目にあげたランダウ–リフシッツの本はかなり高度であり，これを読むには同じシリーズの力学を読んでいる必要があるが，電磁場のみならず，幾何光学や重力場（相対論）まで含まれている名著であり，量子力学を含まないという意味の古典物理学における場の理論の集大成といえる本である．

3　音

音と楽器の原理について詳しく書かれた本として，次の2冊をあげよう．
- T.D. Rossing, *The Science of Sound*, 2nd edition, Addison-Wesley, 1990
- N.H. Fletcher and T.D. Rossing, *The Physics of Musical Instruments*, Springer-Verlag, 1991

これらの本では振動・波動の基礎から始まり，楽器で音が出る仕組みが詳しく記されている．このうち前者は芸術系の大学で楽器の演奏を学ぶ人を対象に書かれた教科書であるので，難しい数式はほとんど用いずに，文系の学生にもある程度理解できるように説明がなされている．一方，後者は楽器の物理について本格的に学ぶ人のための教科書である．前半は振動・波動現象一般について，後半は個々の楽器の原理について記述されている．前半の振動・波動の部分は，本書よりも少し進んだ記述がなされている．後半では楽器の発音原理や基準振動が説明されるが，基準振動は量子力学の固有状態につながるものでもある．

4　量子力学

第6章で波の不確定性関係について触れたが，量子力学では粒子は波としても振る舞うので，振動・波動現象の発展として量子力学を学ぶことができる．この立場からの教科書として

- 朝永振一郎『量子力学 II』みすず書房, 1952
- シッフ『量子力学』吉岡書店, 1971
- *The Feynman Lectures on Physics,* Vol.3, Addison-Wesley, 1965

は昔から定評のある名著である．なお，量子力学の教科書は数多く出版されていて，演算子の代数的な構造を重視して理論構築を行う場合も多い．この場合は波動としての見方は前面には現れないが，理論構成がすっきりするという利点がある．

5　数学

連成振動でふれた行列による連立方程式の表示と，対角化による解法は線形代数という数学の分野の応用である．この分野の入門書としては

- 斎藤正彦『線型代数入門』東京大学出版会, 1966

がある．フーリエ級数については基本的なことは本書で記したが，この応用上も重要な数学的手段については

- 高木貞治『解析概論』改訂第三版, 岩波書店, 1961
- 一松信『解析学序説（上）』裳華房, 1962

などで，より厳密に勉強することができる．

問題の略解

第 1 章

[問 1.1]　略（1.4.1 項参照）．
[問 1.2]　微小振動の中心は $x = 0$ で，角振動数は $\omega_0 = \sqrt{k/m}$．
[問 1.3]　$L = 4.0 \times 10^{-12}$ H．
[問 1.4]　$f = 121$ Hz．
[問 1.5]　略．
[問 1.6]　100 周期後の振幅は初めの 0.99 倍，したがって約 1% 減衰する．直径が倍の場合には振幅は 0.997 倍，0.3% の減衰，発泡スチロールでは振幅は 0.018 倍になる．
[問 1.7]　略．
[問 1.8]　略．
[問 1.9]　22% 増加する．
[問 1.10]　略．
[問 1.11]　略．

第 2 章

[問 2.1]　$A = B = x_0$，$\alpha = \beta = 0$．
[問 2.2]　x_2 の式は x_1 の式で B を $-B$ に替えたものになる．x_1 の振幅 $C(t)$（式 (2.19)）が最大（最小）になるのは $2AB\cos(\beta + \Delta\omega t)$ が最大（最小）のときであり，このとき x_2 の振幅は最小（最大）になる．
[問 2.3]　基準振動数は $\omega_1 = \sqrt{k/2m}$, $\omega_2 = \sqrt{3k/2m}$, $\omega_3 = \sqrt{2k/m}$ である．ω_1 の基準振動は

$$(x_1, x_2, x_3) = \left(\frac{1}{\sqrt{6}}, \frac{2}{\sqrt{6}}, \frac{1}{\sqrt{6}}\right) A_1 \cos(\omega_1 t + \alpha_1). \tag{K.1}$$

ω_2 の基準振動は

$$(x_1, x_2, x_3) = \left(\frac{1}{\sqrt{2}}, 0, -\frac{1}{\sqrt{2}}\right) A_2 \cos(\omega_2 t + \alpha_2). \tag{K.2}$$

ω_3 の基準振動は

$$(x_1, x_2, x_3) = \left(\frac{1}{\sqrt{3}}, -\frac{1}{\sqrt{3}}, \frac{1}{\sqrt{3}}\right) A_3 \cos(\omega_3 t + \alpha_3). \tag{K.3}$$

［問 2.4］ 略.
［問 2.5］ 略.
［問 2.6］ (1)
$$Q_1(t) = \frac{\sqrt{2+\sqrt{2}}}{2}\sqrt{\frac{m}{k}}\,u\sin(\omega_1 t)\,,\tag{K.4}$$

$$Q_2(t) = 0\,,\tag{K.5}$$

$$Q_3(t) = -\frac{\sqrt{2-\sqrt{2}}}{2}\sqrt{\frac{m}{k}}\,u\sin(\omega_3 t)\,.\tag{K.6}$$

(2)
$$x_1(t) = \sqrt{\frac{m}{k}}\,u\left[\frac{\sqrt{2+\sqrt{2}}}{4}\sin(\omega_1 t) - \frac{\sqrt{2-\sqrt{2}}}{2}\sin(\omega_3 t)\right]\,.\tag{K.7}$$

$t \simeq 0$ では $\sin(\omega_i t) \simeq \omega_i t - (\omega_i t)^3/6$ $(i=1,3)$ と近似できるので，
$$x_1(t) \simeq \frac{1}{6}\frac{k}{m}ut^3\,.\tag{K.8}$$

このように t^3 に比例して動き始める．

第 3 章

［問 3.1］ 略.
［問 3.2］ 略.
［問 3.3］ 略.
［問 3.4］ 略.
［問 3.5］ 略.
［問 3.6］ 略.
［問 3.7］ $440 \times (18/17)^{12} = 874$ であるから，うなりは $6\,\mathrm{Hz}$.

第 4 章

［問 4.1］ 規格化された固有関数
$$\tilde{e}_0(x) = \frac{1}{\sqrt{l}}\,,\tag{K.9}$$

$$\tilde{e}_{2n-1}(x) = \sqrt{\frac{2}{l}}\cos\left(\frac{2n\pi}{l}x\right)\,,\tag{K.10}$$

$$\tilde{e}_{2n}(x) = \sqrt{\frac{2}{l}}\sin\left(\frac{2n\pi}{l}x\right)\,,\tag{K.11}$$

を用いて
$$\tilde{f}(x) = \frac{\sqrt{l}}{2} A_0 \tilde{e}_0(x) + \sum_{n=1}^{\infty} \sqrt{\frac{l}{2}} [A_n \tilde{e}_{2n-1}(x) + B_n \tilde{e}_{2n}(x)] \qquad \text{(K.12)}$$
と表すことができ, 係数は次のようになる.
$$A_0 = \frac{2}{\sqrt{l}} \int_0^l \mathrm{d}x \tilde{e}_0(x)^* \tilde{f}(x), \qquad \text{(K.13)}$$
$$A_n = \sqrt{\frac{2}{l}} \int_0^l \mathrm{d}x \tilde{e}_{2n-1}(x)^* \tilde{f}(x), \qquad \text{(K.14)}$$
$$B_n = \sqrt{\frac{2}{l}} \int_0^l \mathrm{d}x \tilde{e}_{2n}(x)^* \tilde{f}(x). \qquad \text{(K.15)}$$

[問 4.2] (1) 式 (4.17) の形に表すとき, 奇関数だから A_n $(n = 0, 1, 2, \cdots)$ はすべてゼロになる. このとき $B_n = (2/n\pi) [1 - (-1)^n]$ である.
(2) 式 (4.26) の形に表すとき, $C_n = -\sqrt{2l}(\mathrm{i}/n\pi) [1 - (-1)^n]$ である.

[問 4.3] 略.

[問 4.4] 略.

第 5 章

[問 5.1] アルミニウム中の音速は $5.30\,\mathrm{km/s}$. 水の場合は $1.49\,\mathrm{km/s}$ である.

[問 5.2]
$$\mathrm{grad}\, p = -[kr \sin(kr - \omega t) + \cos(kr - \omega t)] \frac{\boldsymbol{r}}{r^3} \qquad \text{(K.16)}$$

[問 5.3] 略.

[問 5.4] 略.

[問 5.5] 略.

[問 5.6] 略.

[問 5.7] 略.

第 6 章

[問 6.1] 略.

[問 6.2] (1) $\Delta x = L/(2\sqrt{3})$.
(2)
$$g(k) = \frac{A}{\sqrt{2\pi}} \frac{2\sin\left[\frac{L}{2}(k - k_0)\right]}{k - k_0} \qquad \text{(K.17)}$$
であり, 式 (6.35) の分子は

$$\text{分子} \propto \int_{-\infty}^{\infty} dk (k-k_0)^2 \frac{4\sin^2\left[\frac{L}{2}(k-k_0)\right]}{(k-k_0)^2}$$
$$= 4\int_{-\infty}^{\infty} dk \sin^2\left[\frac{L}{2}(k-k_0)\right] = \infty \tag{K.18}$$

となる．分母は有限なので，Δk は無限大である．

[問 6.3] 略．

[問 6.4] 約 25 cm．

[問 6.5] n を整数として，$k_y = 2n\pi/d$ を満たす k_y のみ許される．

付録

[問 A.1] 略．

[問 D.1] x_0 での弦が速さ u で変位するのに伴って，弾かれたことの影響（弦の折れ曲がり点）は速さ $v(\gg u)$ で左右へ伝わっていく．したがって，x_0 の両側の弦が x 軸となす角度を $\pm\theta$ とすると，$\tan\theta = u/v$ である．一方，x_0 での力のつり合いより，$F = 2T\sin\theta$ であるから，ここに $\sin\theta \simeq \tan\theta = u/v$ を代入して，$u = Fv/2T$ が得られる．

索引

ア 行

圧縮率 116
アルミニウム 119
安定な平衡点 5
アンテナ 22
位相 2
　——差 26
　——速度 168
一般解 2
色 158
因数分解法 84
インピーダンス 24
ヴァイオリン 78
うなり 36
運動エネルギー 3
運動方程式
　強制振動の—— 22
　鎖の—— 54
　減衰振動の—— 13
　弦の—— 81
　単振動の—— 1
　振り子の—— 4
　連成振動子の—— 34
n 次の回折角 195
エネルギー
　単振動の—— 3
　——の流れ 148
LC 回路 7
円錐管 120
円筒管 120
エントロピー 118
オイラーの公式 16, 199
音 113

カ 行

オーボエ 120, 134
オルガン 124
音速 117
　アルミニウム中の—— 119
　空気中の—— 118
　水中の—— 119
音波 113

回折 163
　回折格子による—— 192
　障害物による—— 191
　スリットによる—— 179
　——格子 192
開端 120
　——補正 120
海底地震 141
回転 144
ガウス
　——積分 173
　——の定理 149, 217
　——の法則 217
　——分布 172
蝸牛管 162
楽音 93
角振動数 2
角膜 159
過減衰解 15
重ね合わせの原理 9, 15
可視光 145, 159
カメラの絞り 189
カルマン渦列 30
干渉 163

228　索引

——縞　197
完全性　66
完全楕円積分　11
完全偏光　158
桿体　159
緩和時間　209
規格化　47
　固有ベクトルの——　47, 62
　——定数　63
規格直交性　47
奇関数　99
基準座標　40
基準振動　39
　——数　40
ギター　92
基底　96
　——膜　162
起電力　22
基本周波数　92
基本振動数　92
Q 値　29
球面波　131
境界条件　57
共振　27
強制振動　22
　鎖の——　78
共鳴　27
行列　57, 200
行列式　43
偶関数　99
空気抵抗　13
鎖　76
屈折角　151
屈折率　89
　電磁波の——　150
グラディエント　129
クラリネット　122
クロネッカーのデルタ　65
群速度　167

弦　76
減衰振動　12
　——解　15
コイル　7
光学干渉計　190
虹彩　189
恒星　190
高調波　93
勾配　129
交流電源　22
固着　205
　——・滑り運動　206
固定端　89
鼓膜　162
固有関数　83
固有値　201
固有ベクトル　46, 201
　——の規格化　62
コンデンサー　7

サ　行

サキソフォン　120, 134
擦弦楽器　78
座標回転不変性　130
座標変換
　3 質点系の——　49
　無限次元での——　96
　連成振動子の——　40
三原色　160
時間反転　21
仕事
　強制振動の——　28
耳小骨　162
実対称行列　201
時定数　209
磁場　143
自明な解　14
周期　2

――関数　99
自由端　89
周波数　2
重力加速度　4
純音　119
硝子体　159
初期位相　2
ショックアブソーバー　18
視力　188
進行波
　　――解　85
　　――の透過　87
　　――の反射　87
振動数　2
振幅　2
水晶体　159
錐体　159
数値計算　73
ストークスの定理　217
スネルの法則　153
すばる望遠鏡　189
スペクトル　160
スリット　179
正円窓　162
静止摩擦力　205
赤色超巨星　190
絶縁体　150
絶対値　16
線積分　217
全反射　153
線密度　82
双曲線関数　7, 200
素元波　191
ソプラノ歌手　30
素粒子　178

タ　行

ダイヴァージェンス　130

大気圧　139
対数螺旋　31
体積積分　217
体積弾性率　8, 116
タコマ海峡橋　30
縦波　54
ダランベールの解法　86
単位ベクトル　96
単色　119
単振動　1
　　――の運動方程式　1
断熱過程　117
調和振動　2
直交行列　201
直交性　47, 64
　　固有ベクトルの――　47
チリ地震　141
津波　141
つまらない解　14
テイラー展開　5, 199
ディリクレ条件　96
δ 関数　101
電荷保存則　149
電荷密度　144
電気抵抗　13
電子　178
電磁波　143
　　物質中の――　150
電磁誘導　217
伝導電子　150
電場　143
伝播速度　78
電流密度　144
等温過程　117
透過　87
　　――波　88
瞳孔　189
等時性　2
透磁率　150

真空の―― 143
動摩擦力 205
特解 23
ド・ブロイの関係式 178
トンネル効果 154

ナ 行

内積 98
ナブラ 129
虹 159
入射角 151
音色 158
熱拡散係数 208
熱の拡散方程式 208
粘性係数 13

ハ 行

場 143
倍音 93
媒質 117
パイプオルガン 124
白色光 160
波数 77
　　――ベクトル 126
バスーン 120
波束 164
撥弦楽器 106
発散 130
発泡スチロール 17
波動方程式 81
　　――の解法 84
バネ 4
　　――定数 4
ハープ 106
波面 126
腹 72
パラメタ励振 18

反射 87
　　――角 151
　　――波 88
半値幅 28
ピアノ 71, 105
非線形項 9
非線形振動 9
非調和振動 9
比熱比 118
微分演算子 85, 129
微分方程式 1
標準偏差 176
表面張力 142
表面波 138
ビンの振動 7
ファゴット 120, 134
風速 128
不確定性原理 176
複素共役 16
複素数 16
　　――の絶対値 16
　　――の偏角 16
節 72
プランク定数 178
ブランコ 18
フーリエ級数 23, 95
　　――表示 96
フーリエ積分 109
　　――表示 110
フーリエ変換 110
振り子 4
　　――の運動方程式 4
プリズム 78, 150
フルート 121
分解能 187
分光 78
分散 78
　　――関係 77
平均分子間距離 114

平均率　93
閉端　120
平面波　125
ヘヴィサイドの関数　203
ベクトル関数　130
ベクトル場　130
ベテルギウス　190
ヘルムホルツ波　206
偏角　16
偏光　147
　——角　157
　——度　158
　——方向　147
変数分離法　86
偏微分方程式　81
ホイヘンスの原理　191
母音　161
ポインティング・ベクトル　149
望遠鏡　187
法線ベクトル　149, 217
包絡関数　170
包絡面　191
ポテンシャルエネルギー　3

マ 行

マクスウェル方程式　143
水の波　137
　浅い水路での——　138
　水深が深い場合の——　141
耳　161

無次元化　75
目　159
面積分　217
網膜　159
木管楽器　120

ヤ 行

誘電率　150
　真空の——　143
横波　54

ラ 行

ラプラシアン　129
　極座標での——　132
卵円窓　162
ランドルト環　188
リアクタンス　24
力学的インピーダンス　24
量子力学　178
臨界角　153
臨界減衰　18
連成振動子　33
連成振り子　33
ローテイション　144

ワ 行

ワイングラス　30

著者略歴

吉岡大二郎（よしおか・だいじろう）
　1949 年　生まれる．
　1972 年　東京大学理学部物理学科卒業．
　1977 年　東京大学大学院理学系研究科博士課程修了．
　現　　在　東京大学大学院総合文化研究科教授．理学博士．
　著　　書　『量子ホール効果』（岩波書店，1998）
　　　　　　『マクロな体系の論理　熱統計力学の原理』
　　　　　　（岩波書店，2002）

振動と波動
　　　2005 年 7 月 20 日　初　版

　　　　　［検印廃止］

　著　者　吉岡大二郎
　発行所　財団法人 東京大学出版会
　　　　　代表者 岡本和夫
　　　　　113-8654 東京都文京区本郷 7-3-1 東大構内
　　　　　電話 03-3811-8814　Fax 03-3812-6958
　　　　　振替 00160-6-59964
　　　　　URL http://www.utp.or.jp/
　印刷所　大日本法令印刷株式会社
　製本所　矢嶋製本株式会社

　Ⓒ2005 Daijiro Yoshioka
　ISBN 4-13-062607-8 Printed in Japan

　Ⓡ〈日本複写権センター委託出版物〉
　本書の全部または一部を無断で複写複製（コピー）することは，
　著作権法上での例外を除き，禁じられています．本書からの複写
　を希望される場合は，日本複写権センター（03-3401-2582）に
　ご連絡ください．

基礎物理学シリーズ

1	物理学序論としての力学	藤原邦男	A5/2400 円
2	熱学	小出昭一郎	A5/2800 円
3	電磁気学	加藤正昭	A5/2400 円
4	波動	岩本文明	A5/2800 円
5	現代物理学	小出昭一郎	A5/2800 円

光の物理	小林浩一	A5/3200 円
物理学入門	大西直毅	A5/2200 円
熱学入門	藤原邦男・兵藤俊夫	A5/2800 円
マクスウェル理論の基礎	太田浩一	A5/3800 円
数学のなかの物理学	大森英樹	A5/4200 円
ランダム行列の基礎	永尾太郎	A5/3800 円

ここに表示された価格は本体価格です．御購入の際には消費税が加算されますので御了承下さい．